Viktor Sirk

Der Betrieb von Schiffs-Dampfkesseln und Maschinen

Viktor Sirk

Der Betrieb von Schiffs-Dampfkesseln und Maschinen

ISBN/EAN: 9783954271993
Erscheinungsjahr: 2012
Erscheinungsort: Bremen, Deutschland

© maritimepress in Europäischer Hochschulverlag GmbH & Co. KG, Fahrenheitstr. 1, 28359 Bremen. Alle Rechte beim Verlag und bei den jeweiligen Lizenzgebern.

www.maritimepress.de | office@maritimepress.de

Bei diesem Titel handelt es sich um den Nachdruck eines historischen, lange vergriffenen Buches. Da elektronische Druckvorlagen für diese Titel nicht existieren, musste auf alte Vorlagen zurückgegriffen werden. Hieraus zwangsläufig resultierende Qualitätsverluste bitten wir zu entschuldigen.

Der Betrieb

von

Schiffs-Dampfkesseln und Maschinen

von

Viktor H. Sirk,

technischen Beamten der österreichischen Kriegsmarine, Lehrer für Mechanik und
Maschinenlehre an den Maschinenschulen zu Pola.

Wien.

Commissions-Verlag von Carl Gerold's Sohn.

1875.

Vorwort.

———

Das vorliegende Werk, welches ich hiemit der Oeffentlichkeit übergebe, ist bestimmt alle die Erscheinungen und Arbeiten vorzuführen, welchen man beim Betriebe und bei der Instandhaltung von Schiffs-Dampfkesseln und Maschinen häufiger begegnet.

Bei der Zusammenstellung wurden alle nicht einschlägigen Materien sorgfältig ferne gehalten und beziehungsweise nur wirklich Wissenswerthes aufgenommen, um das Buch nicht zu überladen und es allgemein zugänglich zu erhalten; anderseits aber die Aufmerksamkeit des Lesers nicht zu zerstreuen und vom Gegenstande abzulenken. Es wurden daher veraltete Maschinen-Systeme, welche derzeit nur mehr ausgenützt, aber nicht mehr gebaut werden, ganz ausser Acht gelassen und hauptsächlich blos die gebräuchlichsten Constructionen im Auge behalten, wobei ich bemüht war, auf alle Neuerungen und Verbesserungen besonders aufmerksam zu machen und den neuen Maschinen - Systemen vollkommen Rechnung zu tragen ; ferner den Text, soweit als dies eben möglich ist, so allgemein zu halten , dass er jeder Maschine angepasst werden kann.

Wo dies nicht gelungen sein sollte, mögen die grossen Verschiedenheiten der Constructionen mir als Entschuldigung dienen. Immerhin hoffe ich, dass Seemaschinisten und Maschinenleiter, Schiffsofficiere und Capitäne von Dampfschiffen, wie auch Dampfschifffahrts-Gesellschaften in dem Werke einen willkommenen Leitfaden zur Anordnung und Ueberwachung des Betriebes, zur Heran- und Fortbildung eines tüchtigen, verlässlichen Maschinenpersonales finden werden.

In der Voraussetzung, dass es für den Leser wünschenswerth sein dürfte, sich über einzelne Capitel Raths zu erholen, ohne das ganze Werk gleich einem Lehrbuche durchstudiren zu müssen, habe ich getrachtet, jeden Theil als Ganzes für sich hinzustellen, wenn auch dadurch die Notwendigkeit eintrat, gewisse Handgriffe und Arbeiten wiederholt anzuführen. Das Verständniss zu erleichtern und dem Leser zu ermöglichen, verwandte Materien, welche an verschiedenen Orten besprochen wurden, in Zusammenhang zu bringen, wurde ein alphabetisch geordnetes Sachregister und ein Fragen-Programm angeschlossen, welches letztere durch die beigefügten Seitenzahlen auf den Text verweist, wo die betreffende Frage ihre Beantwortung findet. Ich hoffe dadurch dem Candidaten für Prüfungen aus dem Schiffsmaschinendienste eine Erleichterung für seine vorbereitenden Studien zu bieten.

Einzelne Capitel, welche durch die Anführung der sich häufenden Handgriffe eintönig erscheinen oder bei der Fülle des einschlägigen Materials in dem zugewiesenen bescheidenen Rahmen nicht erschöpfend behandelt werden konnten, wie z. B. Kessel-Explosionen, Kessel-Abnützung und Vorsicht gegen Feuers-Gefahr, empfehle ich der besondern Nachsicht des Lesers.

Ueber den Gebrauch des Indicators, die Arbeitsleistung der Maschinen, Schieberstellen und andere Materien, welche vielleicht vermisst werden, kann nur mit Bezug auf Tafeln und im Einklange mit der Lehre über die Dampfvertheilung erspriesslich und eingehender gesprochen werden, weshalb diese Theile hier nicht behandelt erscheinen und einem nächsten Werke angereiht werden.

GRAZ, im April 1875.

Der Verfasser.

Inhalt.

—

Erster Abschnitt:

Behandlung der Dampfkessel.

Seite

Untersuchung der Kessel 1
Vorbereitung zur Fahrt:
    Feuer bereiten 12
    Kessel füllen 15
    Normales Wasserniveau 17
    Hindernisse beim Kesselfüllen 19
    Feuer anzünden 20
Kesseldienst während der Fahrt:
    Behandlung der Feuer 25
    Normale Dampfspannung 29
    Speisung der Kessel 32
    Von den fremden Bestandtheilen des Seewassers 34
    Abschäumen und Durchpressen 38
    Feuerputzen 43
    Rohrkehren 45
Betriebsstörungen:
    Ueberkochen der Kessel 47
    Wasserniveau 51
    Mangelhafte Speisung 54
    Mangelhafte Armarturstheile 57
    Lecken und Ueberhitzen der Bleche . . . . . . , . . 60
Betriebsänderungen:
    Kesselkraft vermehren oder vermindern 62
    Vorholen und Ausbreiten der Feuer 65
    Wachendienst 68
Kessel ausser Betrieb stellen:
    Kessel abstellen 71
    Feuer ablöschen 73
    Kessel durchpressen 75
    Arbeiten nach der Fahrt 78
Kessel-Reinigung 81
    Untersuchung nach der Kessel-Reinigung 86
    Kessel-Trockenlegung 88
    Burstyn's Verfahren der Kessel-Trockenhaltung 92
    Mittel gegen Kesselstein 93
Kessel-Conservirung 96
    Kessel-Abnützung 103

Kessel-Druckprobe 112
Kessel-Explosionen:
    Explosionswirkung 117
    Erscheinungen und Ursachen 120
    Kessel-Explosionen in England (Tabelle) 123
    Explosionstheorien 124
    Verhütung von Kessel-Explosionen 126

Zweiter Abschnitt:

Behandlung der Maschinen.

Untersuchung der Maschinen 133
Vorbereitung zur Fahrt:
    Maschinen klar machen 138
    Maschinen vormärmen 141
    Manövriren 144
    Hindernisse der Kolbenbewegung 147
    Hindernisse beim Ansetzen 150
    Dampfbereit liegen 154
Während der Fahrt:
    Behandlung der Maschinen 156
    Behandlung der Maschinentheile 162
    Behandlung der Lager 168
    Normale Geräusche bei den Maschinen 172
Betriebsstörungen:
    Unvollkommene Condensation 175
    Nasser Dampf 178
    Aussergewöhnliche Stösse der Maschinen 179
Betriebsänderungen:
    Propeller-Hissen und Auskuppeln 182
    Wachendienst 186
Maschinen ausser Betrieb stellen:
    Maschinen abstellen 191
    Arbeiten im Hafen 194
    Maschinenreinigung 198
    Reguliren der Lager 200
Untersuchung der Betriebs-Materialien:
    Kohlen 205
    Oel und Talg 208
Instandhaltung des Soodraumes:
    Soodreinigung 212
    Soodpumpen 215
Bedienung des Destillators 217
Vorsicht gegen Feuersgefahr 220
Sachregister 225
Fragen-Programm 230

—◇◇◇—

Erster Abschnitt.

Behandlung der Dampfkessel.

Untersuchung der Kessel.

Ein Kesselsatz, welcher zur Dampferzeugung verwendet werden soll, muss in allen Details und in allen Armaturstheilen aufmerksam untersucht werden, bevor derselbe in Betrieb gesetzt wird.

Die Kesselverschallung, welche die Stirnwände, Decken und Seitenwände vor Abkühlung schützt, muss unbeschädigt sein. Die Filzplatten, welche das Kesselblech unmittelbar umgeben, sollen nicht durch Feuchtigkeit vermodert, noch durch Wärme zersetzt sein; fehlerhafte Platten müssen ausgestossen und durch neue ersetzt werden. Eine Holzverschallung aus Pappelholz, welche mit einer verdünnten Lösung von Eisenvitriol getränkt ist, deckt diese Filzlagen. Die Bretter der Verschallung sind mit einem Anstrich von fein geschlemmten Thon versehen und die Fugen gut ausgekittet. Dem gleichen Zwecke dient ein doppelter Anstrich von Wasserglas, welcher das Holz am besten und am billigsten gegen den Einfluss der Wärme schützt. Die Bleidecke, welche die Feuchtigkeit abhält, muss sorgfältig ergänzt werden, wenn sie unganz ist oder zur Untersuchung des Kessels aufgerissen wurde. Die Fugen der Bleihülle müssen gelöthet sein, um die Nässe von der Kesseldecke abzuhalten. Eine andere Art der Kesselverkleidung ist die Anwendung des Spence'schen Cements, welcher mit Lehm gemengt mittelst einer Mauerkelle an das erwärmte Kesselblech aufgetragen wird und an demselben ohne weiteres Zuthun haftet. Diese Verkleidung hat den Vortheil, dass lecke Stellen sich örtlich zeigen, indem der Cement durch das heisse Wasser aufgelöst wird. Der Cement wird in einzelnen Lagen aufgetragen, wobei zu beachten ist, dass jede Lage vollkommen ausgetrocknet sei, bevor eine nächste angebracht wird.

Alle feuergefährlichen Gegenstände, welche in der Nähe und auf den Kesselwänden aufbewahrt wurden, wie z. B. Kohlensäcke, Unterzündholz, Bretter, Verschläge etc. sind ohne Rücksicht auf andere Bedenken zu entfernen und die Kesselwände sowie Passagen oder Gänge zwischen, hinter oder über den Kesseln vollkommen frei

1

zu halten oder zur Aufbewahrung der Feuerwerkzeuge, Aschen-
und Kohleneimer oder Reservebestandtheile mit anpassenden
Stellagen zu versehen. Derlei Gestelle müssen so eingerichtet
werden, dass die Kesselwände durch das Gewicht der Gegenstände
nicht belastet werden. Die Kesseldecke insbesondere muss von
allen schweren Stücken frei gehalten bleiben. In der Nähe des
Kaminmantels dürfen gleichfalls keine feuergefährlichen Gegenstände
aufbewahrt werden. Feuergefährliche Theile der Kesselverschallung
sind loszunehmen und die Kesselwand mit Ziegeln zu belegen.

Feuerzüge, Kaminstage oder andere Befestigungen, welche
aus dem Kesselkörper aufsteigen, müssen von feuerfestem Thon
umgeben sein, um eine unmittelbare Berührung mit der Kesselverschallung zu verhindern.

Der Scheerstock der Kaminlucke ist zeitweise zu
untersuchen und morsche Stellen abzudechseln, weil dieselben
leicht verkohlen und sich entzünden können. Risse und Sprünge
an denselben sind auszukitten.

Die Kesseldecke leidet besonders durch Nässe, welche
durch undichte Stellen des Deckes dringt oder von den Deckbalken abtropft, wo sich dieselbe niedergeschlagen hat, wenn der
Kesselraum mit Dampf gefüllt war. Lecke Stellen des Deckes
sind ausfindig zu machen und deren Kalfaterung zu veranlassen. Haben die Deckbalken nach längerer Fahrt durch abströmenden Dampf Feuchtigkeit angesetzt, so sind dieselben abzuwischen
und mit Kalkmilch anzustreichen. Kesselwände sollen keinen
Anstrich von Kalkmilch tragen, weil dieser das Blech nicht genügend
vor dem Verrosten schützt. Ueber den Absperrventilen und Mann-
lochdeckeln sind häufig wasserdichte Deckel angebracht, deren
Sitz stets rein gehalten werden muss, um ein gutes Aufliegen zu
ermöglichen. Auch die Deckel der Kohlenlucken dürfen kein
Wasser durchsickern lassen. Rauchfang und Kamin sind in
der gleichen Weise vor abtropfendem Wasser zu schützen, rostige
Stellen abzuschrappen und mit einem guten Miniumanstriche zu
versehen. Ebenso müssen alle nicht verkleideten Kesselwände vor
dem Verrosten geschützt werden.

Der Kesselboden soll der ganzen Ausdehnung nach auf
Cement aufsitzen und mit Holz nicht in Berührung kommen, weil
die Bleche an solchen Stellen dem Verrosten von beiden Seiten
ausgesetzt wären. Holzklötze, welche als Auflager dienen, sind
auszumeisseln und mit Cement auszufüllen, welcher mit Leinöl
angemacht ist, auch eine Fütterung derselben mit Blei ist zu

empfehlen. Die gute Erhaltung des Kesselbodens hängt von dem gutem Zustande der Cementlage ab, welche den Kessel vollkommen trocken hält. Dem Kesselboden ist es schädlich, wenn während der Fahrt zugelassen wurde, dass sich heisses Wasser im Soodraum ansammle, weil der sich entwickelnde Dunst (wenn die Cementirung nicht sehr gut ausgeführt ist) durchdringt, den Cement verdirbt und an den Kesselblechen Feuchtigkeit absetzt, welche schwer abtrocknet und ein andauerndes Rosten einleitet. Leckende Rohre oder Wechsel der Kesselarmatur dürfen nicht vernachlässigt und es muss der Soodraum während der Fahrt zeitweise durch ein Pumpenrohr mit Seewasser erfrischt werden.

Die Heizflächen und Feuerkanäle müssen vor Nässe geschützt werden und es ist zu diesem Zwecke die Kaminkappe gut zu setzen, damit der Regen nicht in den Rauchzug eindringen könne; ferner muss der Russ und die Flugasche von den Rauchkanälen abgekehrt werden, weil diese Staubdecke die Feuchtigkeit am Blech hält. Die Heizflächen sind gleichfalls vom Russ und von anhaftender Asche zu reinigen, damit die Metallfläche die Wärme gut aufnehme und den Heizwerth der Kohle ausnütze. Nicht gereinigte Heizflächen und russige Siederohre sind ein directer Verlust an Brennmaterial, welcher durch sorgfältige Wartung und Aufmerksamkeit leicht vermieden werden kann.

Lecke Siederohre sind ein grosser Nachtheil eines Kessels und ziehen eine geringere Leistungsfähigkeit nach sich. Um sich zu überzeugen, ob die Siederohre in den Rohrplatten gut abgedichtet sind, füllt man den Kessel mit Wasser und beobachtet nach einiger Zeit, ob die Rohrenden am Feuerkanal schweissen. An der vorderen Rohrplatte werden dieselben in der Regel nicht lecken. Rinnende Siederohre werden mit Dudgeon's Rohrdichter aufgewälzt. Die Schutzkappe dieses Rohrdichtapparates, welche sich an die Rohrwand stemmt, muss so festgestellt werden, dass sich die Reibrollen genau innerhalb der Rohrwand wälzen. Am leichtesten wird das Abdichten vorgenommen, wenn der konische Dorn durch eine Mutter, welche sich gegen die Schutzkappe stemmt, aus dem Rohr gezogen wird, weil sodann ein Verstützen gegen die Rückwand des Feuerkanales überflüssig wird. Vor dem Abdichten müssen die Rohrenden, soweit als die Reibrollen reichen, mit einem passenden Instrument sorgfältig ausgekratzt werden, weil die anhaftenden Knoten und Riffen von Salz oder Russ ein gleichmässiges Aufwälzen des Rohrendes erschweren

oder sich in das Metall drücken. Mangelt ein Rohrdichter, so
werden konische Dorne vorgesehen sein, um die Rohre aufzu-
treiben, wobei am andern Ende vorgehalten werden muss. Man
suche jedoch im Allgemeinen so viel als möglich alle Stösse,
welche den Kesselkörper erschüttern, zu vermeiden, weil selbe die
Nietnaten lockern. Schweissende Siederohre müssen sogleich in
Angriff genommen werden und man soll keine Mühe scheuen,
dieselben gut abzudichten. Sind die Rohre durch längere Zeit leck,
so wird sich zwischen den Rohren und Rohrplatten Salz ansetzen,
welches ein vollkommenes Abdichten mindestens fraglich macht.
Rinnende Rohre, besonders der oberen Reihen, sind schädlich,
weil ein grosser Theil der Siederohre, über deren Enden das
Wasser während des Betriebes herabrinnt, sich verlegt und weil
dieselben auch zu schweissen beginnen werden. Sind die Rohrenden
bereits zu schwach, so können die Rohre durch blosses Aufwälzen
mit dem Instrumente nicht mehr gedichtet werden. Diese Rohrenden werden sodann durch eingetriebene Stahlringe verstärkt,
welche nach dem Aufwälzen mit dem Rohrdichter eingesetzt
werden und durch ihre Spannung das Rohrende dicht halten.

Die Muttern der Stützrohre im Feuerkanal sind mit leichten
Hammerschlägen zu untersuchen, ob sie fest sitzen. Fehlen an
einem Stützrohre die Befestigungsmuttern, so wird dasselbe durch
eine Verankerung geschlossen und entsprechend starke Befestigungsmuttern mit Unterlagsscheiben angebracht. Derlei Anker dürfen
erst dann fest angezogen werden, wenn der Kessel warm ist.

Von den Kesselwänden ist hauptsächlich der Streifen
zwischen Wasser und Dampf, die Ueberhitzerwände und die Bodenbleche von Rauchkanälen, welche durch den Dampfraum führen,
zu untersuchen. Die Bodenbleche der Rauchkanäle tragen häufig
Russ, welcher sich zeitweise entzündet und ein Ueberhitzen der
Bleche hervorruft. Auch bindet der Russ, wie früher angedeutet,
die Feuchtigkeit und befördert das Rosten.

Kesselwände, welche von aussen nicht zugänglich sind,
oder mit welchen zwei Kessel an einander stossen, sind von innen
aufmerksam zu untersuchen. Die Kesselbleche leiden am meisten
neben der Nietnat, um die Muttern der Stehbolzen und die Laschen
der Schliessen.

Weitere Anhaltspunkte zur Kesseluntersuchung sind in dem
Kapitel, „Visite nach der Kesselreinigung", enthalten.

Die Blechstärke an zweifelhaften Stellen der Feuerbüchse
oder des Kesselmantels kann durch Anbohren ermittelt werden.

Die bezüglichen Löcher sind dann durch Schrauben mit Unterlagsscheiben sorgfältig zu schliessen. Zeigen sich in der Feuerbüchse
Risse oder Sprünge und hat man sich überzeugt, dass sie nicht
durch die ganze Blechstärke dringen, so werden dieselben
an den beiden Enden abgebohrt, um ein Ausbreiten des Risses zu
hindern. Gehen die Sprünge durch die ganze Blechstärke, so muss
ein Streifen Blech von innen aufgesetzt und vernietet. werden.
Nietnaten und Schrauben oder Nietenköpfe, welche in der Stichflamme oder im Aschenfalle liegen, müssen sorgfältig untersucht
werden, ob dieselben noch fest sind. Zeigen sich an den Blechen der
Feuerbüchse Blasen, so sind dieselben genau zu untersuchen. Die
aufgezogene Schichte bei unganzen Blechen ist abzumeisseln und
schliesslich nachzusehen, ob die Blechstärke noch für die Sicherheit des Betriebes genügt. Man muss sodann bedacht sein, den
Kesselstein von jener Stelle sorgfältig zu entfernen.

Die Roste müssen dem Brennmateriale entsprechend angeordnet werden. Die einzelnen Roststäbe dürfen nicht verbogen
sein und sollen eine ebene Fläche bilden. Zwischen den Köpfen muss
ein entsprechender Zwischenraum gelassen werden, damit sich die
Roststäbe bei der Hitze nicht werfen oder durchbiegen.

Die Flurplatten des Kesselraumes müssen zusammen-
passen und auf den Flurhölzern gut aufliegen, damit keine Unreinigkeiten in den Soodraum fallen. Die Schutzkasten der Kesselfüll-,
Abschäum- und Speiserohre müssen am Platze sein, damit diese
vor Verletzung und Abbrennen durch die glühende Schlacke und
Asche geschützt sind. Der Anstrich der Rohrleitung im Soodraum ist
nach Bedarf auszubessern. Der am Kesselboden angebrachte Wasserablasshahn soll leicht gangbar und offen gehalten werden. Dessen
Gehäuse muss sicher befestigt und der Hahnkegel vor dem Herauswerfen geschützt sein. Das gleiche gilt vom Wasserablasshahn im
Ueberhitzerkasten, da nie Wasser im Ueberhitzer zurückgelassen
werden darf.

Rauchregister, Aschenfall-, Feuer- und Rohrthüren sind leicht gangbar zu halten und deren Befestigungen
sowie Schlusshaken öfter zu bewegen.

Die Verankerungen sind meistens bestimmt, ebene Wände
eines Kessels vor Ausbauchungen zu schützen. Sie sind dem
Dampfdruck und der Kesselwandstärke entsprechend angeordnet
und es ist jeder Verankerung ihre bestimmte Spannung vorge-
schrieben. Die Verankerungen müssen so eingetheilt werden, dass
dieselben, wenn die Ausdehnung stattgefunden hat, gleichmässig

in Anspruch genommen werden. Schlaffe Verankerungen gestatten
eine nachtheilige Ausbauchung der Kesselwand. Verankerungen,
welche zum Aushängen sind, müssen mit besonderer Aufmerksamkeit eingelegt werden, damit dieselben richtig tragen. Sollen
neue Stehbolzen eingezogen werden, so muss die Oeffnung
so weit aufgeschnitten werden, bis das Gewinde metallisch rein
ist. Sodann ziehe man es vor, von aussen Muttern mit Unterlagsscheiben anzuwenden, statt nur einfach aufzunieten. Alle Verankerungen sind besonders dort genau zu untersuchen, wo die Ver-
ankerungsstangen in das Auge am Kesselboden befestigt sind;
dort ist der schwächste Querschnitt zu suchen. Die Einhängung
des Auges muss sicher sein. Im Innern der Kessel ist die Decke
der Feuerbüchse die gefährlichste Stelle, wo die Inkrustationen
am ehesten ein Ueberhitzen oder Verbrennen des Bleches herbeiführen können, weil dasselbe in der Stichflamme liegt. Diese
Fläche soll vom Kesselstein stets frei gehalten werden. Sind Wände
mit Winkeln und Blechen versteift, so ist genau zu untersuchen,
ob dieselben sowol als die verankerten Kesselbleche dort noch
eine entsprechende Blechdicke aufweisen.

Die dichtenden Flächen der Mann- und Schlammlochdeckel und die correspondirenden an den Kesselwänden müssen
sorgfältig gereinigt werden. Das Kesselblech soll an der dichtenden
Stelle durch einen Ring oder Winkel versteift sein, damit der
Deckel eine sichere Auflage findet. Die in Unschlitt getränkte
Hanftresse wird mit Bleiweiss an den Mannlochdeckel geklebt.
Die Mann- und Schlammlochdeckel bleiben oder werden bis auf
einen der letzteren, (wegen der im Kessel zu erhaltenden Luftcirculation) geschlossen. Passen die beiden dichtenden Flächen
nicht gut zusammen oder hat sich die Kesselwand verzogen, so
wird der Hanfzopf in heissem Leinöl getränkt, mit Bleiweiss eingeschmiert und es ist mit Miniumkitt zu dichten, wobei die Fläche
am Kessel mit Unschlitt bestrichen wird, damit der Zopf nicht an der
selben haften bleibe. Beim nachfolgenden Oeffnen der Mannlochdeckel wird derselbe leicht abzuheben sein, weil das Minium an
der mit Unschlitt bestrichenen Fläche nicht haftet. Der Hanfzopf
wird sodann am Deckel gelassen und nur an der oberen Fläche
abgekratzt, damit das frische Minium besser hafte. Man soll vermeiden, mit dem Hammer abzuklopfen, weil sonst die Hanftresse
sich losprellt und sodann abgenommen und vielleicht gewechselt
werden muss. Ein Streifen Miniumkitt von Bleistiftdicke wird dann
auf den Hanfzopf am inneren Ansatz herumgelegt und die dich-

tende Fläche der Kesselwand mit Unschlitt bestrichen. Beim Einheben der Deckel muss Acht gegeben werden, dass die Dichtung
nicht verschoben wird und der Deckel gut liegt, dass nicht etwa gar
der Ansatz auf einer Stelle aufsitzt. Die Schraubenmuttern werden
mit wenigstens zwei Fuss langen Schlüsseln mässig stark angezogen. — Am vortheilhaftesten stellt sich die Anwendung des
Plattengummi's zu solchen Dichtungen dar, weil die Mannlöcher
in der kürzesten Zeit geöffnet und geschlossen, sowie die Dichtungsringe wiederholt verwendet werden können. Der Plattengummi
wird genau nach der dichtenden Fläche des Mannlochdeckels mit
einem scharfen Messer zugeschnitten oder nach einer genauen
Chablone gegossen aus den Fabriken bezogen. Solche mit Lein-
wandeinlagen gewähren längere Dauer. Die Ringe müssen sich
ganz leicht auflegen lassen. Die dichtende Fläche am Deckel wird
mit Bleiweiss bestrichen und die obere Fläche, welche auf das
Kesselblech gepresst wird, mit fein gepulvertem Grafit oder Kreide-
staub bedekt, damit der Gummi nicht an dem Kessel anklebt und
später wieder leicht abgehoben werden kann. Die Muttern der
Bügelschrauben werden leicht angezogen und die Gegenmuttern
fest angeschraubt. Als selbstverständlich kann angenommen werden,
dass die Mann- und Schlammlochdeckel aus Schmiedeisen erzeugt
und stets von innen nach aussen angebracht sind, so dass der
Dampfdruck dieselben geschlossen hält. (Ausnahmen hievon machen
die Mannlochdeckel bei Stabilkesseln, für welche häufig ein eigenes gusseisernes Gehäuse angebracht ist, welches durch die Einmauerung reicht und an welches der Deckel mit Flanschen
befestigt wird. Weitere Ausnahmen sind, die Schlammlochdeckel
der Lokomotivkessel, welche mit Dichtungslinsen geschlossen sind
und wo die Stiftenschrauben stets gut geölt und rein erhalten
bleiben müssen).

Alle Theile der Armatur müssen zweckdienlich sein.
Die Sicherheitsventile sollen dicht aufsitzen und sich bei
Ueberschreitung des normalen Dampfdruckes leicht öffnen. Die
Belastung muss also dem Zustande der Kessel entsprechend
bestimmt und es darf an diesen Gewichten keine Aenderung vorgenommen werden. Die Gewichte dürfen bei directer Belastung
nicht am Gehäuse streifen und die Ventilspindeln müssen leicht
in ihren Führungen spielen. Das Gestänge endlich zum selbstständigen Entlasten des Ventils soll leicht gangbar erhalten werden. Das Wasser muss von den Gehäusen der Sicherheitsventile
abgelassen werden können, weil dasselbe sonst früher oder später

durch lecke Stellen entweicht, auf die Kesseldecken tropft und dieselben verrosten macht. Wenn sich alle Verbindungen dicht erweisen sollten, so wird das Wasser beim probeweisen Bewegen der Ventile von Hand in den Kessel sinken und Bleche benetzen, welche mit Mühe trocken gelegt wurden. Bei Ventilen mit indirecter Belastung dürfen die Hebelarme und die Spindeln nicht verbogen sein. Die Hebelarme und das Gestänge zum Entlasten werden mit Vortheil verzinkt oder alle Drehzapfen mit Kupferbüchsen und kupfernen Scheiben versehen, so dass sich nirgends Rost festsetzen kann. Alle Gelenke und Führungen müssen gereinigt und geölt werden, damit sie sich leicht bewegen, weil sonst eine nicht erwartete Spannung eintreten könnte, bevor das Ventil abbläst. Die Führungsspindeln der Ventile müssen gerade sein oder auf der Drehbank gerichtet werden.

Absperrventile müssen so wie die Sicherheitsventile dicht aufsitzen. Man erkennt ob ein Ventil gut aufsitzt, indem man die dichtenden Flächen reinigt, denselben mit Schmirgelpapier einen Strich gegen den Drehstrich giebt und das Ventil trocken aufschleift. Zeigt sich sodann ein glänzender Streifen am Sitz und Ventil, welcher sich ununterbrochen schliesst, so liegt das Ventil gut auf; ist dies nicht der Fall, so muss es eingeschliffen werden, indem man die dichtenden Flächen mit Glasmehl aufreibt und mit Schliff oder feinem Schmirgelpulver polirt. Wenn viel fehlt, so müssen die erhabenen Stellen mit dem Schaber abgenommen werden. Beim Einschleifen muss das Ventil öfter um 90° gedreht und nicht immer in derselben Lage eingerieben werden, weil es sonst leicht oval wird. Hähne werden auf die gleiche Weise eingeschliffen, wobei zu beobachten ist, dass man den unteren Rand des Kegels nicht mit Schmirgel bestreut, weil solcher ohnehin während des Einreibens von selbst genügend hinabgelangt, und bei zu viel angewandtem Schmirgel der Kegel nicht dicht wird. Hähne werden am häufigsten undicht, weil deren Gehäuse sich durch ungleichmässige Ausdehnung oder bei schlecht passenden Flanschen verziehen oder die Stege, welche die Bohrung begränzen, sich ausdehnen oder werfen. Es muss sodann mit dem Schaber, oft selbst mit einer Schlichtfeile, nachgeholfen werden, bevor man einzuschleifen beginnt.

Die Spindel soll sich im Absperrventile drehen können und ist besonders dann leicht gangbar zu halten, wenn die Schraubenspindel durch die Packung des Deckels geht — eine ganz verwerfliche Construction, welcher leider noch oft begegnet wird.

Die Stopfbüchse der Ventilspindel muss dicht verpackt sein und ein Nachziehen gestatten. Die Hähne zum Ablassen des Wassers von den Gehäusen der Absperr- und Sicherheitsventile müssen gangbar gehalten werden. Alle Wechsel des Wasserstandes sowie die Probirhähne kann man mittelst Durchblasen prüfen, ob dieselben dicht und nicht verstopft sind.

Der normale Wasserstand soll durch Ausmessen so fest gestellt werden, dass die oberste Reihe der Siederohre mindestens 6 Zoll unter Wasser liegt. Der normale Wasserstand ist an der Kesselstirnwand durch ein deutliches Zeichen ersichtlich zu machen und am Wasserstandglas zu markiren, um stets beurtheilen zu können, wie hoch das Wasserniveau über den obersten Siederohren liegt. Der Wasserstand wird in der Regel so angebracht, dass die oberste Reihe der Siederohre noch 2 bis 4 Zoll unter Wasser liegt, wenn das Wasser im Glase verschwindet.

Speiseventile und Speiseköpfe, sowie der Abschäumhahn sollen sich leicht bewegen lassen. Deren Rückschlagventile müssen dicht aufsitzen, leicht spielen und solid geführt sein. Ein Anschlag soll demselben nur den erforderlichen Hub gestatten. Ein Ventil wird im Allgemeinen um so sicherer functioniren, je kleiner dessen Hub und je tiefer dasselbe unter der Ausgussmündung liegt. Nie soll ein Speiseventil auf der Spindel festsitzen, so dass man dasselbe geöffnet halten kann. Eine solche Anordnung ist sehr gefährlich und soll auf keinen Fall beibehalten werden. Die Rückschlagventile sind sorgfältig zu untersuchen, weil der Kessel Gefahr läuft, sich durch dasselbe zu entleeren, wenn es feststeckt und nicht spielt, nachdem die Speiserohre an den Kesselboden geführt sind. Speisewechsel ohne Rückschlagventile sind gefährlich und werden nur für besondere Fälle angewendet. Sind Skalen angebracht, welche die Stellung des Speisehahnes erkennen lassen, so sind diese Skalen zu controlliren und dahin richtig zu stellen, dass bei „Zu" und „Offen" der Conus wirklich geschlossen oder ganz geöffnet sei. Sind derlei Skalen nicht fest und dauerhaft, so sind andere Marken anzubringen, welche genau erkennen lassen, wenn der Hahn ganz geschlossen ist.

Das Ueberdruck-Ventil der Speiserohrleitung verhindert ein Bersten der Rohre, wenn der Speisekopf geschlossen wird, während die Maschine in Bewegung ist. Dasselbe ist zu untersuchen und durch eine Belastung zu spannen, welche die normale Kesselspannung um eine Atmosphäre übersteigt. Die Handgriffe der Speiseköpfe müssen an dem Conus vollkommen fest sein und keine Luft haben, weil sie sonst leicht abgerissen werden könnten oder man über ihre Stellung unsicher ist.

Alle Hähne der Rohrleitung im Soodraume müssen gangbar und dicht erhalten werden. Die Schutzbrillen der Durchpresswechsel, welche es unmöglich machen, den Steckschlüssel abzunehmen, wenn der Wechsel nicht geschlossen ist, müssen gereinigt werden, damit der Steckschlüssel kein Hinderniss finde. Die Kerben am Kopfe der Kegel müssen rein und deutlich ersichtlich sein, um die Lage der Bohrung des Kegels erkennen zu können. Die Soodhähne der Dampfpumpe sind geschlossen zu halten und die Siebe zu reinigen. Es ist zu beachten, dass die Befestigungs- und Gegenmuttern aller Kegel der Wechsel ohne Stopfbüchsen entsprechend fest angezogen sind, um gegen ein Herauswerfen des Kegels sichergestellt zu sein. Steckt ein Hahn fest, so ist dessen Stopfbüchse zu lüften und die Packung, wenn nothwendig, herauszunehmen. Der Kegel kann sodann mit der Stellschraube am Boden des Gehäuses gehoben oder durch leichte Schläge auf das Gehäuse gelockert und ausgehoben werden. Sitzt der Hahn gut auf, so wird der Kegel mit Unschlitt gefettet und eingesetzt. Auf den Kopf des Kegels dürfen nie Hammerschläge ausgeübt werden.

Die Dampfleitung muss durch eine Verkleidung vor Abkühlung geschützt werden und es sollen alle Rohrverbindungen dicht sein. Feste Flanschen werden mit Minium abgedichtet. Sind Stopfbüchsen angebracht (um eine Ausdehnung der Rohre zu ermöglichen), so müssen sie mit Hanftressen, mit Bleiweiss und Unschlitt dicht verpackt sein, oder es kann zwischen die Hanftressen ein Kautschukring hineingegeben werden, welcher nur den Nachtheil nach sich zieht, dass die Packung nachfolgend selbst im warmen Zustand schwer herauszunehmen ist. Die Schrauben des Pressringes müssen gleichmässig angezogen und losgelassen werden, damit der Pressring nicht zerbricht. Werden Sprünge bemerkt, so werden dieselben durch die Löcher der Schraubenbolzen gehen, wo grössere Unterlagsscheiben angewendet werden müssen. Der Wasserablasshahn der Hauptdampfleitung ist gangbar und offen zu halten. Die Entleerungshähne am Kesselboden, welche am tiefsten Punkte angebracht sein sollen, müssen leicht gangbar gehalten und gegen Herausfallen gesichert werden. .

Die Stiegen und die Kohlenbahn sind zu untersuchen und fehlende Befestigungsschrauben zu ergänzen. Abgenützte Kohlenschaufeln sowie defecte Aschen- und Kohleneimer werden durch aufgenietete Bleche reparirt. Die Augen zum Einhängen der Aschen-Eimer sind sorgfältig zu untersuchen, ob dieselben sicher sind. Feuerhaken und Krücken, sowie Rohrbürstenstiele werden gerade gerichtet und wenn nothwendig, reparirt. Lampen und Laternen müssen im Hafen vor der Fahrt hergerichtet und klar gehalten werden.

Wasserstandsgläser sind auf die genaue Länge abzuschneiden und Dichtungsringe für dieselben vorzubereiten. Die Wasserstandsgläser müssen vor dem Gebrauche in Oel erwärmt werden, bis dasselbe zu sieden beginnt. Sodann lässt man die Gläser in dem Oele langsam erkalten, worauf sie herausgenommen, abgewischt und mit Pottasche gewaschen werden. Um Wasserstandsgläser abzuschneiden wird mit der dreieckigen Feile rund herum eingefeilt, wo das Glas abgeschnitten werden soll. Man feilt rasch, damit sich das Glas zu erwärmen beginnt. worauf es nach dem eingefeilten Risse abspringt, wenn diese Stelle benetzt wird.

Die Dampfpumpe muss in allen beweglichen Theilen und Ventilen untersucht, auf Seepumpen gestellt und von Zeit zu Zeit gedreht werden, damit der Kolben nicht festrostet. Alle Hähne und Ventile der Dampfleitung zum Destillator oder zu den Auxiliarmaschinen sind leicht gangbar zu halten. Alle Dampfapparate, welche sonst noch dem Kesselcomplex beigegeben sind, als: Ventilatoren, Aschenejectoren, Soodpumpen etc. sind zu untersuchen und im intacten Zustande zu erhalten.

Um einen regelmässigen Betrieb zu sichern, ist es zweckmässig, die Kessel sowohl als die Feuerungen mit Nummern zu bezeichnen und dieselben über den Feuerthüren ersichtlich zu machen; hat man sich, so weit als Zeit und Umstände erlauben, von dem guten Zustande und der richtigen Stellung aller Theile überzeugt, so muss man schon während der Visite bedacht gewesen sein, alle Wechsel zu schliessen. Im Nachfolgenden ist vorausgesezt, das alle Hähne mit Ausnahme der Wasserablasshähne an den Kesseln, Dampfleitung und Dampfgehäusen geschlossen seien. Bei der Instandsetzung und dem Betriebe von grösseren Kesselsätzen sollen gewisse allgemeine Regeln beobachtet werden, welche zum grossen Vortheil des Betriebes festzuhalten sind. Alle vorzunehmenden Arbeiten haben in einer gewissen Reihenfolge zu geschehen und gleichzeitig für alle Kessel vorgenommen zu werden. Wird ein Theil der Kessel angezündet, so sind nur die thätigen Kessel einzubeziehen und alle andern in einer solchen Weise zu behandeln, dass sie die Wirkung der geheizten Kessel nicht beeinträchtigen. Es wird bei einem ungeschulten Personale sich zweckmässig zeigen, die todten Kessel dadurch zu kennzeichnen, dass man die Hauptarmaturstheile verdeckt oder mit einer Schnur festbindet, damit dieselben nicht aus Versehen bedient werden können.

Vorbereitung zur Fahrt.

Feuer bereiten.

Hat man durch eine eingehende Untersuchung die Ueberzeugung gewonnen, dass sich die Kessel im diensttauglichen Zustande befinden und dass alle Armaturstheile in der richtigen Weise functioniren, so kann der Kesselsatz für eine Fahrt unter Dampf vorbereitet werden. Wurden die Mann- und Schlammlochdeckel in der angegebenen Weise gedichtet, so können die Feuer bereitet werden.

Wie bereits erwähnt, muss man die Roste entsprechend reguliren. Dabei ist zu beachten, dass alle Asche und Schlacke herausgezogen ist und die Luftspalten nicht verstopft sind. Die Roststäbe dürfen auf den Trägern nicht gezwängt liegen, um eine Ausdehnung zu ermöglichen. Zwischen den Köpfen zweier auf einander folgenden Rostlagen muss mindestens $1/_2$ Zoll Zwischenraum bleiben. Die Roststäbe dürfen jedoch anderseits nicht zu kurz sein, weil dieselben sonst beim Feuerputzen leicht herabgeworfen werden. In der Breite der Feuerbüchse müssen die Roststäbe entsprechend Luft haben. Der zuletzt eingelegte Roststab soll nie hinein gezwängt werden, weil der Rost in einem solchen Falle leicht aufbricht und theilweise herabfällt. Gebogene und abgebrannte Rosteisen müssen gewechselt werden. Die Luftspalten sollen dem zu verwendenden Brennmateriale entsprechend gehalten sein. Gries- und Staubkohle verlangen, dass die Roststäbe nahe an einander gelegt werden, damit das Kohlengries nicht allzurasch in den Aschenraum fällt. Für backende Kohlengattungen und magere Stückkohlen müssen die Roststäbe weiter gelegt werden, um den erforderlichen Luftzutritt zu gestatten. Den grössten Luftzufluss erfordern Antrazitkohlen und Coaks, welche ohne künstlichen Zug auf den gewöhnlichen Rosten gar nicht gebrannt werden können.

Um die Feuer zu bereiten werden Stückkohlen aus den Magazinen herausgeholt und auf faustgrosse Stücke verkleinert. Der Rost wird sodann seiner ganzen Länge nach mit einer mässigen Schichte von Kohle gleichförmig bedeckt und vorne in der Heizthür abwechselnd Kohle und klein gehacktes Unterzündholz von Hand geschichtet. Von der Art und Weise des Feuer-Bereitens hängt es ab, in welcher Zeit die Feuer anbrennen und wie rasch Dampf entwickelt werden kann. Es ist daher das Feuerbereiten stets zu beaufsichtigen und zu beobachten, dass die Roste vorher ordentlich gereinigt und gerichtet, die Kohle gleichmässig ausgebreitet und das Unterzündholz, klein gespaltet, gut eingelegt werde, damit der Rost nicht an manchen Stellen vom Brennmateriale vollkommen entblösst, an andern Stellen überhäuft sei, wodurch die kalte Luft die Entwicklung des Feuers hemmen oder an anderen Stellen nicht zufliessen würde. Handelsdampfer mit festem Abfahrtstermin werden die Zeit des Feuerbereitens so wählen, dass alle hiebei erforderlichen Arbeiten ohne Ueberstürzung vollendet werden können.

Auf Kriegsschiffen werden die Feuer aller Kesseltheile der Reihe nach bereitet, sobald die Reinigung der Heizflächen beendet, die Siederohre und der Feuerkanal gereinigt und alle nothwendigen Reparaturen vorgenommen wurden. Mit bereiteten Feuern ist die Schlagfertigkeit des Schiffes eine vermehrte. Die Kessel können binnen kürzester Zeit verwendet werden.

Die Feuer können während des Kesselfüllens nicht bereitet werden. Das Herausholen der zum Anzünden vorzubereitenden Kohlen aus den Magazinen, das Hissen eines Teleskopkamines und die Manipulation des Kesselfüllens mit allen hiezu erforderlichen Nebenarbeiten beschäftigt ein karg bemessenes Personale während einer halben Stunde genügend. In dieser Zeit kann ein Kesselsatz gefüllt werden und ist mit gelegten Feuern zum Anzünden bereit. Hat man die Roste nicht vorher mit Kohle gedeckt, so ist jetzt eine halbe Stunde erforderlich, bevor angezündet werden kann, und wenn die Feuer im Falle dringenden Bedarfes von nicht geübten Heizern in Eile gelegt werden, so geht eine weitere halbe Stunde verloren, weil schlecht bereitete Feuer sich langsam entwickeln werden. Bei einem oder zwei Kesseln der guten alten Zeit mit festem Kamin und mit den Kohlenschläuchen neben den Heizthüren war es wohl möglich, während des Kesselfüllens alle jene Arbeiten vorzunehmen, welche vor dem Feueranzünden vollendet werden sollen und mit welchen man vertraut sein muss, um ihre Zeitdauer beurtheilen zu können. Wurde von einem Kesselsatz die Hälfte behufs besserer Erhaltung vollkommen ausgetrocknet und aufgelegt, wie im Weitern ausgeführt erscheint, so bleiben die Feuerbüchsen leer, nachdem die Roste ausgehoben wurden um die Kesseltrocknung. vorzunehmen. In diesen Kesseln werden die Feuer nicht bereitet, die andere Kesselhälfte hat stets bereitete Feuer.

Um einen T e l e s k o p k a m i n z u h i s s e n, werden die Kurbeln an die Schnecke aufgesteckt, die Kaminkappe abgenommen und die Spannketten herausgehoben, wenn dieselben in das Rohr hineingelassen wurden. Hat man die Lager der Schnecke und des Schneckenrades geölt, so kann mit dem Hissen begonnen werden. Das Rauchsowie die Dampfablassrohre sind, während dieselben herausgeschoben werden, zu reinigen. Das Hissen des Kamines wird je nach der Grösse desselben und dem disponiblen Personale in einer bis 3 Viertel-Stunden vollendet sein. Es ist jedoch eine solche Anzahl von Leuten anzustellen, dass dieselben im Stande sind, continuirlich und nicht bloss stossweise zu wirken. Die Leute sind gleichmässig an den Handkurbeln zu vertheilen und zeitweise zu beobachten, dass die Tragketten gut aufgewunden werden. Wird die Arbeit unterbrochen, so müssen die Kurbeln zur grösseren Sicherheit festgebunden und eine Wache dabei gelassen werden. Eine Marke zeigt an, wenn die Keile eingeschoben werden können. Sind dieselben am Platze, so werden die Handkurbeln wieder zurückgewunden und das Rohr herabgelassen, damit es mit seinem ganzen Gewicht auf den Keilen und nicht auf den Tragketten ruhe. Die Spannketten des Kamines werden an den bestimmten Augringen des Oberdecks oder der Bordwand eingehakt und mit dem Kloben so weit gespannt, dass die später durch die Wärme bewirkte Ausdehnung des Kaminrohres stattfinden kann, ohne den Kesseldecken eine künstliche Belastung zu schaffen oder die Befestigungsringe der Spannketten abzuscheeren. Bei schwerem Seegange oder heftigen Windstössen sind die Spannketten nachzusehen und ganz straff anzuholen.

Bei f e s t e n K a m i n e n muss die Kaminkappe abgenommen werden. Die Dampfpumpe ist auf Seepumpen zu stellen und alle Wasserablasshähne am Kesselboden zu schliessen. Der Feuerraum wird von allen Werkzeugen und Utensilien freigemacht, welche vielleicht bei Reparaturen und andern Arbeiten verwendet wurden. Man thut sodann gut, alle Theile der Armatur zu visitiren, alle Wechsel und Ventile zu schliessen oder richtig zu stellen, sowie die Feuerwerkzeuge, welche für den Betrieb erforderlich sein werden, vorzubereiten. Wurden die Kessel gefüllt, so wird für jedes zu heizende Feuer zum ersten Beschicken eine genügende Menge Stückkohle vorbereitet.

Wurden die Kingstonventile der Wasserleitung zum Ablöschen der Asche und der Dampfpumpe geöffnet und letztere für die Kesselspeisung gestellt, so müssen die für die Manometer und Wasserstandsgläser, sowie für die Kohlenmagazine erforderlichen Lampen und Laternen vorgerichtet werden.

Kessel - Füllen.

Ist der Befehl zum Kesselfüllen erfolgt und wurden die zu heizenden Kesseltheile bestimmt, so sind vorerst die Wasserstandsgläser der betreffenden Kessel zu beleuchten und die Flurplatten und Hölzer abzuheben, um zu den Durchpresshähnen dieser Kessel zu gelangen. Der Boden um die so entstandene Oeffnung der Flur ist vorhergehend abzukehren, damit kein Schmutz und Staub in den Soodraum fällt. Zum Kesselfüllen wird das Kingstonventil geöffnet, indem man den Schutzhandgriff herauf- und die Ventilspindel hinabschraubt. Wenn ein Kingstonventil sich nicht öffnen lassen wollte, so ist die Stopfbüchse der Ventilspindel nachzulassen, warmes Oel aufzugiessen und das Ventil mit leichten Hammerschlägen auf den Handgriff der Spindel zu öffnen. Ist die Spindel mit Gewinde versehen, so wird ein Steckschlüssel, der mit einer Klaue den Handgriff umfasst, angewendet, an welchem zwei Mann wirken können. Das Oeffnen des Ventils wird durch leichte Hammerschläge nach der Richtung der Spindel auf den Handgriff unterstützt. Hammerschläge auf den Hebel auszuführen ist unstatthaft. Es kann eine grosse Kraft aufgeboten und auch nothwendig werden, weil die Ventilspindel angemessen stark und mit dem Ventile fest verbunden ist.

Kingstonventile und Hähne stecken gerne fest, wenn sie im warmen Zustand festgezogen werden; deshalb wird angerathen alle Dampfhähne und Ventile erst dann definitiv fest zu schliessen, oder deren Stopfbüchsen nachzuziehen, wenn die Kegel bereits kalt geworden sind. Bei neuartigen Kingstonventilen lässt sich der Schutzhandgriff nicht heraufschrauben, sondern es ist eine flache Gegenmutter als Schutz gegen Loswerden angebracht. Die zwei Handgriffe werden nach Belieben beim Oeffnen und Schliessen beide oder einzeln gebraucht. Der Vortheil dieser Construction ist, dass beim Feststecken des Ventils dieses, ohne auf der Ventilfläche zu schleifen, geöffnet werden kann, indem man an beiden Handgriffen in entgegengesetzter Richtung wirkt. Die Schutzbrille am Pressring des Durchpresswechsels wird gereinigt und der Steckschlüssel so aufgesteckt, dass beide Warzen unter der Schutzbrille stecken.

Wurden die Stopfbüchsen der Durchpresshähne nach der letzten Fahrt nachgezogen, — wie anzurathen wäre, wenn das Kingstonventil undicht ist, — so müssen dieselben jetzt etwas nachgelassen und der Hahnkegel mit der am Boden des Gehäuses befindlichen Stellschraube gelüftet werden, damit derselbe sich bewegen lasse. Das Wasser dringt durch den Druck der äusseren Wassersäule ein, sobald dieser Wechsel geöffnet wird. Die in dem Kessel befindliche Luft wird, wenn die Sicherheitsventile noch nicht gelüftet wurden, durch das eindringende Wasser zusammengedrückt und bei den Probirhähnen und den Wasserstandswechseln ausblasen, wenn man diese öffnet. Man kann sich also überzeugen, ob dieselben nicht verstopft sind. (Auf ähnliche Weise könnte man ebenfalls untersuchen, ob die Sicherheitsventile und Absperrventile dicht aufliegen.) Das Sicherheitsventil wird sodann geöffnet, Speisekopf oder Ventil und Abschäumer bewegt. Sind beim Ueberhitzer Umkehrventile angebracht, so sind dieselben so zu stellen, dass das ganze abziehende Dampfvolumen durch den Ueberhitzer passiren muss. Ist es möglich, die Ueberhitzer durch ein Register abzusperren, so bleibt dieses zur Schonung der Rohre geschlossen, bis der Kessel Dampf hat, wonach dasselbe geöffnet wird. Es ist gebräuchlich, beim Kesselfüllen den untersten Probirhahn offen zu lassen, um durch das ausfliessende Wasser aufmerksam zu werden, dass das normale Niveau bald erreicht ist.

Die Zeit, in welcher ein Kessel gefüllt sein wird, hängt von der Grösse des Wasserraumes, der Weite der Einströmungsöffnung und der Differenz des Kessel- und des Aussenwasserspiegels ab. Hat der Kessel sich auf das gewünschte Niveau mit Wasser gefüllt, so wird der Durchpresshahn geschlossen. Im Falle der Kegel feststeckt und nicht bewegt werden kann, was jedoch nicht wahrscheinlich ist, so wird das Kingstonventil rasch heraufgewunden, — damit der Kessel sich nicht zu hoch auffüllt, — wonach der Durchpresshahn bei richtigen Massregeln sich schliessen lassen wird. Warme Kessel, welche noch die Temperatur des Speisewassers zeigen, dürfen nur im Falle dringenden Bedarfes gefüllt werden, weil die rasche Abkühlung der Kesselbleche, insbesondere

der Bodenplatten, eine Ueberanstrengung und ein Lecken der
Nietnaten verursachen würde. Kessel werden selbstverständlich
nur bis zur Höhe des äusseren Wasserspiegels von selbst anlaufen,
wenn der normale Wasserstand über dem äusseren Wasserniveau
liegt. ¯Der Durchblaswechsel ist sodann zu schliessen und der
Kessel von Hand aufzupumpen, indem man auf die Dampfpumpe
die Handkurbel oder Balancierhebel aufsetzt und die Dampfkolben-
stange aushängt oder den Keil der Zugstange herausschlägt. Oft
ist auch eine eigene Handpumpe für diesen Zweck installirt. Man
erkennt überhaupt, dass kein Seewasser mehr eindringt, wenn bei
geschlossenem Sicherheitsventil durch den geöffneten Probirhahn
keine Luft entweicht, oder man prüft mit leichten Hammerschlägen an der Stirnwand, wie hoch der Kessel angelaufen ist.

Ist das Abschäumrohr in den Kopf des Kingston's geführt,
so ist der betreffende Wechsel entsprechend zu stellen, damit der
gefüllte Kessel abgeschäumt werden könne. Das Kingstonventil
bleibt geöffnet und die Flurhölzer und Platten werden sorgfältig
geschlossen. Wenn das Kingstonrohr stark rinnen sollte, so wird
das Ventil geschlossen und erst im Falle des Bedarfes wieder
geöffnet. Um dies nicht zu vergessen, wird der Griff des Abschäumers fest gebunden, damit man stets gewahr werde, das
nicht abgeschäumt werden kann, ohne das Kingstonventil zu öffnen.
Die zum Heizen bezeichneten Kessel werden der Reihe nach
gefüllt und in der angegebenen Weise behandelt. Die Griffe der
Speiseköpfe und Ventile, sowie der Abschäumer an den todten
Kesseln werden mit Vortheil mittelst einer Schnur festgebunden.
Die Ueberhitzer und Absperrventile der todten Kessel müssen nachgesehen und geschlossen werden, damit der Dampf nicht in die
todten Ueberhitzerkästen und Kessel überströmen und dort sich
condensiren kann.

Normales Wasserniveau.

Das normale Wasserniveau musste, wie bereits erwähnt,
durch Ausmessen so festgestellt werden, dass die Siederohre 4—6"
vom Wasser bedeckt sind. Dieses normale Niveau ist durch eine
Marke am Wasserstand zu charakterisiren.

Die Höhe, bis zu welcher man den Kessel füllt,
hängt von verschiedenen Umständen ab:

1. Das Wasserniveau muss beim Kesselfüllen unter dem
Normalwasserstand gehalten werden, weil das Wasser sich durch

das Erwärmen beim Anheizen ausdehnt und der Wasserstand dadurch steigt. Die Erfahrung wird lehren, wie viel diese Ausdehnung beträgt.

2. Wenn rasch Dampf erzeugt werden soll, so muss das Wasserniveau so niedrig als möglich gehalten werden, um keine grosse Wassermasse erwärmen zu müssen. Man wird daher mit 2" bedeckten Siederöhren, oder überhaupt sobald man das Wasser im Glas gewahr wird, anzünden können.

3. Sind die Kesselrohre oder Wechsel der Kesselarmatur bekanntermassen nicht vollkommen dicht, so ist der Wasserstand jedenfalls hoch zu halten, damit sich das Wasser nicht alsobald aus dem Glase verliere. Es ist der Kessel um so höher aufzufüllen, je längere Zeit man voraussichtlich mit stillen Dampf stehen wird oder je längere Zeit man vermuthlich bis zum Anzünden zu warten hat.

4. Bei Kesseln, welche häufig überkochen, wird empfohlen das Wasserstandsglas etwas voller zu halten, damit man beim heftigen Ueberkochen das Wasser nicht zu rasch aus dem Glase verliere.

Solche Kessel sollen besonders langsam angeheizt und immer vorsichtig gespeist werden. Man kann auch versuchen, ob das Ueberkochen bei niederem Wasserstand nicht ausbleibe, wobei jedoch die Dampfpumpe bereit zu stellen ist, um alsobald den Kessel aufpumpen zu können.

Wird bei Fregattenkesseln der Durchpresshahn offen gelassen, so füllt sich der Kessel über das normale Niveau bis an die Kesseldecke an. Dies kann verursacht werden:

1. Durch Nachlässigkeit beim Kesselfüllen.

2. Wenn Durchpresswechsel und Kingston nicht rasch genug geschlossen werden können. In diesem Falle füllt sich auch der Dampfraum binnen wenigen Minuten mit Wasser. Das Sicherheitsventil ist dann gleich zu schliessen, damit die Luft im Kessel dem Einströmen des Wassers ein Hinderniss biete. Ein solcher Uebelstand kann überhaupt nur durch Mangel an Energie bei der Anwendung von mechanischen Mitteln den Verschluss herbeiführen oder aber durch starkes Undichtsein des Durchpresshahnes bei gleichzeitig offenem Kingstonventil verursacht werden.

3. Wenn die Wasserstandshähne verstopft sind. In diesem Falle, wenn kein Probirhahn geöffnet wurde oder wenn derselbe verstopft ist, kann das Wasser im Kessel steigen, ohne in's Glas einzudringen. Nach einiger Erfahrung jedoch wird man gewahr

werden, dass sich im Glase kein Wasser zeigt, obwohl schon ein Zeitraum verflossen ist, in welchem der Kessel gefüllt sein sollte. Man überzeugt sich dann, ob der Wasserstand verstopft ist, und wenn dies der Fall sein sollte, so ist der Durchpresshahn sofort zu schliessen und der Wasserstand mittelst eines Drahtes zu durchfahren und freizumachen.

Hindernisse beim Kesselfüllen.

Wenn ein Kessel sich nicht füllen lässt, so mag

1. die Mündnng des Füll- oder Durchpress-Rohres verstopft sein. Bei der Kesselreinigung werden die Oeffnungen der Füllrohre mit Holzstoppeln belegt, damit keine Salzkrusten in das Rohr dringen können. Wurde ein solcher Stoppel nach vollendeter Reinigung nicht herausgenommen, so ist es natürlich, dass der Wasserdruck nicht genügend stark ist, ihn herauszudrücken und dass der Kessel sich nicht füllen kann. Man schliesst in diesem Falle den Durchpresshahn und füllt den Kessel, wenn auch langsamer, durch das Abschäumrohr auf, wenn es anderseits die Zeit nicht gestatten sollte, den Schlammlochdeckel zu öffnen und den Stoppel zu entfernen, wie anzurathen ist. Beim Gebrauch des Plattengummi's als Dichtung kann diese Arbeit rasch vollführt werden.

2. Die Oeffnung des Kingston mag sich durch Fetzen oder Seegras verlegt haben. Dann wird das Kingstonventil geschlossen und der Kessel mittelst des Rohres, welches gewöhnlich zum Auspumpen der Kessel dient und mit den Köpfen aller Kingstonrohre in Verbindung steht, durch das geöffnete Kingstonventil eines anderen Kessels gefüllt. Man öffnet am verstopften Kingston den Durchpresshahn und den Hahn zum Auspumpen, sodann das Kingstonventil eines anderen Kessels und dessen Hahn zum Auspumpen. Auf diese Weise kann ein Kessel durch ein anderes Kingstonventil gefüllt und auch abgeschäumt werden. Darauf darf jedoch für gewöhnliche Fälle durchaus nicht reflectirt werden, weil sonst die Dampfpumpe zur Kesselspeisung nicht benützt werden könnte. Selbstverständlich sind nach dem Füllen die Hähne zum Auspumpen, sowie die Durchpresshähne wieder zu schliessen. Hat der Kessel nachfolgend Dampf auf, so wird ein wenig durchgepresst, um die unter dem Ventil sitzenden Unreinigkeiten zu beseitigen. In manchen Fällen jedoch wird die Anordnung

2*

der Rohrleitung einen solchen Ausweg beim Kesselfüllen nicht gestatten. Wenn der Kessel auf keine andere Weise gefüllt werden kann, so muss derselbe mit der Hand- oder Dampfpumpe aufgepumpt werden. In den seltensten Fällen dürfte man gezwungen sein, die Kessel durch einen Spritzenschlauch oder mittelst Eimern beim geöffneten Mannloch zu füllen.

3. Ein Schlammloch mag offen geblieben sein, durch welches das einströmende Wasser in den Soodraum abläuft. Dies könnte offenbar nur bei Schlammlochdeckeln geschehen, welche an den Seiten- oder Rückwänden des Kessels angebracht sind. Ebenso würde man sehr bald gewahr werden, wenn bedeutende Lecke ein Füllen des Kessels verhindern.

Wurde ein Kessel über den normalen Wasserstand gefüllt, so muss derselbe bis auf den normalen Wasserstand in den Soodraum abgelassen werden, indem man den Hahn zum Auspumpen der Kessel und einen Soodwechsel desselben Rohres öffnet. Dadurch fliesst das Wasser in den Soodraum ab. Gestattet die Rohrleitung ein Entleeren des Kessels auf diese Weise nicht, so kann bei geschlossenem Kingstonventil der Kegel des Durchpresshahnes gelüftet und der Kessel bis zum normalen Wasserniveau durch die Oeffnung des Gehäuses in den Soodraum abgelassen werden. Das überflüssige Wasser kann auch mit der Dampfpumpe von Hand ausgepumpt werden. In beiden Fällen ist das Sicherheitsventil geöffnet zu lassen. Kleinere Partien endlich können durch - die am Boden angebrachten Entleerungs- oder Probirhähne in den Soodraum gelassen werden.

Nicht ökonomisch ist es, bei überfülltem Kessel Dampf aufzusetzen und das überflüssige Wasser auszupressen, weil alle Wärme, welche das entleerte Wasser bis zur Dampfbildung aufgenommen hat, verloren wird.

Feuer anzünden.

Sollen die gefüllten Kessel geheizt werden, so hat man sich zuerst zu überzeugen, ob der Wasserstand nicht unter die normale Höhe gesunken ist. Zeigt ein Wasserstandsglas zu wenig oder kein Wasser, so ist dies ein Zeichen des undichten Zustandes der Hähne oder dass der Kessel leckt. Der Kessel kann durch den Abschäumer oder den Durchpresshahn nachgefüllt werden. Ist der normale Wasserstand über dem äusseren Wasserspiegel, so ist von Hand aufzupumpen.

Die Kaminstage bei festen Kaminen müssen vor dem Feueranzünden nachgelassen werden, damit durch die Ausdehnung des Kaminrohres die Spannketten nicht aus den Augen gerissen werden. Die Rauchregister werden geöffnet und geöltes Werg, welches bei der Maschinenreinigung · verwendet wurde, auf die Feuerplatte gegeben und angezündet, wobei die Feuerthüren etwas geöffnet bleiben. Es müssen alle Feuer in einem Kessel angezündet werden, weil sonst der Kesselkörper durch ungleichförmige Ausdehnung leidet. Alle Rohr-, Aschenfall- und Heizthüren der todten Kessel, sowie deren Rauchregister müssen sorgfältig geschlossen werden, damit der Zug der geheizten Kessel nicht beeinträchtigt wird. Hat das in den Feuern geschlichtete Unterzündholz zu brennen angefangen, so werden die Aschenfallthüren etwas geöffnet, um einen geringen Luftzug zu gestatten. In dem Masse als das Holz niederbrennt. wird von Hand Kohle aufgeworfen, damit vorne ein´grösseres Quantum sich entzündet. Die Kohle der ersten Rostlage wird sodann zu brennen beginnen, die Flamme bei geöffneter Feuerthür längs des Rostes zurückziehen und die Kohle der ganzen Länge des Rostes nach entzünden. Fängt die Kohle in der Nähe des Feuerkanals zu rauchen an, so wird die hellbrennende Kohle von der Feuerthür mittelst der Krücke zurückgeschoben und die Heizthüre geschlossen. Nun beginnt das Heizmaterial auf dem Roste hell zu brennen und seine Heizkraft zu entfalten. Der Rost wird sodann mittelst der Schaufel mit frischer Kohle gedeckt.. Der durch den Kamin bedingte Luftzug gewinnt mit der Hitze der Feuer an Kraft und die Feuer werden endlich normal zu brennen beginnen. Dadurch wird das Wasser des Kessels mehr und mehr erwärmt und eine lebhafte Circulation desselben hervorgerufen.

Das Brummen der Kessel, welches zuweilen vernommen wird, ist das Zeichen eines fehlerhaften Feuers. Der Rost ist stellenweise, gewöhnlich hinten nicht bedeckt und lässt zu viel kalte Luft eintreten. Diese Luft strömt so rasch an den unteren Siederohren vorüber, dass sie an denselben wie beim Pfeifen auf einem Schlüssel in eine vibrirende Bewegung versetzt wird. Der hiedurch hervorgerufene Ton hallt im Rauchkanal nach. Sind die Roste gut und gleichmässig bedeckt, so brummen die Kessel nicht. Das Brummen der Kessel deutet auf einen lebhaften guten Zug hin, welcher dem Kessel jedoch insoferne nicht günstig ist, als kalte Luft durch die leeren Stellen des Rostes tritt, die Heizgase abkühlt und eine vollkommene Verbrennung hemmt.

Für die Kessel schädliche Erschütterungen finden jedoch nicht statt, indem nur die Rohrthüren und der Rauchfang mit tönen. Die Kessel werden hiebei nicht erschüttert. Durch theilweises Schliessen der Aschenfallthüren des fehlerhaft beschickten Feuers wird das Brummen alsogleich unterbrochen, durch Decken der leeren Stellen des Rostes behoben.

Hat das Kaminrohr sich schon erwärmt, so können die Kaminstage nachgespannt werden. Bei geringerer Temperatur des Wassers soll das Anheizen besonders langsam vorgenommen werden, damit der Kessel sich gleichmässig in allen Theilen erwärme und durch ungleiche Ausdehnung keine zu grosse Inanspruchnahme der kälteren Bleche und schweissende Nietnaten hervorgerufen werden. Man soll die Feuer nun langsamer entwickeln, indem man die Aschenfallthüren durch längere Zeit theilweise geschlossen hält. Man muss diesem Umstande Rechnung tragend, entsprechend früher anzünden. Bei Stahlkesseln soll besonders im Winter dieser Umstand berücksichtigt und die Feuer ausserordentlich langsam entwickelt werden. Es muss bemerkt werden, dass die Sicherheitsventile nach dem Füllen der Kessel nicht geschlossen wurden und der erwärmten Luft einen Ausweg gestatten.

Hat das Kesselwasser den Siedepunkt erreicht, so wird dasselbe Dampf zu entwickeln beginnen und die erwärmte Luft vom Dampfraum verdrängen. Durch Oeffnen der Probirhähne kann man erkennen, ob schon alle Luft entfernt ist. Dann werden die Sicherheitsventile geschlossen und die Manometer beleuchtet. Wenn bei einem ausgedehnten Kesselsatz eine geringe Kesselzahl geheizt werden soll, so wird das Feuer derselben nicht genügend sein, das ganze im Kamine enthaltene Luftvolumen zu erwärmen und die Feuer werden anfangs schlecht ziehen. Wird jedoch in einigen Rauchkammern der todten Kessel geöltes Werg entzündet, so wird der dadurch hervorgerufene Luftzug genügend sein, die angezündeten Feuer rascher zu entwickeln. Um den Zug des Kamines zu vermehren, muss der Luft an den todten Kesseln aller Zutritt verwehrt und ein erhöhter Luftzufluss durch Setzen von Windsegeln, Drehen der Windhelme gegen den Wind und durch Freihalten aller Kessellucken befördert werden. Bei der Dampfentwickelung müssen die Nullstellungen der Manometerzeiger beobachtet werden, um späterhin der richtigen Dampfspannung sicher zu sein. Sollte sich der Manometer eines Kessels vollkommen unbrauchbar erweisen, so ist das Absperrventil dieses sowie eines andern Kessels, welcher mit einem richtigen Manometer versehen ist, zu öffnen, wodurch die gemeinsame Spannung beider Kessel an lezterem Manometer ersichtlich wird. Wurden die Sicherheitsventile geschlossen und dem Dampf jeder Ausweg verschlossen, so wird dessen Spannung steigen und der Manometer den entsprechenden Dampfdruck anzeigen. Ist ein Dampfblaserohr angebracht, um den Zug des Kamines zu verstärken, so ist dessen Hahn zu öffnen und bis zur Erreichung der normalen Dampfspannung geöffnet zu halten, sowie nachfolgend zu benützen, wenn die Umstände eine Zugverstärkung erheischen sollten.

Die Feuer werden regelmässig und gleichförmig mit Kohlen beschickt, so oft es erforderlich ist, mit dem Feuerhaken durchgestossen oder mit der Feuerkrücke gemischt, um dieselben aufzufrischen. Der regelmässige Kohlentransport wird dann eingeleitet und die Kohlenleute instruirt, die Zahl der geförderten Kübel zu verzeichnen. Ist die normale Dampfspannung bei einem in Betrieb stehenden Kessel nahezu erreicht, so werden dessen Aschenfallthüren geschlossen und die Feuerthüren etwas geöffnet, um ein zu rasches Anwachsen des Dampfes zu hindern und die Feuer frisch zu erhalten. Die Absperrventile, Ueberhitzer und die Rauchregister solcher Kessel werden dann geöffnet, wornach diese Kessel als dampfklar anzusehen sind. Die Entleerungshähne der Ueberhitzerkästen sind nach Bedarf einige Zeit offen zu halten, um das Wasser ganz aus denselben zu entfernen. Wurde das Wasser der Ueberhitzer nicht abgelassen oder sind die Ueberhitzerkästen nicht mit Wasserablasshähnen versehen, so bewirken diese keine Trocknung des Dampfes, sondern wirken als Heizfläche geringerer Qualität. Das Resultat ist dann feuchterer Dampf und minder gutes Vacuum.

Die Absperrventile dürfen nur sehr langsam geöffnet werden, um ein zu rasches Ueberströmen des Dampfes und Stösse im Hauptdampfrohre zu vermeiden. Das in deren Gehäusen, sowie in jenen der Sicherheitsventile sich sammelnde Wasser ist abzulassen und das Wasserstandsglas zeitweise durchzublasen, um der richtigen Function desselben sicher zu sein. Es ist auch gebräuchlich, die Absperrventile unmittelbar nach dem Feueranzünden zu öffnen und die Sicherheitsventile zu schliessen, wodurch die in dem Dampfraum enthaltene Luft bei den Cylinderhähnen ausgeblasen werden kann. Die in dieser Luft enthaltene Wärme ist kaum nennenswerth und es kann diese mitunter empfohlene Manipulation nicht als vortheilhaft bezeichnet werden. Wenn die zum Betriebe dienende zeitweilige Kesselkraft durch einen frisch geheizten Kessel vermehrt wird, so muss die atmosphärische Luft jedenfalls früher vollkommen aus dem Dampfraume dieses Kessels entfernt werden.

Wenn ein Absperrventil feststeckt und sich nicht öffnen lassen wollte, so ist die Stopfbüchse der Spindel nachzulassen und warmes Oel einzugiessen. Die Spindel kann verbogen sein oder das Ventil durch seine Ausdehnung im Sitze feststecken. Der Widerstand muss mittelst eines auf die Spindel gesteckten Hebels überwunden werden. Die Absperrventile werden anfänglich nur sehr wenig geöffnet, weil dadurch das mit dem Dampfe mitgerissene Wasser eher im Kessel zurückgehalten wird. Bei vollem Betriebe erst kommen selbe nach Bedarf mehr zu öffnen. Die Feuer sind gleichmässig zu halten und die Aschenfallthüren fallweise entsprechend zu schliessen, damit der Dampfdruck nie um Bedeutendes die normale Spannung überschreite, so dass beim Anheizen der Kessel möglichst wenig Dampf bei den Sicherheitsventilen abgeblasen werden muss. Steigt die Dampfspannung in einem Kessel, so werden sich, wenn der normale Druck überschritten ist, die Sicherheitsventile selbstthätig öffnen. Es steht übrigens selbst bei frischen Feuern nicht zu erwarten, dass die Dampfspannung so bedeutend anwachse, wenn die Aschenfallthüren entsprechend früh geschlossen wurden, weil die Temperatur des ganzen Kesselwassers erhöht werden muss, um ein Steigen des Dampfes zu ermöglichen.

Aschenejectoren werden nun gestellt und versucht. Deren Ausströmungsklappen sind geöffnet zu halten, wenn nicht schwerer Seegang ein zeitweises Schliessen nothwendig macht. Man öffnet den Dampfhahn bei normaler Dampfspannung und verstellt den Trichter so lange, bis der Ejector kräftig ansaugt, was man durch Anfühlen mit der Hand leicht erkennen kann.

Steigt der Dampfdruck andauernd und kann der Dampf zu keiner Arbeitsleistung herangezogen werden, wie z. B. zum Soodpumpen, Aschenausblasen, Durchblasen der Maschine, so wird die Dampfpumpe in Gang gesetzt und die Kessel mit niederem Wasserstand aufgepumpt. Zugleich wird ein Sicherheitsventil geöffnet und Dampf abgeblasen. Ist die Maschine klar gemeldet, so werden die Feuer dem Manöver der Maschine entsprechend regulirt, um die Dampfspannung normal zu erhalten. Während des Manövers bleiben die Feuerthüren geschlossen und die Aschenfallthüren sind dem Gange entsprechend zu öffnen, damit die Dampfspannung möglichst wenig sinkt und die Temperatur des Kesselwassers nicht um Bedeutendes falle. Die Dampfentwicklung ist durch ganzes oder theilweises Oeffnen der Aschenfallthüren, dem Bedarf entsprechend einzuleiten. Ein Durchstossen oder Aufmischen der Feuer ist nicht räthlich, weil der Kessel im Beginne der Dampfabnahme besonders nach längerem Stillstehen leicht überkocht, wenn die Feuer eine lebhafte Hitze entwickeln.

Kesseldienst während der Fahrt.

Behandlung der Feuer.

Wurden die Maschinen endlich auf volle Kraft angelassen, so hat man, wie bereits erwähnt, die Dampfentwicklung durch Reguliren des Zuges so einzuleiten, dass mit der Maschine die vorgeschriebene Rotationszahl erreicht werde, wobei die Absperrventile dem Bedarfe der Maschine entsprechend geöffnet werden.

Alle Manipulationen an den Feuern sollen so rasch als möglich, alle Operationen des Speisens und Abschäumens allmählig und gleichförmig vorgenommen werden, um einen ökonomischen Betrieb zu sichern. Alle Unregelmässigkeiten der Kesselbedienung kosten Brennmateriale, strengen den Kesselkörper unmässig an, erschweren den Dienst und ermatten das Bedienungspersonale.

Während der Fahrt sind der Zustand der Feuer und die Dampfspannung, das Wasserniveau und der Salzgehalt des Kesselwassers stets im Auge zu behalten. Ist die Maschine an keine Rotationszahl gebunden, sondern soll mit einem geheizten Kesselsatz mit dem geringsten Aufwand von Brennmateriale eine Maximalleistung erzielt werden, so ist festzuhalten, dass die Kohle die grösste Heizkraft entwickelt, wenn dieselbe ruhig und vollkommen auf den Rosten abbrennt. Die Feuer sollen also, und besonders im Beginne der Fahrt, nicht durchgestossen oder gemischt werden.

Die Feuer müssen regelmässig mit frischer Kohle beschickt werden. Die Kohle wird auf faustgrosse Stücke zerschlagen und mit der Kohlenschaufel aufgeworfen. Nur Kohlengries, welcher durch die Luftspalten durchfallen und im Aschenfall weiterbrennen würde, darf genässt werden, damit der Staub leichter zusammenbacke. Die Kohlen werden den gegebenen Anordnungen gemäss von den bezeichneten Stellen der Depots genommen und stets überwacht, dass nicht ohne Grund die Stückkohle ausgesucht und der Kohlenstaub zurückgelassen werde. Ferner muss die Kohle in Haufen zusammengehalten und von der Asche und Schlacke gut getrennt bleiben, damit die lebende Kohle nicht mit der Asche vermischt und über Bord geworfen oder mit dem Ejector entfernt werde. Der Rost eines Feuers darf keine zu dicke Kohlenlage tragen, weil die Luft sonst nicht gut zuströmen kann und auch keine leeren Stellen zeigen, weil bei diesen die kalte Luft eindringt, die Verbrennung hemmt und die Heizgase und Heizflächen nicht unwesentlich abkühlt. Ein Feuer muss beschickt werden, wenn die Kohlenlage schon etwas herabgebrannt ist, und zwar wird der Haufen frisch brennender Kohle von der Flurplatte zurückgeschoben und gleichmässig ausgebreitet; hierauf werden die hinterste Rostlage und die ausgebrannten Stellen mit frischer Kohle gedeckt und auf der Feuerplatte ein Haufen Kohle geschichtet, damit die Heizgase sich langsam entwickeln und vollkommen zur Verbrennung gelangen. Das Beschicken der Feuer hat so rasch als möglich zu geschehen, damit nicht zu viel kalte Luft durch die Oeffnung der Feuerthür eindringe und anderseits die strahlende Wärme nicht in den Heizraum zurücktrete und das bedienende Personale belästige. Bei schwerem Seegang muss stets ein Mann die Heizthür halten und die zum Beschicken nöthigen Kohlen sollen schon vorbereitet sein, bevor die Heizthür geöffnet wird. Die Feuer sind immer in einer bestimmten Reihenfolge zu beschicken und es dürfen nie zwei Feuerthüren auf einmal durch längere Zeit offen gehalten werden. Jedes Feuer muss genügend beschickt werden, damit nicht gleich wieder die Heizthür geöffnet werden muss, doch soll es auch nicht durch zu viel aufgeworfene Kohle erstickt werden. Man muss also vermeiden, zu oft und zu wenig, sowie auch zu selten und zu viel aufzuwerfen.

Zur vollkommenen ökonomischen Verbrennung ist ferner erforderlich, dass eine genügende Luftmenge leicht zuströmen kann. Um dies zu befördern müssen alle K e s s e l l u c k e n f r e i gehalten, die Helme der Windrohre gegen den Wind gedreht und eventuell

Windsegel klar gemacht werden, damit ein möglichst lebhafter Zug des Kamines erhalten bleibe; die Rohr-, Heiz- und Aschenfallthüren der todten Kesseltheile sind sorgfältig geschlossen zu halten, damit der Zug durch dieselben nicht beeinträchtigt werde. Die Aschenfälle müssen rein gehalten werden, damit die sich aufhäufende Asche nicht das Zuströmen der Luft hindere. Die Luft darf nur durch den Rost in den Verbrennungsraum treten. Die Feuerthüren müssen also stets geschlossen gehalten werden, wenn die Verbrennung nicht gehemmt oder unterbrochen werden soll. Das Öffnen der Rohrthüren behufs Zugunterbrechung oder Verhütung des Ueberkochens ist vollkommen verwerflich und könnte nur dann wirklich nothwendig werden, wenn die Maschine momentan abgestellt werden muss und auch dann nur, wenn die Dampfspannung in einer solchen Weise steigt, dass durch Aufpumpen allein nicht gleich geholfen werden kann. Die Aschenfälle sind besonders bei Anwendung von Staub- oder Grieskohle klar zu halten, denn der Kohlenstaub, welcher durch die Luftspalten des Rostes herabfällt, brennt im Aschenfall fort und beeinträchtigt den Zug. Die Roststäbe wären dadurch der Gefahr ausgesetzt abzubrennen, wenn sie von beiden Seiten der intensiven Hitze des Feuers ausgesetzt sind und nicht durch die zutretende frische Luft gekühlt werden. Man muss daher hintanhalten, dass sich glühende Asche oder gar brennendes Kohlenklein im Aschenfall aufhäufe. Ist eine genügende Anzahl von Kesseln geheizt, so ist solche Asche, welche viel Kohlenklein gemischt enthält, zu nässen und wiederholt aufzuwerfen. Die Luftspalten des Rostes sind klar zu halten und von Zeit zu Zeit, wenn sich dieselben theilweise verstopft zeigen, mit dem Feuerhaken von unten zu reinigen. Die in der Kohle enthaltenen erdigen Bestandtheile werden nach längerer Zeit den Rost mit einer Schichte von Schlacke bedecken, welche den normalen Luftzutritt verhindert. In Folge dessen brennt das Feuer nur matt und zeigt einen schwachen mehr dunkelgelben Schein, während ein frischbrennendes Feuer einen hellen, röthlichen Schein wahrnehmen lässt. Dunkelleuchtende Feuer müssen geputzt, d. h. der Rost von Schlacke gereinigt werden. Die Feuer sind so gleichmässig als möglich zu halten, damit alle Kessel gleichförmig Dampf erzeugen, wodurch Wasserniveau und Salzgehalt leicht normal gehalten werden können. Ungleiche Feuer und häufiges Durchstossen derselben würden ein Ueberkochen des Kesselwassers zur Folge haben, die Kessel würden ungleich Dampf entwickeln, die Speisung nicht gleichförmig stattfinden und die einzelnen Kessel verschiedenen Salzgehalt zeigen, — Umstände, welche für einen ökonomischen .Betrieb ungünstig sind. Wenn bei ungleichmässigen Feuern ein Ueberkochen der Kessel auch nicht wirklich beobachtet wird, so können die nachtheiligen Folgen des nassen Dampfes doch auftreten, indem dessen Wirkung im Cylinder durch Niederschlagen und Wiederverdampfen der Wasserbläschen, durch schlechtes Vacuum etc. beeinträchtigt oder ein Mehrverbrauch an Kohle bedingt wird. Wenn die Kohlen auf dem .Roste zusammenbacken, so wird das Feuer durchgestossen und gemischt. Ebenso werden die Feuer gemischt, wenn man dieselben herabbrennen lassen will, um deren ganzen Heizwerth auszunützen, ohne frische Kohle aufzuwerfen.

Sollen die Feuer forcirt, d. h. soll für einige Zeit die Maximalleistung der geheizten Kessel entwickelt werden, so müssen die Feuer der Reihe nach in kurzen Zeitintervallen mit den Feuerhaken durchgestossen und die brennende Kohle gemischt werden. Jedes Feuer wird gleichzeitig mit einer dünnen Schichte frischer Kohle gleichmässig gedeckt, wozu man, wenn die Zeit es gestattet, Stückkohle auszusuchen pflegt. Alle Manöver sind besonders rasch auszuführen und namentlich die Heizthüren möglichst wenig geöffnet zu halten. Das Speisen und Abschäumen kann theilweise (ganz nur bei besonderer Nothwendigkeit) eingestellt werden.

In der französischen Marine bestand die Vorschrift, dass das Beschicken der Feuer auf Commando des wacheführenden Unterofficiers in regelmässiger Zeitfolge vorgenommen werde. Es ist dies unzweckmässig und dürfte nur bei einem vollkommen ungeschulten Personale anzuwenden sein. Die Bedienung der Feuer wird hiebei von dem Eifer und dem Geschicke eines Einzelnen abhängig, welcher jedoch bei grösseren Kesselsätzen der Aufgabe nicht mehr gewachsen sein dürfte. Man bilde das Heizpersonale heran, nähre dessen Intelligenz und instruire dasselbe genügend, um ihm die Bedienung der Feuer überlassen zu können. Nachdem der Dienst auf französischen Schiffen, welche der Verfasser zu besuchen Gelegenheit hatte, nicht auf obige Weise geführt wurde, ist anzunehmen, dass durch jene Vorschrift nur eine Uebergangsperiode charakterisirt wurde. Wird auf Commando aufgeworfen, so begibt sich der Heizer leicht jeder Verantwortung und wirft beim Commando ohne Aufmerksamkeit mechanisch Kohle auf, ohne den Zustand des Feuers zu berücksichtigen. Schlechte und ungleich gehaltene Feuer dürften die Folge davon sein.

Die Bedienung der Feuer erfordert Individuen von angemessener Körperconstitution, einer gewissen Anstelligkeit in Handarbeiten, welche hauptsächlich Arbeitsleuten eigen ist oder von denselben leicht erworben wird und einer Zähigkeit und Ausdauer, welche man von Individuen der niedersten Culturstufe nicht erwarten kann. Die Pflichten des Heizers setzen jedoch mehr Verständniss und Application als Körperkraft voraus. Nicht jedes robuste Individuum, welches man in den Feuerraum schickt, ist geeignet, als Feuermann Dienste zu leisten. Ein guter Heizer bedient ohne merkliche Anstrenguug seine Feuer, wenn ihm nicht aussergewöhnliche Arbeiten, als die Herbeischaffung der Kohle und das Hissen der Asche aufgebürdet werden. Die Feuer werden stets im guten Zustande sein und der gute Heizer findet noch Zeit, Kessel und Armaturstheile in reinem Zustande zu erhalten, die Lampen zu versorgen, sowie die Reinigung der Feuer und der Rohrsätze zu versehen. Ein guter Heizer wird stets den ganzen Rost mit einer dünnen Feuerschichte bedeckt halten und die Zeitintervalle der Beschickung so wählen, dass keine leeren Stellen ausbrennen. Er weiss die Kohle mit der Schaufel gleichmässig über den ganzen Rost auszubreiten und dabei der Schaufel einen solchen Schwung zu geben, dass die Kohle nach dem Decken der leeren Stellen sich über den ganzen Rost bis an den Feuerkanal gleichmässig vertheilt, ohne erst zur Feuerkrücke Zuflucht zu nehmen. Ein schlechter Heizer wirft dagegen den Rost gewöhnlich in der Mitte hoch auf und lässt hinter dem Kohlenhaufen eine leere Stelle, welche er zeitweise mit der Kohlenkrücke deckt. Wenn der Dampfdruck sinkt, so wirft er den Feuerraum voll Kohle und denkt: Je mehr Kohle man hineinwirft, desto mehr Dampf soll es geben. Dabei bleibt die Heizthüre sehr lange offen und der Feuermann ermattet sich mit dem Durchstossen und Ebnen der Feuer, so dass er oft trotz des ungeschlachten Körperbaues nicht im Stande ist, zwei Feuer in solcher Weise zu versehen, dass sie stets frisch und gut brennen.

Normale Dampfspannung.

In dem Kessel soll nahezu die normale Dampfspannung erhalten bleiben. Es werden daher die Absperrventile dem entsprechend nur um einige Gänge geöffnet. Man gewinnt hiedurch in der Wärme des Kesselwassers die beste Garantie eines gleichmässigen und ökonomischen Betriebes und ein Dampfreservoir, um Unregelmässigkeiten der Dampfabnahme auszugleichen und ein freies Manöver mit der Maschine zu gestatten. Der Kesselkörper leidet trotz der höheren Spannung nicht mehr, als ob das Wasser blos gekocht würde. Man darf jedoch anderseits die Dampfspannung nicht so hoch halten, dass die Sicherheitsventile abblasen und durch dieselben nutzlos Dampf verloren werde.

Unter normaler Spannung hat man jene zu verstehen, welche bei der letzten ämtlichen Untersuchung der Kessel als „Zulässig" festgesetzt wurde. Es sind daher die Manometer zu beobachten, wobei der Wassersack derselben zeitweise zu entleeren und die Anfangsstelluug des Zeigers zu berücksichtigen ist. Zeigt der Manometer eines Kessels eine höhere Dampfspannung an, so ist das Absperrventil dieses Kessels etwas mehr zu öffnen, wonach die Druckdifferenz sich ausgleichen wird. Es mag vorkommen, dass Manometerzeiger überspringen und eine Dampfspannung anzeigen, welche mit Sicherheit nicht gehalten werden kann, oder dass der Manometer eines Kessels aus irgend einer Ursache dienstuntauglich wird. In diesen Fällen ist das Absperrventil des betreffenden und eines Kessels mit richtigen Manometer ganz aufzumachen. Ein Oeffnen des Sicherheitsventils oder gar ein Löschen der Feuer ist vollkommen ungerechtfertigt, wenn während der Fahrt ein Kessel am Manometer plötzlich eine höhere Dampfspannung indicirt und man sich überzeigt hat, dass das Absperrventil genügend geöffnet ist.

Wenn der Dampfdruck fällt, so stellt man, wenn möglich, das Speisen und Abschäumen theilweise ein und lässt die Feuer durchstossen oder schmälert die Dampfabnahme und lässt die Feuer mit einer dünnen Schichte Stückkohle rasch bewerfen. Wenn die Dampfspannung steigt, so kann man im vermehrten Masse speisen und abschäumen, oder wenn bedeutend weniger Dampf gebraucht wird, die Aschenfallthüren ganz oder theilweise schliessen, wobei man gewöhnlich die Heizthüren etwas öffnet, um frische Feuer zu halten, weil dieselben sonst absterben, wenn kein Luftzutritt stattfindet. Die Rohrthüren dürfen nicht geöffnet werden, um die Dampfentwicklung zu hemmen, indem durch die eintretende kalte Luft Temperatursdifferenzen hervorgerufen werden, welche den Kesselkörper im höchsten Grade schädlich sind und die Siederohre zum Rinnen bringen. Ueberhaupt vermeide man alle raschen Wechsel des Betriebes. Ein übertriebenes Forciren der Feuer während der Fahrt oder beim

Ausbreiten, ein übermässiges Aufpumpen der Kessel, um die
Dampfentwicklung zn hemmen, ist, — wenn nicht durch Elementar-
ereignisse geboten, — vollkommen unstatthaft. Wenn es nothwendig
werden sollte, die Kessel momentan ohne vorhergehendes Aviso
bei frischen Feuern abzustellen, so dürfte man vielleicht, um die
Dampfentwicklung zu hemmen, zu der Massregel gezwungen sein,
die Rohrthüren zu öffnen, nachdem man bereits die Sicherheitsventile geöffnet und frisches Wasser in den Kessel gepumpt hat,
dann genügt es, nur die kleinen Rohrthüren, oder, wo solche fehlen,
eine Rohrthüre per Kessel aufzumachen, um den Zug zu unterbrechen. Um die Rohre des Ueberhitzers zu schonen, ist es hiebei
anzurathen, dessen Register zu schliessen.

Um leichter und gleichförmiger Dampf zu halten, ist es
vorzuziehen, den Wasserstand eher etwas niedriger zu halten,
wobei man jedoch nicht so tief gehen soll, dass man der Gefahr
ausgesetzt ist, bei geringen Unregelmässigkeiten der Speisung das
Wasser aus dem Glase zu verlieren. Der Dampf wird häufig
zwischen Kessel und Hauptdampfrohr in einem mit Feuerrohren
versehenen Kasten überhitzt. Der durch die Ueberhitzung
des Dampfes zu erreichende Vortheil wurde oft überschätzt,
weil selbe gleichzeitig mit der Anwendung höher gespannter
Dämpfe eingeführt wurde. Der durch letztere Massregel erzielte
Gewinn wurde ungerechtfertigter Weise der Ueberhitzung des
Dampfes zugeschrieben. Nachdem jedoch Kessel stets mehr oder
weniger nassen Dampf liefern, wobei die Wirkung im Dampfcylinder durch Niederschlagen und Wiederverdampfen der Wassertheilchen, schlechtes Vacuum etc. beeinträchtigt wird, so wendet man
mit Vortheil die Ueberhitzung des Dampfes an, um diesem Uebelstand zu begegnen und dem Dampfe so viel Wärme zuzuführen,
als zur vollkommenen Verdampfung der mitgeführten Wasserbläschen erforderlich ist. Es wird also im Ueberhitzer der Dampf
getrocknet und empfängt bei einigen Constructionen vielleicht so
viel freie Wärme, um gegen die Abkühlung im Hauptdampfrohr
und in den Schieberkästen gesichert zu sein. In seltenen Fällen wird
im Cylinder selbst eine bemerkenswerthe Temperatursorhöhung
erreicht. Der Vortheil, welchen die Ueberhitzer als Dampftrockner
gewähren, ist nicht zu unterschätzen. Für die englische Marine
ist die zulässige Maximaltemperatur des überhitzten Dampfes mit
300^0 F, für Spannungen unter 30 Pf., 330^0 F für Spannungen
über 30 Pf. festgesetzt, wodurch im Mittel eine Ueberhitzung von
14^0 C. gestattet erscheint.

Speisung der Kessel.

Bei Beginn der Fahrt sucht man die Ueberzeugung zu gewinnen, dass die Kessel speisen, und zwar überzeugt man sich hievon, indem man die Speiseköpfe oder Ventile öffnet und untersucht, ob Wasser in den Kessel gespeist wird. Man erkennt dies an der Temperatur des Rohres, oder indem man einen Schlüssel an's Rohr und das Ohr hält, wobei man das Spielen des Rückschlagventiles wahrnehmen wird. Die Speisung der Kessel muss so gleichförmig als möglich vorgenommen werden, um nicht plötzlich eine grosse Menge kalten Wassers zuzuführen, was die Dampfbildung in diesem Kessel hemmen und eine Contraction der Bodenbleche hervorrufen würde, welche bei langen Kesseln gefährlich werden, sonst aber lecke Nietnaten hervorrufen könnte.

Ein gleichförmiges Speisen erreicht man, indem man den Speisehahn halb öffnet und das Wasserniveau im Kessel genau beobachtet; dazu ist es gut, den gewünschten Wasserstand durch irgend ein Zeichen zu markiren. Der Speisewechsel wird nun etwas geöffnet oder geschlossen, je nachdem man ein Aufsteigen oder Sinken des Wasserniveaus bemerkt. Man soll trachten, eine solche Stellung der Speisehähne ausfindig zu machen, bei welcher der Wasserstand durch andauerndes Speisen auf der gewünschten Marke erhalten bleibe. Der Wasserstandszeiger ist zeitweise durchzublasen, um sich zu überzeugen, dass die Communicationsröhrchen nicht verstopft sind, und man soll bei jeder Wache auch wenigstens einmal die Probirhähne durchblasen, um derselben im Falle des Bedarfes, nämlich beim eventuellen Bersten des Glases sicher zu sein. Die Speisung der Kessel hat regelmässig durch die Maschinenpumpen besorgt zu werden und nur dann, wenn bei Oberflächen-Condensatoren oder bei heftigem Ueberkochen ein Erfrischen des Kesselwassers nothwendig wird, ist die Dampfpumpe dazu zu verwenden; selbstverständlich auch dann, wenn die Maschine nicht im Gange ist oder die Maschinenspeisung versagt.

Ist zur Kesselspeisung ein Injector angebracht, so ist derselbe von Zeit zu Zeit versuchsweise anzusetzen, um dessen Function im Falle des Bedarfes sicher zu sein. Das Wasserzufluss- oder Saugrohr muss immer mit Wasser versorgt sein. Ist dasselbe an den Kopf des Kingston' geführt, so muss der Schutzhahn bei Beginn der Fahrt geöffnet werden. Beim Ansetzen des Injectors ist zuerst das Speiseventil am Kessel zu

öffnen, sodann das Saugwasser zuzulassen und endlich der Dampf-
hahn am Kessel und am Instrument zu öffnen, wobei der über-
springende Dampfstrahl ansaugen wird. Im Beginne wird die
Condensation des Dampfes eine unvollkommene sein, bis alles
condensirte Wasser aus dem Dampfzuleitungsrohr entfernt ist. Der
Dampfzufluss wird so regulirt, dass beim Ueberfallsrohr kein
Wasser ausfliesst. Im Allgemeinen giebt das Geräusch beim Ueberspringen des Strahles einen Massstab für die gute Wirkung des
Injectors. Warmes Wasser wird schlechter gespeist als kaltes.
Der Injector kann Seewasser nur auf eine Höhe von 3—4 Fuss
ansaugen. Nachdem das Speisewasser am Bord der Schiffe stets
von selbst zufliesst, so ist dessen Wirkung bei guter Construction
sicher. Nasser Dampf arbeitet schlechter, überhitzter Dampf wirkt
am vortheilhaftesten.

Werden die Theile des Injectors zur Reinigung blossgelegt,
so müssen die inneren Theile, wenigstens die Dampf- und
Fangdüsen, mit Pottasche gewaschen werden. Das Rückschlagventil am Kessel oder am Instrument ist zeitweise nachzusehen,
weil von dessen richtigen leichten Spiel das rasche Ansaugen
und die zweckentsprechende Wirkung des Instrumentes abhängt.

Soodwasser-Ejectoren sind Apparate, welche auf dem
gleichen Principe wie die Injectoren beruhend, dazu dienen, das
Soodwasser ausser Bord zu schaffen. Das Dampfrohr, welches den
Dampf zum Instrumente leitet, muss bis auf eine angemessene
Höhe durch Verkleidung vor Abkühlung geschützt sein, damit der
Dampf keine Condensation erleide, bevor er in die Ueberspring-
düse tritt. Diese Verkleidung muss wasserdicht umhüllt sein und
zeitweise nachgesehen und ausgebessert werden.

Beim Gebrauche des Ejectors ist der Ausgussschieber
desselben zu öffnen, nachdem der Saugkorb von anhaftendem
Schmutz, Spänen, Werg etc. mittelst Dampf gereinigt wurde. Flurplatten und Hölzer, welche das Zuströmen des Soodwassers zum
Saugkorb hindern würden, sind bei Zeiten loszunehmen, so lange
dieselben noch nicht zu tief unter Wasser sind.

Beim Ansetzen des Apparates wird zuerst die Ausgussklappe
geöffnet und Dampf zugelassen, worauf man an der kräuselnden
Bewegung des Wassers erkennt, dass Wasser angesaugt wird.
Sollte der Ejector nicht gleich ansaugen, so mag der Saugkorb
noch verlegt sein. Man reinigt denselben, indem man momentan
die Ausgussklappe schliesst, worauf der Dampf zwischen dessen
Düsen heraustreten und den Saugkorb vom Schmutz reinigen

wird. Oeffnet man rasch die Ausgussklappe, so wird das Instrument
stets ansaugen, wenn der Dampfdruck überhaupt genügend gross
ist. Im Allgemeinen soll man nicht früher ansetzen, bevor der zum
Kesselauspressen nöthige Druck erreicht ist. Das Instrument wird
sodann, wenn eine vollkommene Condensation eingeleitet wurde,
andauernd wirken, wenn auch die Dampfspannung bedeutend fällt.
Wenn der Soodwasser-Ejector durch längere Zeit wirkt, so muss
der Saugkorb zeitweise durchgeblasen werden, indem man die
Ausgussklappe für einige Secunden schliesst, wobei die Unreinigkeiten vom Dampf weggedrückt werden. Wenn ein Sood-Ejector
nicht ansaugt und es ist der zum Ansetzen erforderliche Dampfdruck erreicht und der Saugkorb durchgeblasen, so muss man den
Dampfzufluss absperren, bis sich der Apparat abgekühlt hat, was
man durch Mischen des Wassers um den Saugkorb mit einem
Brette unterstützt. Haben sich die Düsen voraussichtlich abgekühlt,
so setzt man neuerdings an.

Von den fremden Bestandtheilen des Seewassers.

Das. Wasser, wie es in der Natur vorkommt, ist nie chemisch
rein. Selbst das Regenwasser hat Luft und Kohlensäure aufgesaugt,
und jene kleinen Fasern und erdige Partikelchen, welche in der
Luft als Staub schweben, gebunden und zur Erde herabgebracht,
deswegen ist die Luft nach einem Regen so rein und frisch. Auf
langen geheimnissvollen Wegen verbreitet sich das atmosphärische
Wasser unter der Erdrinde und tritt als Quellwasser zu Tage.
Dasselbe hat auf seiner Reise Gase, erdige und schlammige Substanzen und Salze aufgenommen und zeigt an verschiedenen
Punkten der Erde die verschiedenste Zusammensetzung. Wasser
welches eine grosse Menge von Salzen gelöst enthält, nennt man
hartes im Gegensatze zum weichen Wasser, welches wie Fluss-
oder Teichwasser, wenig Salze aufweist. Wasser zeigt im Verhältniss
seines Kohlensäuregehaltes eine grössere Fähigkeit, einige Salze
in Lösung zu halten, wie z. B. kohlensauren Kalk und kohlensaure Magnesia. Wenn das Wasser erwärmt wird, so entweicht,
die Kohlensäure und es verliert das Wasser für einige Salze die
lösende Kraft. In Folge dessen fallen diese Verbindungen aus der
Lösung. Die kohlensauren Salze bilden den grössten Theil der im
Stsswasser vorgefundenen Verunreinigungen, und daher hat das
Vorwärmen des Speisewassers einen so günstigen Erfolg, weil die
fremden Bestandtheile sich in dem Vorwärmer grösstentheils

niederschlagen und nicht den Hauptkessel verunreinigen. Der Vorwärmer muss natürlich zeitweise gereinigt werden.

Von den fremden Bestandtheilen, welche das Seewasser enthält, ist das Seesalz 3 Percent (1 Loth Salz per Pfund Seewasser) eigentlich den Kesseln am unschädlichsten. Für sich allein würde das Chlornatrium oder Kochsalz gar keine Schwierigkeiten bereiten, da es bei einer Temperatur von 100° Celsius erst bei einem Salzgehalt von $4/_{32}$ niederzuschlagen beginnt und das Wasser erst bei einem Saturationsgrad von $12/_{32}$ weiter kein Kochsalz in Lösung zu halten vermag, so dass sich selbes in dem Masse niederschlägt, als es durch das Speisewasser eingeführt wird. Bei steigender Temperatur bis zu 150° Celsius hat das Seewasser eine vermehrte Fähigkeit, das Seesalz in Lösung zu erhalten. Ausserdem setzt sich das Kochsalz in körnigen Krystallen ab, welche ein so leichtes Gefüge zeigen, dass eine reine Salzschichte sich schon beim Abkühlen des Kessels loslöst, und leicht abgekratzt oder mit Bürsten abgekehrt werden kann. Ferner lösen solche Niederschläge sich im Kesselwasser wieder auf, sobald dasselbe geringeren Salzgehalt hat. Selbst im intensivsten Feuer wird eine Kruste aus reinem Salze nicht so fest brennen, dass sie nicht nachfolgend wieder gelöst werden könnte, wenn das Kesselwasser einen geringeren Salzgehalt zeigt als jener, bei welchem es sich niedergeschlagen hat. Anders verhalten sich die weiteren Salze, welche nur in kleineren Mengen im Seewasser enthalten sind. Dies sind die Kali- und Magnesium-Verbindungen 0.66 Percent, welche in siedendem Wasser in so geringem Masse löslich sind, dass ein Theil derselben sogleich aus der Lösung fällt, als das Speisewasser in den Kessel tritt. Diese beiden Salze scheiden sich in kleinen Flocken ab, welche durch die Circulation des Kesselwassers, sowie durch Aufwallen desselben an die Oberfläche geführt werden. Ein Theil dieser suspendirten Theilchen wird somit durch das Abschäumen von der Oberfläche in die See entleert. Ein anderer Theil wird im Kesselwasser zu Boden sinken und dort einen schlammartigen Niederschlag bilden, welcher durch Durchpressen zeitweilig entfernt werden kann.

Am meisten zu fürchten ist der schwefelsaure Kalk oder Gyps 0.14 Percent, welcher im Seewasser in noch geringeren Mengen enthalten ist. Derselbe kann ebenfalls in siedendem Wasser nicht in Lösung bleiben, so dass die Hälfte dieses Salzes allsogleich beim Eintritte des Speisewassers aus der Lösung fällt. Dieses Salz schlägt sich nun in nadelförmigen Krystallen nieder

3*

und bildet gleichsam ein Netz, in dessen Maschen die Niederschläge der anderen Salze sich zu einer festen Kruste verbinden,
den Niederschlägen ein festeres Gefüge verleihen und die Kesselsteinbildung hervorrufen. Das Kesselwasser wird bei einem höheren
Salzgehalt eine grössere Menge von Gyps aus der Lösung aus-
scheiden und dieser Umstand bedingt, dass der Saturationsgrad
des Kesselwassers nicht über $^2/_{32}$ steigen darf.

Die sich ausscheidenden fremden Bestandtheile werden durch
die Circulation des Kesselwassers und durch die Dampfentwicklung
verhindert, sich auf den wirksamsten Heizflächen niederzuschlagen,
und es werden dieselben nur dort sich absetzen, wo das Wasser
ruhiger ist, dies ist am Kesselboden. Es ist also bei gleichförmigem
Betriebe selbst bei grösserem Saturationsgrade die Gefahr auf den
Feuerflächen eine Kesselsteinkruste festzubrennen, nicht so gross.
Wurden jedoch die Feuer vorgeholt (aufgebänkt), oder die Dampfentwicklung dadurch gehemmt, dass man die Rohr- und Heizthüren
öffnet, so wird die Circulation des Wassers unterbrochen und nun
ist ein Niederfallen der Salze auf die Decke der Feuerung und
ein Festbrennen bei nachfolgendem Verschärfen der Feuer zu
befürchten. Daher kann empfohlen werden, die Feuer, wenn nur
für eine kurze Zeit der Kesselbetrieb unterbrochen werden soll,
nicht vorzuholen, sondern die Dampfentwicklung durch Aufpumpen
mittelst der Dampfpumpe zu hemmen und entsprechend durchzupressen.

Es kann ferner empfohlen werden, die Kessel nicht
sogleich durchzupressen, sobald die Feuer herausgezogen
sind, weil sonst der Niederschlag, welcher auf den Decken der
Feuerbüchsen sich unvermeidlich absetzt, durch die ·von den
Rosten ausstrahlende Wärme festgebrannt wird und später sehr
schwer zu entfernen ist. Mit dem Durchpressen soll daher, so
lange gewartet werden, bis die Roste sich abgekühlt haben. Dann
wird auch die Kesselreinigung leichter vollbracht.

Ein Umstand, welcher die Bildung von oft ungewöhnlich
dicken Kesselsteinkrusten und Klumpen auf der Feuerdecke
erklärt und den Vorwurf, der Kessel sei schon seit langen Zeiten
vernachlässigt worden, zurückweist, soll nicht übersehen werden.
Im Allgemeinen werden, die Siederöhre geringere Krusten von
Kesselstein ansetzen als andere Heizflächen, weil deren Form
eine solche nicht begünstigt und die aufsteigenden Dämpfe alle
schwebenden Theilchen an die Oberfläche mitreisen; doch sind
diese Krusten auch schwieriger zu entfernen und springen meist

selbstthätig durch die Ausdehnung der Rohre ab. Wenn sich solche Salzhüllen während des Betriebes ablösen, so fallen sie auf die Feuerdecken und können trotz der dort lebhaften Dampfentwicklung durch das circulirende Wasser nicht entfernt werden, oder aber bleiben dieselben an Stehbolzen zwischen den Feuerungen hängen. Diese Krusten häufen sich an und bilden den Kern zu neuen Kesselsteinbildungen, weil sie ein Volumen Wasser in Ruhe behalten, in welchem die schwebenden Theilchen niederfallen und sich festbrennen. Die grosse Menge von Salzen, welche in Lösung ist, erklärt auf diese Weise die Bildung von Salz-Klumpen, welche eine Gefahr für den Betrieb sind, indem sie ein Verbrennen der Bleche hervorrufen können.

Sind nicht genügende Mannlöcher angebracht, so dass die Feuerdecken von den Salzkrusten nicht ganz befreit oder gut besichtiget werden können, so ist eine Bildung von starken Kesselsteinkrusten nicht zu vermeiden und ein derartiger Constructionsfehler kann dem Betriebe in seinen traurigen Folgen nicht zur Last gelegt werden.

Wenn Salzwasser bis auf die Siedetemperatur erwärmt wird, so fällt alsobald ein Theil jener Salze, für welche bei 35—40 Grad das Maximum der Lösbarkeit erreicht wird, aus der Lösung. Es erscheint daher das Niederschlagen von kohlensaurem Kalk und Magnesia und von schwefelsaurem Kalk unvermeidlich, denn diese fremden Bestandtheile fallen durch die Temperaturerhöhung aus der Lösung. Wird die Flüssigkeit gekocht, so werden durch den Dampf regelmässig keine Verunreinigungen mitgeführt und es bleiben diese in dem Masse, als sie durch das Speisewasser eingeführt werden, in dem Kessel zurück. Hiebei wird der Salzgehalt relativ immer grösser. Wurde der Kessel so lange Zeit betrieben, dass ein Volumen Wasser gleich dem Wasserraum gespeist wurde, so ist der Salzgehalt doppelt so gross, als vorher, man sagt daher, das Wasser habe den Sättigungsgrad 2 erreicht, das heisst es sind im Pfund Kesselwasser 2 Loth Salze enthalten. Bei fortgesetztem Betrieb würde der Salzgehalt des Kesselwassers stets steigen, nachdem durch den Dampf keine Salze entfernt werden. Endlich würde jene obere Grenze erreicht, für welche nicht mehr Salze in Lösung erhalten bleiben können. Es müsste sich daher alles durch das Speisewasser eingeführte Salz niederschlagen und zur Bildung von Kesselsteinkrusten führen. Diese Inkrustationen enthalten trotz der grossen im Seewasser enthaltenen Menge Chlornatrium nur 12 bis 25 % Kochsalz und es

bestehen dieselben der Hauptsache nach aus schwefelsauren Kalk
und schwefelsaurer Magnesia, sowie andere Magnesiumsalzen in
geringeren Mengen. Das Kochsalz fällt in so geringen Mengen
aus der Lösung, weil das Wasser bei höherer Temperatur eine
vermehrte Fähigkeit besitzt, das Kochsalz aufzulösen und der
Sättigungsgrad durch Abschäumen leicht auf einem Punkte erhalten werden kann, bei welchem das Kochsalz noch nicht niederzu=
schlagen beginnt.

Nachdem, wie bereits erwähnt, einige Salze gleich bei der
Einführung des Speisewassers aus der Lösung fallen, so ist die
Bildung von Niederschlägen unvermeidlich und es müssen dieselben
auf mechanischem Wege entfernt werden. Die Inkrustationen
schmälern den Heizwerth der Bleche, (weil erstere schlechte
Wärmeleiter sind), verursachen einen Mehrverbrauch an Brennmateriale und ermöglichen ein Ueberhitzen der Kesselbleche. Wird
das Kochen des Salzwassers fortgesetzt, so schlägt sich das Salz
in grösseren Mengen nieder. Man gewinnt Kochsalz, indem man
Salzsoolen, das sind salzhaltige Lösungen, abdampft. Wird der
erhaltene Dampf abgekühlt, so bildet sich durch Condensation
Süsswasser. Es ist daher auch möglich, aus dem Seewasser
durch den Destillationsprocess Trinkwasser zu erhalten.

Abschäumen und Durchpressen.

Um zu verhüten, dass der Sättigungsgrad des Kesselwassers
eine Marke überschreite, bei welcher die Bildung von abnormen
Salzkrusten zu befürchten wäre, wird andauernd ein Theil des
Kesselwassers durch „Abschäumen von der Oberfläche" entfernt,
so dass man im abgeschäumten Wasser eben so viel Salze aus
dem Kessel schafft, als durch das Speisewasser eingeführt werden.
Um beispielsweise den Sättigungsgrad auf 2 (d. h. 2 Loth Salz
per Pfund Wasser) zu erhalten muss die Hälfte des gespeisten
Wassers abgeschäumt werden. 2 Pfund Speisewasser vom Salzgehalt $1/_{32}$ enthalten 2 Loth Salz und in 1 Pfund Kesselwasser
vom Salzgehalt $2/_{32}$, welches gleichzeitig durch Abschäumen entfernt
wird, ist die gleiche Menge Salze (2 Loth) enthalten. Es wird
daher der Sättigungsgrad für die Summe aller Salze nicht steigen.
Der Salzgehalt des Kesselwassers wird mit dem Salinometer
bestimmt. Dies ist ein gläsernes Instrument, welches nach dem
Principe der Aërometer in salzhaltigerem Wasser weniger tief
einsinken wird. Wo möglich sind nur gläserne Instrumente zu

verwenden und deren Skalen durch directe Versuche zu controlliren. Metall-Salinometer müssen von Zeit zu Zeit in Bezug auf ihre Richtigkeit untersucht werden. Dies geschieht, indem man gewöhnliches Seewasser bis auf die Siedetemperatur erwärmt und sodann das Instrument einsenkt. Es soll hiebei bis zur Marke $1/_{32}$ einsinken und muss, wenn dies nicht der Fall sein sollte, richtig gestellt werden, indem man ·von den Schrottkörnern der hohlen Kugel wegnimmt oder hinzufügt, je nachdem das Instrument einen kleineren oder grösseren Salzgehalt angezeigt hat. Da die gebräuchlichsten Instrumente für die Siedetemperatur eingetheilt sind, so soll nur kochendes Wasser untersucht werden. Will man eine richtige Messung sichern, so ist das Wasser directe vom Kessel abzulassen, wobei das Gefäss erwärmt und der Ablasshahn durchgeblasen werden muss. Das Instrument ist unmittelbar nach dem Ablassen einzusenken, bevor das Wasser sich abkühlt. Der Theilstrich, bis zu welchem es einsinkt, zeigt den Salzgehalt an. Vor dem Gebrauche muss der Salinometer sorgfältig abgewischt und langsam in das Wasser eingesenkt werden. Ist das Instrument fettig, so sinkt es nicht so tief ein, als dem Salzgehalt entspricht. Hat sich nach längerem Stillstande und Aufpumpen oder bei vorgeholten Feuern das Kesselwasser abgekühlt, so kann der Salzgehalt mit dem Salinometer nicht bestimmt werden. Man muss in diesem Falle mit dem Salzmessen warten, bis das Kesselwasser auf die Siedetemperatur erwärmt ist oder man lässt das Kesselwasser in einem gläsernen Gefässe vollkommen abkühlen, bis es die Temperatur des Seewassers zeigt, mischt das Wasser gehörig und misst nun den Salzgehalt. Von der Ablesung ist „Eins" abzuziehen, um den wahren Salzgehalt zu finden.

Das Normal-Verordnungsblatt vom 17. März 1874 für die österreichische Kriegsmarine bestimmt den Maximal-Salzgehalt des Kesselwassers auf $2/_{32}$ nach How's Salinometer. Man soll daher schon bei einem Saturations-Grad von $1\frac{3}{4}/_{32}$ abzuschäumen beginnen und durch den Abschäumer continuirlich einen Strom Kesselwassers von der Oberfläche desselben entfernen, damit der Salzgehalt das vorgeschriebene Mass nicht überschreite. Das Abschäumen soll wie die Speisung andauernd und allmählig dem Salzgehalte entsprechend besorgt werden. Man trachte durch Versuche eine solche Stellung der Abschäumhähne zu ermitteln, dass constant abgeschäumt und der Wasserstand auf der normalen Höhe gehalten werde. Hiedurch wird der Betrieb mit erhöhter Oekonomie des Brennstoffes gleichmässig und sicher, zum grossen Vortheile des

Kesselsatzes und ohne Ueberanstrengung des bedienenden Personales geführt. Zeigt sich der Salzgehalt geringer als $^{13/4}/_{32}$, so soll man den Abschäumhahn etwas schliessen, damit nicht ein continuirlicher Strom des heissen Kesselwassers nutzlos in die See geführt werde. Die in demselben enthaltene Wärme ist verloren und ein unbegründeter Mehrverbrauch an Kohle bedingt. Nach einiger Zeit ist der Salzgehalt wieder zu messen und zu sehen, ob ein vermehrtes Abschäumen nothwendig wäre, oder ob bereits die richtige Stellung des Abschäumhahnes erzielt wurde. Das Abschäumen wird von der Oberfläche des Kesselwassers besorgt, weil die schlechteste Schichte Kesselwassers, welche relativ die grösste Menge Salz gelöst enthält, bei geringerem Sättigungsgrad an der Wasseroberfläche zu suchen ist, wo die Verdampfung am lebhaftesten stattfindet.

Steigt der Salzgehalt des Kesselwassers auf $^{3}/_{32}$ bis $^{4}/_{32}$, so befindet sich die schlechteste Schichte Kesselwassers am Boden, weshalb es dann zweckdienlicher wird, den Kessel vermittelst des Durchpresshahnes abzublasen. Es ist also, wenn der Salzgehalt auf $^{3}/_{32}$ gestiegen wäre, das Abschäumen einzustellen und der Kessel hoch aufzuspeisen. Hat man genügend hohen Wasserstand und kann man vermuthen, dass das Speisewasser sich schon gemischt habe, so werden 4—6 Zoll der Kesselwasserhöhe durchgepresst, wobei die erforderlichen Vorsichtsmassregeln beobachtet werden müssen. Durch wiederholtes Durchpressen vom Kesselboden wird das Kesselwasser erfrischt, bis der Salzgehalt unter $^{2}/_{32}$ gefallen ist, worauf wieder mit dem Abschäumen begonnen werden kann. Während des Durchpressens sollen die Speiseköpfe geschlossen werden, weil sonst leicht eine Strömung eintritt, welche das frisch gespeiste Wasser fortführt.

In der englischen Marine wurde durch die Instruction von 1861 festgesetzt, dass der Salzgehalt bei Hochdruckkesseln $^{2}/_{32}$ und bei gewöhnlichen Kesseln $2^{1/2}/_{32}$ nicht überschreiten solle und es galt diese Vorschrift auf den Schiffen der englischen Flotte als Norm bis 1868, wo der Saturationsgrad auf $^{13/4}/_{32}$ und respective $^{2}/_{32}$ festgestellt wurde. Die neuesten Verordnungen von 1874 der englischen Marine stellen es dem Ermessen des leitenden Maschinisten anheim, den Salzgehalt den Umständen anpassend zu wählen und setzen als Grenze des Sättigungsgrades $^{11/4}/_{32}$ bis $^{3}/_{32}$ How's Salinometer fest. Wohl scheint es nothwendig, zu bestimmen, dass die Gründe, welche zur Wahl eines Salzgehaltes geführt haben, im Maschinen-Journal ersichtlich gemacht werden.

Werden bei erfolgtem Vorholen (Zurückschieben) der Feuer die
Kessel mit der Dampfpumpe aufgepumpt, um die Dampfentwicklung zu hemmen, so ist es gebräuchlich, die Kessel sodann auf
das normale Wasserniveau durchzupressen, doch muss mit dieser
Operation so lange gewartet werden, bis das Kesselwasser sich
vermischt hat, um nicht wieder das frische Seewasser, welches
kalt und daher dichter zu Boden gefallen ist, durchzupressen.

Zum Abschäumen, so wie zum Durchpressen ist eine Minimalspannung erforderlich, um den Druck der äusseren Wassersäule zu überwinden. Eine Tiefe von 32 Fuss des Kesselkingston'
unter Wasser würde einer Dampfspannung von 15 Pfund engl.
oder 1 Atmosphäre das Gleichgewicht halten; es muss also eine
diesem Verhältniss entsprechende grössere Spannung herrschen,
um diesen Kessel durchpressen zu können. Zum Abschäumen und
theilweisen Durchpressen ist eine geringere Spannung bedingt, weil
nur eine Wassersäule zu überwinden ist, welche der Niveaudifferenz
vom Kesselwasser bis zum äusseren Meeresspiegel entspricht. Bei
vorgeholten (aufgebänkten) Feuern oder wenn destillirt wird, kann
man selbst mit der zuweilen herrschenden, geringen Dampfspannnug
von 3—5 Pfund versuchen abzuschäumen oder theilweise durchzupressen, ohne Dampf aufzusetzen, wobei man durch Befühlen
des Abschäumrohres die Gewissheit zu gewinnen hat, dass
heisses Kesselwasser abzieht und nicht frisches Seewasser eindringt.

Hat man die Ueberzeugung gewonnen, dass ein Kessel leck
ist, so hat man das Abschäumen dem Salzgehalte entsprechend
zu restringiren oder ganz einzustellen, weil bereits durch das
Lecken salzhaltiges Wasser aus dem Kessel entfernt wird. Ist
eine Maschine mit Oberflächen-Condensatoren ausgerüstet,
so wird durch das Speisewasser jenes Fett eingeführt, welches
zur Cylinderschmierung verwendet und durch den Dampf in den
Condensationsraum geführt wurde. Diese Fette umhüllen die im
Kesselwasser schwebenden Theilchen mechanisch und lagern sich
an allen Wänden des Kessels als schleimige Masse ab, oder bilden
am Kesselboden und selbst auf der Decke der Feuerungen Klumpen einer zähen Masse, welche Gummi elasticum ähnlich ist.

Wenn durch längere Zeit dasselbe Volumen Wasser den
Kreislauf durch Maschine und Kessel vollzieht, so vermehren
sich die Verunreinigungen, daher ist das Kesselwasser zeitweise
durch Einspritzen von frischem Seewasser in den Condensationsraum oder durch Aufpumpen mit der Dampfpumpe zu erfrischen.

Die Erfahrung hat gezeigt, das die Kesselwände durch Anwendung von destillirtem Wasser mehr leiden. Den Fettsäuren, welche das Schmiermaterial in den Kessel überführt, wurde eine directe schädliche Einwirkung auf die Kesselbleche zugeschrieben, welche sich an der Linie zwischen Wasser und Dampf besonders auffällig zeigen soll. Thatsächlich greifen die durch Zerlegung der Fettsäuren sich bildenden Verbindungen das Eisen an. Doch ist selbst dieser Säuregehalt nicht genügend, eine so grosse Abnützung und die Zerstörungen zu erklären, welche beobachtet werden. Noch weniger gerechtfertigt ist die Vermuthung, dass die Metallcomposition der Kühlrohre einen verderblichen Einfluss bedingen sollte, indem bei Einspritz-Condensatoren das Speisewasser mit denselben Metallen in Berührung tritt, ohne dass eine solcher Nachtheil bisher bemerkt wurde und auch das Verzinnen der Kühlrohre bei Anwendung der Oberflächen-Condensation keinen günstigen Erfolg zeigte.

Die neueste Vorschrift für den Betrieb der Maschinen in der englischen Marine 1874 bestimmt, dass bei Anwendung von Speisewasser aus Oberflächen-Condensatoren den Kesseln Soda zugeführt werden soll, um diese Säuren zu neutralisiren, welche im Kesselwasser sein könnten. Die erforderliche Quantität ist mit 1 Pfund per Tonne verbrannter Kohle veranschlagt und es soll die entsprechende Menge ein- oder zweimal per Wache in die Cysterne eingeführt werden. Weiters wird bestimmt, dass Zinktafeln an passenden Stellen des Kessels eingehängt werden sollen, um das Eisen vor Abnützung zu schützen, wenn galvanische Actionen auftreten sollten; endlich, dass die Kessel nicht durch zu lange Zeit mit demselben Wasser betrieben werden sollen, letzteres kommt zu wechseln, wenn es sauer reagirt.

Eine dünne Salzkruste schützt, wie die Erfahrung gezeigt hat, die Kesselwände am besten vor dem verderblichen Einfluss des Speisewassers aus Oberflächen-Condensatoren. Es ist daher im Beginne des Kesselbetriebes die Speisung der Kessel mit Seewasser zu besorgen und der Salzgehalt auf $^3/_{32}$ steigen zu lassen, um die Bildung einer feinen Salzschichte zu begünstigen. Ist dieselbe voraussichtlich erreicht, wobei das Wasserniveau höher gehalten werden soll, um den zwischen Wasser und Dampf liegenden Streifen mit einem Salzhäutchen zu überziehen, so sind die Kessel weiterhin aus der Cysterne des Oberfläche-Condensators zu speisen und entsprechend abzuschäumen, wobei das fehlende Wasser durch Einspritzen in den Condensationsraum zu ersetzen ist. Die

Kessel sind, nachdem der Salzgehalt auf $^{1^1/^n/_{32}}$ herabgebracht wurde, zeitweise durchzupressen, um den fettigen Schlamm zu entfernen. Wurden, derlei Kessel durch eine längere Zeitperiode betrieben, so erscheint es zeitweilig geboten, das Salzhäutchen zu erneuern. Die Praxis hat bis nun festgehalten, dass dies nach jeder grösseren Kesselreinigung nothwendig wäre. Nachdem solche Kessel nach jeder Reise geöffnet werden sollen, so wird eine Untersuchung des Kessels zeigen, ob es gerathen ist, das Blech vor der directen Einwirkung der Zersetzungsproducte aus den Fettsäuren in dieser Weise zu schützen. Auch bei ganz neuen Kesseln, welche aus Einspritz-Condensatoren gespeist werden, wird es zeitweise vortheilhaft sein, eine ganz schwache Salzkruste ansetzen zu lassen.

Das Abschäumen soll im Allgemeinen derart vorgenommen werden, dass in den Kesseln andauernd die gleichförmige Dampfspannung erhalten bleibe. Es wird daher bei schwächeren Feuern das Abschäumen geschmälert, bis die Feuer wieder Kraft gewonnen haben. Steigt die Dampfspannung, so ist im erhöhten Masse aufzupumpen und abzuschäumen.

Feuerputzen.

In Folge der erdigen Bestandtheile der Kohle setzt sich zwischen den Roststäben die leichtflüssige Schlacke fest und verhindert den Luftzutritt. Dieselbe wird von unten entfernt, indem man vom Aschenfalle aus die Roste mit den Feuerhaken reiniget. Hat die zähere Schlacke über die Roststäbe einen ganzen Kuchen gebildet, welcher den Luftzutritt fast vollständig hemmt, so muss dieselbe herausgezogen — das Feuer geputzt werden. Die Zeit, binnen welcher es nothwendig werden wird, ein Feuer zu putzen, hängt namentlich von der Qualität der Kohle ab.

Soll ein Feuer geputzt werden, so sind vor allem die übrigen Feuer desselben Kessels gut zu beschicken, und wenn erforderlich, durchzustossen. Das zu reinigende Feuer lässt man herabbrennen, indem man es eine Zeit hindurch nicht beschickt, jedoch durchstösst. Unmittelbar vor dem Feuerputzen muss frische Kohle aufgeworfen werden, wobei als Norm festzuhalten ist, dass das Feuerputzen um so sorgfältiger und rascher vollzogen wird, je weniger Brennmateriale sich auf dem Roste befindet. Der bedienende Heizer wird die Arbeit dann leichter ausführen können und keine lebende Kohle mit der Schlacke herausziehen. Der Kessel kann während des Feuerputzens etwas weniger gespeist und abgeschäumt werden.

(Man soll das Speisen und Abschäumen während der Fahrt im Allgemeinen nie ganz einstellen, weil diese Operationen nachfolgend im erhöhten Masse nothwendig sind, wodurch der regelmässige Betrieb gestört wird.) Die Kohle wird vor dem Feuer weggeschaufelt, die Asche von mehreren Feuern abgelöscht und ausgebreitet, damit die Flurplatten und besonders die Kesselbleche durch die glühende Schlacke nicht leiden. Hat sich die zuletzt aufgeworfene Kohle entzündet oder ist das Feuer genügend herabgebrannt, so wird die Aschenfallthür geöffnet und die Feuerwerkzeuge zur Hand gelegt, sowie Kohle zum Aufwerfen zerschlagen. Die frisch brennende Kohle wird von der Oberfläche des Rostes mit der Feuerkrücke auf den hinteren Theil des Rostes zurückgeschoben, die Schlacke von dem blossgelegten Theile mit den Feuerhaken oder Feuermeissel aufgebrochen und herausgezogen. Der Heizer ist während der ganzen Arbeit unmittelbar zu überwachen und zu leiten. Die Luftspalten des Rostes dürfen nicht verlegt bleiben und keine Schlacken am Roste zurückgelassen werden. Die ganze Manipulation muss so rasch als möglich ausgeführt werden. Ist der vordere Theil des Rostes gereiniget, so wird die frisch brennende Kohle auf diesem zusammengezogen und sodann die hintere Rostlage auf die gleiche Weise behandelt. Die losgebrochene Schlacke wird über den Haufen brennender Kohle herausgezogen, letztere über den ganzen Rost ausgebreitet und mit einer dünnen Schichte frischer Kohle gedeckt, die Feuerthüre geschlossen und die Aschenfallthüren geöffnet.

Zeigt es sich, dass zu wenig brennende Kohle im Feuer ist, um dasselbe frisch zu entzünden, so wird aus einem anderen frisch brennenden Feuer glühende Kohle ausgehoben und eingeworfen. Die Schlacke muss mit feuchter Asche gedeckt und abgelöscht werden, damit der Heizer durch die strahlende Wärme der Schlacke nicht leide und der Reinigung des Feuers grössere Aufmerksamkeit zuwende. Das Ablöschen der Asche muss durch Aufspritzen, nicht durch Aufgiessen von Wasser besorgt werden, weil der verursachte Wasserdunst sonst beschwerlich wird und Aschentheilchen mitreisst, welche die Kesselstirnwände und Armatursteile verunreinigen. Glühende Feuerwerkzeuge, welche der Heizer nach dem Gebrauche zu Boden wirft, um rasch zu einem anderen zu greifen, müssen abgekühlt werden, um Unfälle zu vermeiden. Wird beim Feuerputzen ein Roststab herabgeworfen, so muss derselbe wieder eingesetzt werden, weil sonst die Luftspalten zu weit werden und weil es bei grösseren Lücken leichter vorkommt, dass ein Theil des Rostes durchfällt. Der bezügliche Roststab wird mit der Feuerzange eingelegt, wenn er in der ersten Rostlage fehlt, sonst aber mit einer Schnur an den Feuermeissel gebunden und an die leere Stelle geschoben, wo dann die Bindeschnur abbrennt und der Roststab in seine Lage einfällt, wenn vorher genügend Platz gemacht wurde. Sodann ist auch der Aschenfall zu reinigen und die während des Putzens herabgefallenen Schlacken und die Asche heraus zu ziehen. Sobald die erste Kohlenschichte angebrannt ist, wird das Feuer wieder gleichmässig beworfen und auf der Feuerplatte Kohle aufgehäuft. Hat das Feuer sich vollkommen entzündet, so kann man nach Bedarf mehr speisen und abschäumen. Fällt der Dampf während des Feuerputzens, so muss mit der Maschine langsamer gefahren werden, bis das gereinigte Feuer mit gewöhnlicher Intensität brennt, wonach ein nächstes Feuer eines andern Kessels in Angriff genommen werden kann. Die Reinigung der Feuer muss derart eingetheilt werden, dass in einem Kessel nie zwei Feuer in kurzer Zeitfolge geputzt werden.

Rohrkehren.

Bei stark bituminöser Kohle, welche viel schwarzen Rauch giebt, sowie bei einer mangelhaften Verbrennung werden die Siederohre des Kessels mit einer feinen Schichte Russ und Flugasche bedeckt, welche als schlechter Wärmeleiter die Heizkraft der Rohre schmälert. Der Kessel wird in Folge dessen schwer Dampf erzeugen, beziehungsweise viel Kohle verbrauchen. Man muss daher, um diesem Uebelstande zu begegnen, bedacht sein, die Siederohre während der Fahrt zu reinigen, zu welchem Zwecke der betreffende Kessel für einige Zeit ausser Betrieb gestellt werden muss. Gleichzeitig können dessen Feuer geputzt und das Kesselwasser erfrischt werden. Sollen die Rohrsätze mehrerer Kesseltheile der Reihe nach gekehrt werden und der Gang der Maschinen unverändert bleiben, so ist es vortheilhafter, noch einen Kesseltheil in Betrieb zu stellen, um die Feuer der geheizten Kessel nicht forciren zu müssen.

Man lässt die Feuer des Kessels, dessen Rohre gereinigt werden sollen, herabbrennen, indem man sie nicht mehr beschickt und mit dem Feuerhaken aufmischt, damit sie durch einige Zeit lebhaft brennen. Sind die Feuer so weit herabgebrannt, dass man vermuthen kann, es finde keine Dampfentwicklung mehr statt, so werden das Absperrventil und der Rauchregister, sowie die Aschenfallthüren geschlossen, ein Brett auf zwei Aschenkübeln, sowie die Rohrbürsten vorbereitet und die Rohre der Reihe nach, von oben nach unten, mit thunlichster Beschleunigung durchgestossen. Sind die Rohrbürsten aus Borsten und nicht aus Stahldraht gebunden, (wie es vortheilhafter ist), so ist es zweckdienlicher, sie häufig zu wechseln, um ein Verbrennen der Borsten zu verhindern, statt dieselben in's Wasser zu tauchen, weil sonst der nächste Russ viel fester haftet, wenn nass gekehrt wurde. Sollte sich Salz angesetzt oder bei Kohlen mit langen Flammen sich eine zähe Kruste gebildet haben, so muss mit dem Rohrkratzer durchgestossen werden. An der mehr oder weniger reinen Contour des Siederohrs erkennt man, in wie weit dasselbe verlegt ist. Die Speisung und das Abschäumen wird im geringeren Masse fortgeführt, um den Salzgehalt zu verbessern, die Feuer sind in derselben Zeit zu putzen und nachdem die Rohre gekehrt, wieder zu beschicken. Der Russ aus der Rauchkammer ist auszuheben. Die Rohrthüren werden sodann geschlossen und das Rauchregister und die Aschenfallthüren wieder geöffnet. Der Kessel wird, wenn er die erforderliche Dampfspannung zeigt, langsam angesetzt und es kann, wenn dessen Feuer wieder vollkommen gut brennen, in einem nächsten Kessel das Rohrkehren in Angriff genommen werden.

Es ist stets Sorge zu tragen, dass die Lampen bei den Manometern und Wasserstandsgläsern hell brennen, sowie dass die in den Kohlenmagazinen verwendeten Laternen geschlossen sind und gut leuchten, überhaupt die Beleuchtung in der erforderlichen Weise stets aufrecht erhalten bleibe. Der Kesselraum ist nach Thunlichkeit rein zu halten und die ausgezogene Asche in Haufen zu schaufeln. Das Hissen der Asche wird durch die Deckmannschaft besorgt und es muss dieselbe vorhergehend gut abgelöscht, sowie die Einhängung der Aschenkübel untersucht werden. Ist ein Aschen-Ejector angebracht, so wird die Asche mit Dampf ausgeblasen, wenn sie von der Deckmannschaft nicht gehisst werden kann, doch ist hiebei festzuhalten, dass ein continuirliches Ausblasen unmöglich ist, ohne den Gang der Maschine zu beeinträchtigen, weil verhältnissmässig zu viel Kesselkraft dazu erforderlich wäre. Es muss also während einer Wache von Zeit zu Zeit Asche ausgeblasen werden. War man gezwungen, die Asche während einer Wache aufzuhäufen, um genügend Dampf für die Maschine zu erzeugen, so ist es vollkommen unmöglich, dieselbe nachfolgend mit dem Aschen-Ejector zu entfernen, ohne den Gang der Maschinen um Bedeutendes zu beeinträchtigen. Bei schwerem Seegange

sind diese Ejectoren ebenfalls nicht zu verwenden und die Ausguss-
klappen geschlossen zu halten, um das Hereinstürzen des Seewassers zu verhindern. Die Schlacken sind bis auf Eigrösse zu
verkleinern. Je grösser die zu befördernden Stücke sind, desto
mehr Dampf verbraucht der Ejector.

Betriebsstörungen.

Ueberkochen der Kessel.

Das Ueberkochen der Kessel besteht darin, dass mit dem
abziehenden Dampfe mehr oder weniger Wassertheilchen mitgerissen werden. Es wird durch das lebhafte Aufwallen des Wassers
hervorgerufen, wenn die ganze Dampfentwicklung eines Kessels
nur an einem Punkte stattfindet, ein Umstand, der eintreten mag,
wenn nach längerem Stillstande der Kessel rasch angesetzt und
zur vollen Nutzleistung herangezogen werden. Um Dampf zu erzeugen, wird es nothwendig sein, die Feuer durchzustossen, wodurch eine so intensive Hitze an der Feuerdecke einiger Feuer
entwickelt wird, dass der sich dort entwickelnde Dampf das Wasser
in heftige Wallungen versetzt und der Strom des Dampfes Wasserbläschen durch seine lebhafte Bewegung in das Haupt-Dampfrohr
mitreisst. Mehr oder weniger wird dieser Vorgang immer dort stattfinden, wo die Wasseroberfläche oder der Dampfraum im
Verhältnisse zur entwickelten Dampfmenge klein ist, und
wo das Feuer eine besondere Intensität entwickelt, wie z. B. bei
Locomotivkesseln, welche, wenn neu, besonders leicht überkochen,
weil der Schwerpunkt der Dampfentwicklung an der Feuerdecke
liegt. Das Ueberkochen wird am besten durch gleichmässiges
Beschicken der Feuer hintangehalten. Brennt e i n Feuer eines
Kessel schärfer als die anderen, so wird die grösste Menge Dampfes
sich an jener Feuerdecke entwickeln und ein Aufkochen des
Kesselwassers wahrscheinlich, wie auch, wenn die Dampfabnahme
gerade über dem Schwerpunkt der Dampfentwicklung besorgt wird.
In diesen Fällen hat man Vorsorge zu treffen, dass die Mündung
des Dampfrohres durch Platten gegen aufwirbelndes Wasser
geschützt oder die Dampfabnahme durch ein mit Spalten versehenes
Rohr besorgt werde.

Kürzlich gereinigte Kessel zeigen grössere Anlage zum Ueberkochen, weil die Heizfläche derselben die intensive Hitze des Feuers rasch an das Wasser abgeben kann, was eben nicht möglich ist, wenn die Feuerdecken einen Salzniederschlag zeigen. Das Ueberkochen der Kessel wird ferner befördert, wenn das Kesselwasser schlammig ist und erdige Bestandtheile enthält, welche sich beim Sieden in Flocken abscheiden und an der Oberfläche des Wassers, gleich einer Decke schwimmen, welche verursacht, dass der Dampf nicht continuirlich aufsteigt, sondern sich zu Blasen sammelt, die mit grosser Vehemenz die Schlammdecke durchbrechen und das Wasser aufkochen machen. Die Kessel werden beim Ansetzen besonders gerne überkochen. Während des Stillstandes konnte das Wasser, ohne Dampf zu entwickeln, nicht gut circuliren, die wärmste Schichte Wassers befindet sich daher unmittelbar auf den Feuerdecken. Der Dampf wird sich aus dieser unteren Schichte entwickeln, wenn durch die Dampfabnahme der Druck vermindert wird, und die obere Decke heben, bis das Wasser sich gemischt hat und eine gleichförmige Circulation eingeleitet wurde. Ein Ueberkochen des Kesselwassers wird ferner stattfinden, wenn ein Schiff nach längerer Seereise in Lagunen oder Flussmündungen einlauft und die Kessel plötzlich mit Süsswasser gespeist werden. Dasselbe steigt, obwohl noch nicht auf die Siedetemperatur erwärmt, weil specifisch leichter, zur Oberfläche empor und kühlt die oberste Schichte ab. Die Dampfentwicklung erfolgt nun aus dem mittleren Theil und muss die oberste Schichte durchdringen, ein Umstand, welcher stets ein Ueberkochen nach sich zieht.

Im Allgemeinen werden Kessel mit höherer Betriebsspannung geringere Anlage zum Ueberkochen zeigen, weil ein verhältnissmässig kleineres Wasservolumen verdampft wird.

Das Aufkochen des Kesselwassers macht sich im schweren Gang der Maschine bemerkbar, bevor dasselbe an den Wasserstandsgläsern ersichtlich wird. Beim Beginne des Ueberkochens wird meistens das Wasserstandsglas schmutziges Wasser enthalten oder einen schlammigen Reif auf der Oberfläche tragen. Wird das Wasserstandsglas durchgeblasen, so zeigt sich das Wasser trüb und der Wasserstand wird unruhig. Zuweilen fällt auch vom oberen Ende Wasser herab und es wird im Wasserstandsglas ein Schwanken und Aufsteigen von Blasen bemerkbar, welche es unmöglich machen, das wirkliche Wasserniveau zu erkennen.

Wenn ein Kessel überkocht, so ist vor Allem festzuhalten, dass alle activen Massregeln gegen das Aufkochen nur dahin wirken, den Uebelstand zu vermehren oder das Ueberkochen dadurch zu beheben, dass der regelmässige Betrieb unterbrochen wird. Ein Oeffnen der Sicherheitsventile ist vollkommen unstatthaft, weil bei grösserer Dampfabnahme und vermindertem Drucke das Aufkochen nur noch lebhafter stattfindet und dann selbst gefährlich werden kann. Ein Aufspeisen des Kessels mit der Dampfpumpe darf erst begonnen werden, wenn die Kessel nicht aufhören wollten, zu überkochen, weil das Ueberkochen beim Aufspeisen mit kaltem Wasser erst aufhören wird, wenn. das ganze Kesselwasser soweit abgekühlt ist, dass keine Dampfentwickelung bei der Normalspannung mehr stattfinden kann. Diese Massregel ist also erst dann zu ergreifen, wenn der Kessel wegen zu lebhaftem Aufkochen voraussichtlich einige Zeit ausser Betrieb gestellt werden muss. Um das Ueberkochen des Kesselwassers zu beheben, muss die Dampfabnahme geschmälert und vor Allem die Feuer gedämpft werden, weshalb man die Aschenfallthüren schliesst und das Dampfabsperrventil etwas zuschliesst. Zeigt sich das Wasser besonders unrein, so sucht man mehr abzuschäumen und entsprechend aufzupumpen. Um den Wasserstand während des Aufkochens richtig zu beobachten, muss man das Absperrventil zeitweise ganz schliessen, weil es sonst nicht leicht möglich sein könnte, zu erkennen, wie hoch das Wasser im Kessel steht.

Wenn das Ueberkochen nicht nachlassen sollte, so wird das Rauchregister geschlossen und der Wasserablasshahn des Ueberhitzers und des Hauptdampfrohres geöffnet, um das mitgerissene Wasser womöglich abzulassen, bevor es in die Maschine gelangt, sowie um den Ueberhitzer vom Wasser frei zu halten, weil derselbe sonst den Dampf nicht trocknet. Sind diese Massregeln ergriffen, so wird sich das Kesselwasser bei dem lebhaften Aufkochen derart mischen, dass die Dampfentwickelung nicht vom Niveau der Feuerdecken aus stattfindet, wonach das Ueberkochen aufhört und der Kessel wieder allmählig angesetzt werden kann.

Es werden dann das Rauchregister und die Aschenfallthüren langsam geöffnet; die Feuer dürfen nur allmählig verschärft werden, weil sonst zu befürchten steht, dass das Kesselwasser neuerdings aufkocht. Das Ueberkochen wird jedoch in den meisten Fällen aufhören, wenn die Aschenfallthüren ganz oder theilweise geschlossen wurden. Nur, wenn fehlerhafte Constructionen das Aufkochen hervorrufen oder sehr schlammiges Wasser verwendet wird, dürfte es nothwendig werden, die angedeuteten Massregeln zu ergreifen.

In allen Fällen, wenn ein Kessel nicht ausser Betrieb gestellt werden muss, soll das Speisen und Abschäumen regelmässig fortgesetzt werden. Beginnen mehrere Kessel zu überkochen, so sind die gleichen Massregeln zu ergreifen und es muss sodann mit der Maschine jedenfalls langsam gefahren werden, weil der Uebelstand des Ueberkochens bei andauernder Dampfabnahme nicht rasch behoben werden kann.

Dauert das Ueberkochen eines Kessels durch längere Zeit an und lässt sich der Uebelstand durch die obigen passiven Mittel nicht beheben, so muss der Kessel ausser Betrieb gestellt werden. Das Absperrventil ist ganz zu schliessen, alle Thüren geschlossen zu halten und die Dampfpumpe anzusetzen. Die Kessel werden aufgespeist und abgeschäumt, bis die Dampfspannung sich vermindert und das Aufkochen endet. Der Kessel wird sodann wieder auf seine normale Höhe abgeschäumt (hoher Wasserstand befördert das Aufkochen) und langsam in Betrieb gesetzt, indem man das Rauchregister und die Aschenfallthüren etwas öffnet, damit das Kesselwasser sich langsam und gleichmässig erwärmt. Zeigt der Kessel dieselbe Dampfspannung wie die übrigen, so ist er anzusetzen, indem man das Absperrventil allmählig öffnet und sodann die Feuer verschärft.

Ueberkochen mehrere Kessel besonders heftig, so sind dieselben, wenn der Uebelstand durch Dämpfen der Feuer nicht behoben werden kann, ausser Betrieb zu setzen und mit der Maschine langsam zu fahren. Ueberkochen alle Kessel und die Maschinen müssen in Bewegung bleiben, so darf mit der Dampfpumpe nicht erfrischt werden, sondern es ist durch Dämpfen der Feuer, regelmässiges Aufspeisen und Abschäumen zu behelfen, wobei die Absperrventile fast ganz geschlossen und bei den Maschinen die erforderlichen Vorsichtsmassregeln ergriffen werden müssen.

Das Ueberkochen der Kessel ist schädlich, weil dadurch der regelmässige Betrieb unterbrochen wird. Durch heftiges Ueberkochen werden Heizflächen blossgelegt und der Wasserstand sinkt rasch. Das Vacuum in den Condensatoren wird durch das mitgerissene Wasser zerstört, der Gang der Maschinen gehemmt und schädliche Stösse hervorgerufen. Die gleitenden Flächen der Schieber und des Cylinders werden trocken gelegt und durch das mitgerissene Wasser das Schmiermateriale weggeschwemmt.

Wasserniveau.

Wenn der Wasserstand eines Kessels sinkt, so müssen Massregeln ergriffen werden, damit die Heizflächen nicht blossgelegt und dem Abbrennen ausgesetzt werden. Der Wasserstand eines Kessels kann sinken, wenn das verdampfte Volumen nicht durch die Speisung ersetzt wird, das heisst, wenn der Kessel nicht speist. Man erkennt dies durch Befühlen des Speisekopfes, welcher die Temperatur des Speisewassers zeigt, wenn der Kessel speist oder sich wie die Kesselwände anfühlt, wenn derselbe nicht speist. Es muss als selbstverständlich angenommen werden, dass man den Wasserstand durchgeblasen und sich überzeugt hat, dass derselbe richtig zeigt.

Lecke in den Kesselwänden oder lecke Siederohre können ebenfalls verursachen, dass der Wasserstand fällt. Man erkennt rinnende Kessel am heissen Soodwasser. Das Abschäumen ist sodann einzustellen und die Dampfpumpe, wenn nothwendig, sogleich anzusetzen, wobei man so rasch als möglich das Wasserniveau zu heben sucht. Gelingt dies nicht und sinkt der Wasserstand noch fortwährend, so werden die Rauchregister und Aschenfallthüren geschlossen. Sinkt das Wasser aus dem Glase, so werden die Feuer herausgerissen, das Absperrventil geschlossen und der Kessel ganz ausser Betrieb gestellt. Man sucht dann die Lage und Natur der lecken Stelle zu eruiren. Wenn Siederohre aufgesprungen sind und bedeutend rinnen, so wird aus dem betreffenden Aschenfall heisses Wasser heraus kommen. Man sucht durch Oeffnen der Rohrthüren die Ueberzeugung zu gewinnen, welche von den Rohren lecken. Dieselben können verstopft werden, indem man einen Pfropfen aus weichem Holz so weit mit Fetzen umwindet, dass er leicht in das Siederohr geschoben werden kann, wovon man sich bei einem todten Kessel überzeugt. Dieser Pfropfen wird in das Rohr eingeführt und mit einem Salzmeissel an das hintere Ende zurückgeschoben, bis derselbe die Oeffnung im Feuerkanal abschliesst. Der Pfropfen quillt in Wasser auf, welches aus dem Leck kommt und nun im Rohre stehen bleibt, weil das Rohr gegen den Feuerkanal geneigt ist. Das Wasser wird sodann nicht mehr rückwärts in den Feuerkanal rinnen, sondern vorn in den Rauchkanal ausfliessen. Der Nachtheil ist somit grösstentheils behoben und es kann die vordere Oeffnung mit einen Rohrstopel verschlagen werden, wobei Acht zu geben ist, denselben mit einigen kräftigen Schlägen rasch fest zu treiben, weil er sonst durch den Kesseldruck wieder hinausgeworfen und das Personale der Gefahr ausgesetzt wird, vom heissen Wasser abgebrüht zu werden. Ein solches Verstopfen der Siederohre ist nur dann anzuwenden, wenn das Rohr geplatzt oder der Länge nach aufgesprungen ist, wodurch ein bedeutendes Rinnen hervorgerufen wird. Leckt dasselbe an der Befestigung in der Rohrplatte, so wäre ein solches Verschlagen der Siederohre zwecklos.

Die Siederohre werden zu lecken beginnen, wenn durch plötzliches Verschärfen der Feuer oder durch Oeffnen der Rohr- und Heizthüren häufig Ausdehnungen und Zusammenziehungen hervorgerufen werden, welche die Befestigungen in den Rohrplatten lockern und ein Rinnen verursachen. Man soll daher stets trachten, die Feuer langsam zu entwickeln, gleichmässig zu halten und ein Oeffnen der Rohrthüren zu vermeiden. Lecke Siederohre rufen den Nachtheil hervor, dass der Heizeffect der Kohle durch das Verdampfen des herausrinnenden Wassers beeinträchtigt wird. Ferner werden Siederohre sich verstopfen und die Feuer schlecht ziehen, der Kessel verliert somit an Heizfläche. Der Rost wird sich leicht verlegen, indem das Salz mit der Asche zu einer Kruste zusammenbackt, welche den Luftzug beeinträchtiget. Es wird also ein Theil des Rostes todt gelegt und der Kessel verliert auch an Rostfläche. Wenn die Siederohre eines Kessels bedeutend rinnen, so dass die vorher erwähnten Uebelstände eingetreten sind, so wird es zweckdienlicher sein, diesen Kessel durch einen andern zu ersetzen, weil derselbe mit solchen Schäden behaftet, nicht ökonomisch Dampf erzeugen kann und diese Schäden während des Betriebes nicht behoben werden können.

Wenn ein Kessel nicht abschäumt, so wird man dessen meistens erst gewahr, wenn der Salzgehalt steigt, trotzdem man den Abschäumer mehr öffnet. Man überzeugt sich zuerst durch Befühlen des Abschäumrohres, ob heisses Kesselwasser durch dasselbe passirt. Erkennt man, dass der Kessel nicht abschäumt, so hat man zuerst die Ueberzeugung zu gewinnen, dass der Kingston geöffnet und der Hahn, in welchen die Abschäumrohre münden, richtig gestellt ist. Sodann ist zu sehen, dass der Handgriff des Abschäumers auf dem Conus fest sei und dieser sich richtig drehe. Herrscht in dem Kessel der erforderliche Druck und schäumt derselbe doch nicht ab, so ist dies ein Zeichen, dass das Abschäumrohr verstopft ist, und zwar kann es nach einer Kesselreinigung leicht stattfinden, wenn die Abschäumschale kein Sieb trägt. Werden Werg oder Fetzen in dieselbe gelegt und dort vergessen, so verstopft sich hiedurch das Rohr und das Abschäumen ist verhindert. Ein Kessel kann vermittelst des Wechsels zum Auspumpen durch das Kingstonventil eines andern Kessels abgeschäumt werden, doch muss dabei der Strom heissen Kesselwassers durch das Druckrohr der Dampfpumpe passiren und diese letztere könnte sodann für die Dauer dieser Operation nicht zur Kesselspeisung verwendet werden ; daher ist es besser den Kessel zeitweise durchzupressen, um den Salzgehalt auf dem vorgeschriebenen Salinometergrad zu erhalten, wobei die bereits besprochenen Vorsichtsmassregeln nicht ausser Acht gelassen werden dürfen. Bei den heute im Gebrauche stehenden Betriebsspannungen können die Hilfsmittel, welche früher in solchen Fällen angerathen wurden, nicht ohne Gefahr befolgt werden. Man pflegte das Herausschlagen von Nieten, das Lüften von Schlammlochdeckeln an passenden Stellen und andere Kunstgriffe vorzuschlagen.

Wenn das Abschäumrohr verstopft, oder der Salzgehalt auf $^3/_{32}$ gestiegen ist, so muss das Kesselwasser mittelst Durchpressens erfrischt werden. Zu diesem Behufe wird die Thür zum Durchpresshahn blossgelegt und die umgebenden Flurplatten rein abgekehrt. Die Stopfbüchse des Durchpresshahnes muss etwas nachgelassen, die Schutzbrille von Asche und Schmutz befreit und der Hahnkegel mit der Stellschraube gehoben werden, damit derselbe durch die Ausdehnung sich nicht fest klemme. Man versichert sich noch vorher, dass der Wasserstand nicht verstopft sei, öffnet den Durchpresshahn und presst so viel durch, als mit der Sicherheit des gleichförmigen Betriebes vereinbar ist. Der Durchpresshahn wird sodann geschlossen, wobei zu beachten ist, dass weder das Oeffnen noch das Schliessen des Kegels plötzlich in einem Ruck vorgenommen werden darf, weil sonst das mit grosser Geschwindigkeit ausströmende Wasser auf die Rohrleitung Stösse ausübt, welche ein Lecken der Rohrverbindungen und des Kingstonrohres verursachen oder zu ernsteren Folgen führen könnten. Wollte der Hahn sich selbst bei Anwendung von Gewalt nicht schliessen lassen, so ist alsobald das Kingstonventil heraufzuwinden, bis es dicht aufsitzt. Ist die Ventilspindel nicht mit Gewinde versehen, so hat man das Ventil mittelst einer um den Handgriff gelegten Schnur zu heben, bis die Schutzvorrichtung eingelöst ist. Sodann wird der Durchpresshahn geschlossen, was leicht sein wird, wenn Gehäuse und Kegel gleich abgekühlt sind. Dies kann durch Aufschütten von kaltem Wasser befördert werden.

Hat man die Vorsicht gebraucht, den Kegel abzuheben, so wird er jetzt nach dem Schliessen des Kingstonventils keine Schwierigkeiten mehr bereiten. Lässt sich das Kingstonventil sowie der Durchpresshahn nicht schliessen, nachdem bereits die zulässige Gewalt angewendet wurde, so ist ein Herausreissen der Feuer gerechtfertigt, u. z. kann dasselbe unmittelbar vorgenommen werden, ohne das Feuer zu dämpfen. Dieses äusserste Mittel kann verantwortet werden, wenn vergeblich alles aufgebothen wurde, um Durchpresshahn oder Kingstonrohr bei Zeiten zu schliessen, bevor die Heizflächen blossgelegt werden.

Es sind die Rauchregister und Aschenfallthüren zu schliessen, Rohr- und Heizthüren aufzureissen und die Feuer mit grösster Beschleunigung zu löschen. Heizthüren und Rohrthüren werden geschlossen, nachdem die Feuer vollkommen herausgezogen wurden. Hat man zu befürchten, dass die obersten Bleche des Feuerkanals oder die oberste Reihe der Siederohre vom Wasser blossgelegt sind, so hat man das Feuer vor dem Herausreissen durch aufgeworfene nasse Asche zu dämpfen, wonach dasselbe behutsam herausgezogen wird, damit keine zu grosse Hitze entwickelt werde.

Mangelhafte Speisung.

Wenn ein Kessel nicht speist, hat man sich zuerst zu überzeugen, ob der Handgriff am Kegel des Speisekopfes feststecke. Ist dieser lose, so meint man den Hahn zu öffnen, ohne dass dies der Fall wäre. Wurde aus Unvorsichtigkeit der Speisekopf eines todten Kessels geöffnet, so entleert sich das ganze Speisewasser in denselben und die geheizten Kesseltheile speisen schlecht oder gar nicht. (Es wird vorausgesetzt, dass man sich von der richtigen Function der Wasserstandsgläser überzeugt habe. Ist eine der beiden Oeffnungen verstopft, so zeigt derselbe unrichtig an und man kann versucht werden, zu glauben, der Kessel speise nicht.)

Das Ueberdrucksventil der Speiseleitung ist nachzusehen und zu erheben, ob beide Speisepumpen eingehängt und deren Probirhähne geschlossen seien. Zugleich überzeugt man sich vom richtigen Spiel der Pumpen, indem man den Probirhahn der Pumpe öffnet und beobachtet, ob Wasser ausgeworfen wird. Bei Oberflächen-Condensatoren wird es oft nothwendig sein, Seewasser in den Condensationsraum einzuspritzen, um genügend Speisewasser zu erhalten. Wenn zu warm condensirt wird, so zieht die Speisepumpe schlecht.

Hat man sich überzeugt, dass die Speisepumpen ziehen, so mag das Speiserohr geplatzt oder das Zweigrohr des Kessels verlegt sein. Man muss daher die Speiseleitung diesbezüglich untersuchen. Wurde das Rohr geplatzt gefunden, so ist die Speisepumpe auszuhängen oder deren Probirhahn zu öffnen und das geplatzte Rohr mit Bleiweiss zu überstreichen, mit Leinwand zu belegen, durch Bleiblech zu decken und mit Merling (Schiemannsgarn) einzubinden. Wurde alles dieses in Ordnung befunden oder die benannten Uebelstände behoben und der Kessel speist doch nicht, so ist der Fehler in einer mangelhaften Beobachtung zu suchen, oder ein Leck zu vermuthen. Einzelne Kessel scheinen oft schlecht zu speisen, wenn die Feuer in denselben lebhafter brennen und eine vermehrte Dampfentwickelung stattfindet, wobei, wenn das Absperrventil wenig geöffnet ist, der Dampfdruck steigt. Dadurch wird die Speisung beeinträchtigt und das Abschäumen befördert. Ein solcher Kessel wird dann Wasser verlieren und man meint vielleicht, er speise nicht, obwohl, wie besprochen wurde, der Uebelstand nicht in einer mangelhaften Speisung liegt. Man soll daher trachten, die Feuer gleichmässig zu halten, damit die Kessel gleich Dampf entwickeln, speisen und abschäumen. Jede Unregelmässigkeit stört den günstigen gleichförmigen Betrieb. Im Allgemeinen werden jene Kessel, welche von der Maschine entfernter sind, durch die Maschinenpumpe, jene aber, welche von der Dampfpumpe weiter entfernt sind, durch diese schlechter gespeist werden. Ueberhaupt wird ein Kessel leichter durch kaltes, als durch warmes Wasser gespeist.

Wenn die Speisung durch die Maschinenpumpe nicht besorgt werden kann, so muss der Kessel durch die Dampfpumpe aufgespeist werden, wobei man das Abschäumen zeitweise einstellen kann. Nie lasse man sich jedoch verleiten, zwei Kessel aus irgend einem Grunde derart zu verbinden, dass das Kesselwasser aus einem in den andern überströmen kann. Man setzt sich hiebei der Gefahr aus, jenen Kessel, welcher schärfere Feuer hat und in Folge dessen besser Dampf erzeugt und abschäumt, hingegen schlechter speist; also jenen Kessel, welcher geringen Wasserstand zeigt, theilweise in den andern zu entleeren, welcher mattere Feuer hat, schlechter Dampf erzeugt und besser speist. Nur für den Fall, als beide Kessel vollkommen gleiche Dampfspannung aufweisen, würde sich das Wasserniveau in beiden Kesseln nach hydrostatischen Gesetzen gleich hoch stellen und dem Wassermangel beholfen werden.

Dem Vorwurfe, dass dadurch nur eine eitle Sorge heraufbeschworen wird, kann die Thatsache entgegengestellt werden,
dass derlei Communicationsrohre unter Wasser vorher bei Kesseln
angebracht wurden und zu so ernsten Bedenken Anlass gaben,
dass dieselben nach kurzem Betriebe abgenommen oder unterbrochen werden mussten. Wenn nun eine solche Verbindung unter
Wasser bei gewöhnlichen Umständen zu unangenehmen Folgen
führte, wozu soll man solche bei Wassermangel herausfordern?
Die Kesselgesetze tragen dieser Anschauung Rechnung, indem
Speiserohrleitungen, welche die Wasserräume zweier oder mehrerer
Kessel verbinden, am Kessel durch einen Speisekopf mit selbst-
thätigem Rückschlagsventil münden müssen, wobei letzteres ein
Ueberfliessen des Wassers aus einem Kessel in den andern verhindert. Der Act der nordamerikanischen Staaten vom 25. Juli 1866
und 28. Februar 1871 für die Kesselinspection gestattet für Dampf-
schiff-Kessel ein derartiges Wasser-Verbindungsrohr, bedingt jedoch
eine Verbindung der Dampfräume, welche mindestens 1 Quadratzoll lichten Querschnitt für je 2 Quadratfuss Heizfläche der zu
verbindenden Kessel bieten muss. (Für die Kessel des Bugbatterie-
schiffes Erzherzog Albrecht wäre ein Durchmesser von 49 Zoll
bedingt).

Wer mit dem Kesseldienst halbwegs vertraut ist, wird nach
kurzer Ueberlegung beipflichten, dass eine derartige Verbindung
nicht so rasch hergestellt werden kann, als es sich liest, (nachdem
häufig einander gegenüberliegende Kessel nicht gleichzeitig geheizt
sind); sowie, dass bei der oft verwickelten Verbindung der einzelnen
Rohre hiedurch eine grössere Gefahr heraufbeschworen wird, als
man zu vermeiden sucht. Um die Verbindung unter Wasser bei
allen Kesseln herzustellen, müsste man die Kohle von allen Fall-
thüren wegräumen, alle Kingstonventile schliessen, alle Soodwechsel
untersuchen, (um eine Entleerung in den Soodraum zu verhüten)
und alle Durchpresshähne, sowie alle Wechsel zum Kesselauspumpen
bei den geheizten Kesseln öffnen. Und alle diese Arbeiten, mit
welchen kein Heizer betraut werden darf, sollen in einem Momente
vorgenommen werden, in welchem eine erhöhte Aufmerksamkeit
für den Kessel mit niederm Wasserstand und für die versuchte
Speisung erfordert ist. Hat man die angestrebte Communication
endlich hergestellt, so kann es als glücklicher Zufall angesehen
werden, wenn man noch Zeit findet, die Feuer zu löschen und die
Rohre vor Schaden zu bewahren. Auf eine andere natürliche Weise
kann diese Verbindung nicht hergestellt werden, nachdem die

Abschäumer an die Oberfläche führen und die Speiseköpfe Rück-schlagsventile tragen.

Die Sorge für den rationellen und sicheren Betrieb der Kessel zwingt uns wiederholt zu betonen: Sinkt der Wasserstand in einem Kessel in Folge unterbrochener Speisung oder aus irgend welcher Ursache, so suche man dem Uebelstande zu begegnen, indem man die Speisung nach dem Vorhergehenden wieder einleitet. Sinkt jedoch das Wasser aus dem Glas, giebt der unterste Probirhahn Dampf, — ist es also auf keine Weise gelungen, den Kessel aufzuspeisen, — so werden die Rauchregister und die Aschenfallthüren geschlossen und die Rohrthüren geöffnet. Durch diese Massregeln ist der Gefahr, bei eventuellem weiteren Sinken des Wasserniveaus die Siederohre zu verbrennen, theilweise vorgebeugt und es können nun die Feuer ohne Ueberstürzung gelöscht und der Kessel ausser Betrieb gestellt werden, worauf man die Rohr-, Heiz- und Aschenfallthüren geschlossen hält. Wenn nun durch eine eingehende Untersuchung erkannt wurde, dass der Wassermangel nicht durch beunruhigende wesentliche Gebrechen verursachet und keine nachtheiligen Folgen hervorgerufen wurden, so kann dieser Kessel nach Behebung des Gebrechens aufgespeist und wieder dem Betriebe zugeführt werden.

Mangelhafte Armaturstheile.

Wenn ein Wasserstandsglas bricht, so sind die Schutzhähne zu schliessen und ein frisches Glas einzuziehen. Ein solcher Vorfall entsteht leicht bei langen Wasserstandsgläsern durch die ungleiche Ausdehnung der Metallköpfe oder wenn das Glas durch ungleiche Verpackung im Sitze gezwängt war, oder endlich beim plötzlichen Durchblasen, wenn bei schlecht ausgekochtem Glase die von oben herabfliessende kalte Luft den Wasserstand stark abgekühlt hatte. Als vortheilhaft zeigt sich Schebesta's Kugelverschluss, welcher die Wasser-Communication selbstthätig unterbricht, wenn das Glas zerspringt, das Dampfrohr ist leichter zu schliessen. Das Wasserstandsglas wird gewöhnlich durch den oberen Ansatz eingeschoben, wozu die entsprechende Verschraubung loszunehmen ist. Die Dichtungsringe sind vorsichtig einzulegen, dass sie sich nicht zwängen und das Glas ungleichmässig pressen. Schmälere Ringe sind vorzuziehen. In der Zwischenzeit bedient man sich der Probirhähne um den Wasserstand zu erkennen.

Ist das Wasserstandsglas eingezogen, so werden die Schutz-hähne geöffnet und das Glas durchgeblasen.

Wenn an einem Kessel ein Sicherheitsventil fest-steckend befunden wurde, so ist dasselbe noch während des Kesselfüllens zu öffnen und der Mangel zu beheben; doch soll man den Fehler zuerst in verbogenen Stangen der Hebelvorrichtung zum Ent-lasten des Ventiles suchen und erst dann, wenn man sich überzeugt, dass dieses Gestänge kein Hinderniss bietet, versucht man das Oeffnen der Ventile durch Hammerschläge auf das Gehäuse zu unterstützen. Bleibt auch dieser Versuch ohne Resultat, so muss das Gehäuse geöffnet und das Hinderniss directe behoben werden.

Wird ein Sicherheitsventil während der Fahrt feststeckend befunden, so hat man das Absperrventil dieses sowie eines andern Kesseltheiles, welcher mit einem intacten Sicherheitsventil versehen ist, ganz zu öffnen, um gegen ein Anwachsen des Dampfes ge-sichert zu sein. Beim Ablöschen der Feuer ist, sobald alle Absperrventile geschlossen wurden, die grösste Vorsicht zu empfehlen, dass die Spannung nicht die normale Höhe überschreite. In diesem Falle sind sogleich die Absperrventile zu öffnen und der Dampf durch das Sicherheitsventil eines andern Kessels abzu-blasen. Findet die Dampfentwickelung nur in einem Kessel statt, so ist demselben vermehrte Aufmerksamkeit zu schenken. Das Absperrventil wird ganz geöffnet und im Kessel geringere Dampf-spannung gehalten, wogegen ein grösserer Füllungsgrad bei der Maschine angewendet wird. Bei der Ankunft im Hafen ist die Dampfpumpe sogleich anzusetzen, um das Kesselwasser zu erfrischen, sobald die Maschine stoppt. Es müssen die Feuer so regulirt werden, dass der Dampf nicht steigt; sollte jedoch der Dampf-druck anwachsen, so kann derselbe mittelst Durchblasens des Condensators entfernt werden, wobei fleissig aufzupumpen und abzuschäumen kommt.

Wenn Sicherheitsventile häufig Dampf abblasen, so ist dies ein Zeichen, dass eine zu hohe Dampfspannung gehalten wird. Die Absperrventile werden etwas mehr geöffnet, damit die Maschine mehr Dampf verbrauche. Ist die Maschine an eine bestimmte Rotationszahl gebunden, so hat man durch theilweises oder ganzes Schliessen der Aschenfallthüren die Dampf-entwickelung derart zu reguliren, dass kein Dampf mehr abblast. Wenn ein Sicherheitsventil andauernd Dampf abblast und man hält keine solche Spannung, welche dies natürlich erscheinen lässt, so ist dasselbe stecken geblieben, undicht oder nicht richtig einge-

fallen. Man sucht durch wiederholtes Oeffnen und Schliessen
oder Drehen das Ventil zum richtigen Einfallen zu bringen und
unterstützt dasselbe durch leichte Hammerschläge auf das Gehäuse,
wobei auch nachgesehen werden muss, ob das Gestänge in Ordnung
ist und kein Hinderniss bietet. Will das Dampfabblasen nicht
aufhören, so ist das Ventil undicht und muss bei nächster Gelegenheit nachgesehen werden. Bei schwerem Seegange und heftigem
Rollen oder Stampfen des Schiffes pflegen die Ventile stossweise
abzublasen, ohne dass die normale Spannung erreicht ist und zwar
blasen sie in dem Momente ab, als sie im Sinken begriffen sind.
Dieses erklärt sich dadurch, dass beim Sinken des Ventilsitzes die
Belastung des Ventils in dem Masse abnimmt, als der Ventilsitz
schneller sinkt. Von der Richtigkeit dieser Erklärung kann man
sich sehr leicht überzeugen, wenn man ein Gewicht frei auf die
Hand legt und mit der Hand nach abwärts fährt. Je schneller
man die Hand senkt, desto mehr wird der relative Druck des
Gewichtes abnehmen, bis es keinen Druck mehr ausübt und
sich von der Hand trennt, wenn man das Senken so beschleu-
niget, dass die Geschwindigkeit des freien Falles überschritten
wird. Zugleich vermindert auch die durch das Schwanken des
Schiffes bewirkte schiefe Lage des Ventils die relative Belastung
desselben in dem Masse, als sich die schiefe Ebene der senkrechten
nähert und bei einer senkrecht gestellten Ebene hört der Druck
ganz auf. Die Behauptung, dass das hin- und herschwankende
Wasser den Dampf gegen das Sicherheitsventil drängt, ist geschraubt
und ungegründet.

Wenn sich die Dampfpumpe unwirksam erweist,
so hat man hohen Wasserstand zu halten und allsogleich die Pumpen
in Stand zu setzen. Dabei ist die Dampfpumpe genau zu untersuchen
und die richtige Stellung der Hähne zum Auspumpen und der
Soodwechsel, (welche alle geschlossen sein müssen,) zu sichern.
Man hat sich ferner zu überzeugen, ob der Kingston, der Schutzhahn, sowie die Umkehrwechsel der Dampfpumpe richtig gestellt
sind und der Wechsel auf Deckpumpen und zum Destillator
geschlossen ist. Wenn die Dampfpumpe untersucht und in Gang
gesetzt werden soll, so hat man sich nach den hierüber gegebenen
Regeln zu halten, wobei noch bemerkt werden muss, dass es
nothwendig ist, das Speiseventil früher zu öffnen, bevor die Pumpe
angesetzt wird, weil sonst die Rohrleitung zu sehr leidet, nachdem
die Ueberdrucksventile wegen der Function der Pumpe als Feuerspritze stark belastet sind. Kann die Dampfpumpe nicht verwendet

werden, so hat man der Maschinenspeisung vermehrte Aufmerksamkeit zu widmen und hohes ·Wasser zu halten, um nicht der Eventualität ausgesetzt zu sein, die Feuer herausreissen zu müssen, wenn der Wasserstand sich der Beobachtung entzieht.

Lecken und Ueberhitzen der Bleche.

Mannlochdeckel, welche frisch gedichtet wurden, sind beim Kesselfüllen zu beobachten, ob sie schweissen und in diesem Falle sind sie anzuziehen. Beginnt ein Mannloch nach dem Anheizen zu lecken, so kann dies durch ein ungleichmässiges Ausdehnen und Verziehen der Kesselbleche hervorgerufen worden sein, und man soll nicht gleich nachziehen, weil der Uebelstand sich von selbst beheben wird, sobald die dichtenden Flächen sich gleichförmig erwärmt haben; auch kann das Rinnen aufhören, wenn sich Salz in dem Lecke ansetzt. Ein übermässiges Anziehen der Bügelschrauben ist unstatthaft, weil dadurch das Kesselblech ungleichförmig gedrückt wird und die dichtende Fläche sich verziehen kann.

Das Schweissen und Rinnen der Mannloch- und Schlammlochdeckel ist dem Kesselboden schädlich, wie überhaupt alles abträufelnde, warme Wasser vom Kessel ferngehalten werden soll, weil der unter dem Kesselboden liegende Cement durch die Feuchtigkeit leidet. Beginnt ein Mann- oder Schlammloch während des Betriebes zu rinnen, so werden die Bügel angezogen und wenn das Rinnen nicht nachgeben sollte, ein Kohlensack mittelst Holzklötzen angedrückt und die Flurplatte etwas abgehoben, damit das Wasser ablaufen kann, ohne die Kohlen zu nässen. Auch wenn ein Aschenfall rinnt, hat man dem Wasser einen Weg in den Soodraum zu bereiten und denselben womöglich mit Schwabbern oder Kohlensäcken zu umgeben, damit nicht Kohlenstaub und Asche in den Soodraum mitgeführt werde. Schweissende Nietnaten — viel weniger schweissende Stellen im Kesselbleche — dürfen während des Betriebes selbst nicht mit sehr sanften Schlägen verstemmt werden. Dicht würden dieselben nicht werden, es ist aber auch jeder Stemmversuch, wie überhaupt jede Art . von Schlägen zu vermeiden, weil dadurch nur ein stärkeres Lecken verursacht werden würde. Man suche, wenn die leckende Stelle zugänglich ist, das heisse Wasser vom Kesselkörper abzuleiten und schränke das Abschäumen dem Lecke entsprechend ein. Ist das Leck bedeutend, so dass der Wasserstand nur durch übermässiges Aufspeisen erhalten werden kann, so suche man den Kessel ausser Betrieb zu stellen. Flach gehämmerten Kupferdraht oder Blechstreifen während des Betriebes in einen Riss des Kesselbleches oder eine lecke Nietnat einzutreiben wird nicht den gewünschten Erfolg zeigen und soll vermieden werden, weil das Lecken leicht zunehmen wird. Leckt ein Kessel, so ist in den Soodraum frisches Wasser einzulassen, damit das in demselben enthaltene Wasser nicht Dünste entwickle, welche dem Kesselboden wie den Flurhölzern schädlich wären, wie bereits angedeutet wurde. Wurde in einer Feuerbüchse eine Blase aufgebrannt bemerkt, so soll der Kessel nach Thunlichkeit ausser Thätigkeit gesetzt oder gewechselt werden, um zu constatiren, wie weit das Blech gelitten hat. Ein solcher Unfall kann zu Ueberhitzungen des Kesselbleches führen und mag vorkommen, wenn das Kesselblech von minderer Qualität ist oder Salzklumpen darauf liegen. Sollte das Kesselblech rothglühend geworden sein, so ist das Feuer bei Beobachtung aller darüber gesagten Vorsichts-Massregeln herauszureissen.

Ein Ueberhitzen der Kesselbleche kann hervorgerufen werden, wenn der Wasserstand gesunken ist, so dass Heizflächen blossgelegt werden oder wenn starke Salzkrusten die Abgabe der Wärme an das Wasser hindern. Besonders gefährlich ist es, wenn bei der Kesselreinigung aus Nachlässigkeit Werg auf der Feuerdecke liegen gelassen wurde, welches den Kern zu Inkrustationen bildet und gewiss ein Ueberhitzen der Kesselbleche zur Folge haben wird. Sind Bleche der Feuerbüchse glühend geworden, so sind vorerst das Rauchregister und die Aschenfallthüren zu schliessen und genässte Asche auf die Feuer aufzuwerfen, wodurch deren grösste Intensität gedämpft wird. Speisung und Abschäumen sind in gleichförmiger Weise fortzusetzen und die Feuer so rasch als möglich herauszuziehen, wenn deren erste Gluth gedämpft ist. Ein Oeffnen der Sicherheitsventile, sowie ein Aufspeisen mit kaltem Wasser ist vollkommen unstatthaft, weil dadurch jene gefährlichen Eventualitäten herausgefordert werden, welche man hintanzuhalten sucht. Ist das Feuer herausgezogen, so wird der Kessel ausser Thätigkeit gesetzt, indem Absperrventil, Abschäumer und Speisekopf geschlossen werden. Dieser Kesseltheil bleibt nun einige Zeit vollkommen geschlossen und es wird das Sicherheitsventil oder Absperrventil, wenn Kesselbleche und Roste sich abgekühlt haben, nur so viel geöffnet, um den Dampfdruck allmählig zu vermindern. Ein solcher Kessel darf nicht mehr verwendet werden, bevor derselbe geöffnet, gereiniget und untersucht wurde. Man hat durch Messungen die Ueberzeugung zu gewinnen, dass die Feuerbüchse die Form nicht verändert habe. Das Feuerherausreissen hat immer in der gleichen Weise zu geschehen, indem dasselbe vorher durch nasse Asche gedämpft wird. Man soll sich nie hinreissen lassen, in einem solchen Falle die Feuer directe herauszuziehen, weil dieselben dabei eine um so intensivere Hitze entwickeln. Das Sicherheitsventil darf in keinem Falle gelüftet werden, deshalb bleibt das Absperrventil so lange offen, bis kein Anwachsen des Dampfes mehr zu befürchten ist.

Betriebsänderungen.

Kesselkraft vermehren oder vermindern.

Wenn die Kesselkraft durch einen frisch angeheizten Kessel vermehrt werden soll, so ist derselbe, wenn nicht grosse Eile nothwendig ist, mit der Maschinenpumpe aufzuspeisen, wobei das Ueberdrucksventil der Speiseleitung festzuspannen sein wird. Im Falle dringenden Bedarfes wird derselbe durch das Kingstonrohr gefüllt. Das Sicherheitsventil muss gelüftet, der Wasserstand beleuchtet und durchgeblasen, der unterste Probirhahn geöffnet werden. Das zugehörige Kingstonventil ist zu öffnen und der Dreiweghahn zum Abschäumen richtig zu stellen. Man kann nun auch durch das Abschäumrohr Wasser einlassen, um den Kessel schneller zu füllen. Wird die Speisung aus Oberflächen-Condensatoren besorgt, so ist der Kessel ganz mit Seewasser aufzufüllen, weil der Oberflächen-Condensator nicht genügend und unreines Speisewasser liefert, welches ein Ueberkochen des Kessels zur Folge hätte. Zeigt sich das Wasser im Glase, so ist das Aufspeisen zu unterbrechen, wenn so rasch als möglich Dampf erzeugt werden soll. Sonst wird der Kessel bis zum normalen Niveau gefüllt, wobei auf die Ausdehnung des Wassers Rücksicht genommen werden muss. Es werden sodann die Feuer in diesem Kessel angezündet und das Rauchregister etwas, ganz aber erst dann geöffnet, wenn die Aschenfallthüren ganz geöffnet werden dürfen, nachdem das Feuer zurückgestossen wurde. Sind Umkehrventile am Ueberhitzer angebracht, so sind sie so zu stellen, dass der ganze Dampf durch

den Ueberhitzer streicht. Sind Register für die Ueberhitzer angebracht, so soll man sie erst dann öffnen, wenn die Dampfentwickelung
beginnt. Das Sicherheitsventil bleibt so lange geöffnet, bis die
athmosphärische Luft vollkommen aus dem Kessel ausgetrieben
ist, wovon man sich durch Oeffnen des obersten Probirhahnes
überzeugt. Mit Vortheil kann man sich zur Regel machen, die
Sicherheitsventile erst dann zu schliessen, nachdem der entwickelte
Dampf Spannung zu gewinnen beginnt, was man am Manometer
erkennt. Beginnt der Zeiger zu spielen, so sind die Sicherheitsventile zu schliessen. Es ist nun besonders Acht zu haben, die
Luft aus. dem Kessel vollkommen zu entfernen, weil sie sonst
beim nachfolgenden Ansetzen des Kessels in die Maschine überströmt, dort das Vacuum zerstört und die Wirkung der Maschine
beeinträchtigt, ja dieselbe zum Stillstande bringen könnte. Nachdem
die Kesselzahl meistens vermehrt wird, wenn die Wirkung der
Maschine unerlässlich ist, so ist alles zu vermeiden, was eine
Betriebsstörung hervorrufen könnte. Um ein Ueberkochen des
Kessels hintanzuhalten, ist das Wasserniveau im Beginn möglichst
nieder und die Feuer gleichförmig scharf zu halten.

Ferner ist, wenn nicht besondere Umstände rasche Dampfentwickelung bedingen, mit dem Feuern langsam vorzugehen und
der Kessel erst dann anzusetzen, d. h. dessen Absperrventil zu
öffnen, wenn derselbe einige Pfunde mehr Spannung anzeigt, als
die übrigen Kessel. Nachdem bei jedem Kessel im Beginne der
Dampfabnahme das Wasser aufkochen wird, wenn man dessen auch
im Wasserstandsglase nicht gewahr wird, so öffnet man den Wasserablasshahn am Hauptdampfrohr und sodann das Absperrventil des
Kessels sehr langsam, wobei von dessen Gehäuse das Wasser
abzulassen ist. Für den vermehrten Bedarf an Speisewasser ist es
nun vielleicht erforderlich, die zweite Speisepumpe einzuhängen
oder die Ueberdrucksventile nachzuspannen.

Wenn von mehreren geheizten Kesseln einer ausser
Betrieb gestellt werden soll und die Maschine noch weiter
in Bewegung bleibt, so soll dies nicht früher geschehen, bevor die
Feuer dieses Kessels ganz herabgebrannt sind und die Wärme
des Kesselwassers thunlichst ausgenützt wurde. Wenn Wasserstand
und Salzgehalt es gestatten, so ist die Speisung und das Abschäumen
bei diesem Kessel einzustellen, die Feuer werden nicht mehr aufgeworfen und mit den Feuerhaken durchgestossen, damit die noch
brennende Kohle rasch Wärme entwickle und der Kessel nicht
aufhöre, Dampf zu erzeugen. Sind die Feuer herabgebrannt, so

werden die Absperrventile und die Aschenfallthüren geschlossen. Steigt der Dampfdruck dieses Kessels, so kann das Absperrventil geöffnet werden, bis derselbe wieder auf den gleichförmigen Druck sinkt, wonach die Absperr- und Ueberhitzerventile definitiv zu schliessen sind. Es werden sodann, den erhaltenen Befehlen gemäss, die Feuer gelöscht oder vorgeholt (zurückgeschoben), welche Operationen später besprochen werden. Wurden die Feuer gelöscht, so werden die Schlacken abgesondert und die Kohle oder Coakes wieder zur Feuerung verwendet. Soll der Kessel gefüllt bleiben, so muss das Kesselwasser durch wiederholtes Aufspeisen und Durchpressen auf den Salzgehalt $1^1/_2$ gebracht werden, spnst wird nach dem später besprochenen Verfahren der Kessel entleert. Beim Messen des Salzgehaltes ist auf die Abkühlnng des Kesselwassers Rücksicht zu nehmen. Sind die Roste genügend abgekühlt, so können die Feuer bereitet oder wenigstens Kohle aufgeworfen werden, wenn der Kessel nicht eine Reinigung erfordert.

Soll die Dampfentwickelung durch eine geraume Zeit unterbrochen werden, so hängt es von dem Zustande der Feuer, sowie von der wahrscheinlichen Zeitdauer der Unterbrechung des Betriebes ab, ob es ökonomisch ist, die Feuer vorzuholen. Die Kessel sind nur im Falle dringenden Bedarfes in See zu öffnen und der Reinigung von innen nur dann zu unterziehen, wenn alle Kessel gelöscht sind, so dass eine solche Arbeit mit der nöthigen Aufmerksamkeit und Sicherheit vorgenommen werden kann. Eine in Eile und ohne Gründlichkeit vorgenommene Salzreinigung ist schlechter als eine halbe. Massregel. Bei lange andauernder Reise wird eine Kesselreinigung in See nothwendig, und es soll dieselbe derart eingetheilt werden, dass eine Kesselparthie für den Fall des dringenden Bedarfes bereit bleibt.

Kann die zu einer gründlichen Reinigung erforderliche Zeit nicht zugestanden werden, so bleibt der Kessel besser geschlossen. Eine theilweise Reinigung ist vollkommen verwerflich und der Betrieb eines in Eile gereinigten Kessels gefährlich.

Für eine Dauer unter 4 Stunden soll man die Feuer nicht vorholen, sondern trachten, die Dampfentwickelung durch Schliessen der Rauchregister und Aschenfallthüren zu dämpfen oder durch Erfrischen des Kesselwassers zu unterbrechen. Oftmaliges Ausbreiten der Feuer und ein plötzliches Unterbrechen eines intensiven Betriebes ist dem werthvollen Kesselmateriale nachtheilig und ruft durch die wechselnde Ausdehnung und durch Formveränderungen Schäden und Abnützung hervor.

Vorholen und Ausbreiten der Feuer.

Beim Vorholen der Feuer werden dieselben auf dem vordersten Theil des Rostes auf einen Haufen zusammengezogen, um deren Intensität zu dämpfen, damit so mit einem geringeren Kohlenaufwand das Kesselwasser durch längere Zeit siedend und das Feuer auf den Rosten erhalten bleibe. Die Erwägung der beeinflussenden Umstände muss für jeden einzelnen Fall vorbehalten bleiben und es können hier nur einige allgemeine Anhaltspunkte gegeben werden.

Soll die Maschine auf kurzes Aviso bereit gehalten werden, so belässt man die Feuer auf dem ganzen Rost ausgebreitet, wobei die Rauchregister geschlossen werden. Die Feuer werden nicht beworfen, sondern in dem Masse, als sie abbrennen, zusammengezogen, gereiniget und mit frischer Kohle gedeckt.

Speise- und Abschäumhähne sollen mit dem Abstellen der Maschine geschlossen und der Salzgehalt durch Aufspeisen mit der Dampfpumpe und Durchpressen verbessert werden. Die Feuer sind dann nach Thunlichkeit, sobald die Dampfspannung fällt, zu reinigen und die Schlacke herauszuziehen. Wird die Dampfkraft für wenige Stunden nicht benötigt, so wird es bei reinen Feuern vortheilhafter sein, sie auf dem Rost ausgebreitet liegen zu lassen, wenn mit dem sich noch entwickelnden Dampfe andere Arbeiten als: Destilliren, Soodpumpen und Kesselwasser-Erfrischen vorgenommen werden können. Der Wasserstand ist nur etwas höher zu halten, um nicht sobald wieder aufpumpen zu müssen. Dabei ist der Zug der Feuer so gut als möglich zu dämpfen, indem man Rauchregister und Aschenfallthüren der geheizten Kessel sorgfältig schliesst und jene von einem todten Kessel öffnet. Soll die Maschine auf kurzes Aviso dampfbereit gehalten werden und werden dann voraussichtlich die Maschinen nur durch kurze Zeit benützt, um unter Dampf Manöver zu unternehmen, so stellt es sich als vortheilhafter heraus, in einem Kessel fort Dampf zu halten und in den anderen Kesseltheilen die Feuer vorzuholen. Ueberflüssiger Dampf kann dann immer zum Destilliren, Asche ausblassen, Soodpumpen etc. verwendet werden, sonst wird das Sicherheitsventil zeitweise geöffnet, der Kessel aufgespeist und abgeschäumt, so oft sich diese Operationen als nothwendig herausstellen sollten. Der Kesselbetrieb wird auf diese Weise das wertvolle Materiale weniger anstrengen, als wenn zur Unterstützung des Manövers die Feuer häufig vorgeholt und ausgebreitet werden, da bei letzterer

Manipulation die Kessel bedeutend angestrengt und die Siederohre in ihren Dichtungen gelockert werden.

Soll der Kesselbetrieb für eine längere Zeit unterbrochen werden, so sind die Feuer vorzuholen (aufzubänken). Man lässt dieselben beim Auslaufen der Maschine theilweise herabbrennen, um keine intensiv brennenden Feuer zu haben. Beim Abstellen der Maschinen wird die Speisung unterbrochen und die Dampfpumpe angesetzt, um durch Aufspeisen mit kaltem Wasser die Dampfentwickelung zu hemmen. Je nach Bedarf wird abgeschäumt oder durchgepresst, bis der Salzgehalt auf $1^1/_2$ verbessert wurde. Die Dampfpumpe wird sodann abgestellt und die Absperrventile geschlossen. Die Aschenfallthüren und das Rauchregister werden indessen gleichfalls geschlossen und man beginnt die Feuer auf den vorderen Theil des Rostes auf einen Haufen zusammenzuziehen, wobei die Roste gereiniget und die Schlacken und abgebrannten Kohlen herausgezogen und abgelöscht werden. Die Heizthüren bleiben dabei etwas geöffnet und die herabgefallene Asche und Schlacke wird aus dem Aschenfalle herausgezogen. Sind die Feuer noch besonders lebhaft und will man ein Steigen des Dampfes verhindern, so sind sie mit feuchter Asche zu decken. Die Feuer müssen den Umständen entsprechend gehalten und nach Bedarf mit frischer Kohle beworfen werden, wozu wohl auch Kohlenstaub verwendet werden kann.

Es war früher gebräuchlich, die Feuer auf die hinterste Rostlage zurückzuschieben, wenn der Kesselbetrieb zeitweise unterbrochen werden sollte; hiebei leiden die Wände und die Rohre, sowie die Rohrenden, weil sie mehr der Stichflamme ausgesetzt sind und es werden die Feuer auch schwerer bedient. Die Praxis hat es allgemein als vortheilhafter anerkannt, die glühenden Kohlen vorne aufzuhäufen, hat jedoch den Ausdruck „Feuer zurückschieben" hiefür beibehalten, was leicht zu Missverständnissen führen könnte. Es wurde daher der Ausdruck „Feuer vorholen" (aufbänken) als bezeichnender eingeführt und die Operation des Ausbreitens der Feuer auf den Rosten mit „Feuer ausbreiten" benannt. Sollte es gleichgiltig sein, ob mehrere der Feuer erlöschen, so ist das Aufwerfen auf das Allernothwendigste einzuschränken. Ein Oeffnen der Sicherheitsventile ist durchaus unstatthaft, weil durch den abströmenden Dampf der Wasserstand sinken und der Salzgehalt steigen wird. Wasserstand und Sättigungsgrad sind durch Aufspeisen mit der Dampfpumpe zu reguliren, wozu das Absperrventil jenes Kessels zu öffnen kommt, der am meisten

Dampf anzeigt. Beim nachfolgenden Durchpressen ist auf die erforderliche Spannung Rücksicht zu nehmen, so wie darauf zu sehen, dass das eingepumpte Wasser sich bereits vertheilt hat, damit nicht die beste Wasserschichte wieder entfernt werde. Das Kesselmateriale leidet durch die Operation des „Feuer vorholen und ausbreiten", besonders dann, wenn diese Arbeit aus missverstandener Oeconomie zu rasch ausgeführt, oder verlangt wird, dass Feuer, welche mit voller Intensität brennen, gleich vorgeholt, die Maschine momentan abgestellt und kein Dampf abgeblasen werde. Die Kessel werden um so mehr abgenützt, je mehr man sich beeilt, derlei Anordnungen rasch auszuführen. Schweissende Siederohre, welche auf keine Weise mehr gedichtet werden können, lecke Kessel und ein rasches Zugrundegehen des kostspieligen und für die Seetüchtigkeit und Schlagfertigkeit eines Schiffes wichtigen Theiles wird die Folge eines derartigen Betriebes sein.

Wenn die Siederohre der Kessel russig sind, so ist während des Stehens mit vorgeholten (zurückgeschobenen) Feuern eine Reinigung derselben einzuleiten und der Russ von dem Boden der Rauchkammern auszuheben.

Um die Kessel nachfolgend wieder in Activität zu setzen, werden die Feuer ausgebreitet, indem man die brennenden Kohlen auseinander schiebt, Stückkohle aufwirft, gleichzeitig die Rauchregister aufmacht und die Aschenfallthüren mehr öffnet. Die Rauchregister müssen desshalb vorher geöffnet werden, damit die brennbaren Gase, welche in den Feuer- und Rauchkanälen sich befinden, langsam abziehen können, bevor sie sich mit der durch den Rost erwärmten Luft gemischt haben und bei dem Kaminrohre ausbrennen. Bleiben jedoch die Aschenfallthüren dann noch etwas geschlossen, so ziehen diese Heizgase unverbrannt ab, indem sie bei der Mischung mit der in den Kamin fallenden Luft zu stark abgekühlt werden, um ausbrennen zu können. Beginnen die aufgeworfenen Kohlen zu brennen, so wird das Feuer weiter auseinander geschoben und frische Kohle aufgeworfen, damit eine genügende Menge Feuer erhalten werde, um den ganzen Rost decken zu können. Auf diese Weise werden die Feuer verstärkt, bis sie endlich normal den ganzen Rost decken und die Aschenfallthüren ganz geöffnet werden können, worauf die Dampfentwickelung beginnen wird. Ist die normale Spannung erreicht, so wird das Wasser von den Ueberhitzern und dem Hauptdampfrohre abgelassen und das Absperrventil langsam geöffnet.

Wachendienst.

Bei Uebernahme der Kesselwache ist zu beachten:

1. Dass die geheizten Kessel den Umständen angemessenen Wasserstand zeigen, wobei die Gläser durchzublasen und die Probirhähne zu versuchen sind.

2. Der Salzgehalt des Kesselwassers soll $^2/_{32}$ nicht übersteigen und man muss sich überzeigen, dass Speiseköpfe und Abschäumer zweckdienlich gestellt sind und wirklich functioniren.

3. Der Stand der Manometer ist zu beachten und die Sicherheitsventile sind durch probeweises Oeffnen zu prüfen.

4. Die Feuer müssen den Umständen angemessen gehalten sein und hell brennen, dabei ist zugleich ein Augenmerk auf die Feuerbüchsen zu richten, ob selbe nirgends Blasen zeigen oder schweissen, ob die Aschenfälle rein und trocken sind oder ein Rinnen der Siederohre anzeigen.

5. Die Befehle sind zu übernehmen: a) Wie Dampf und Feuer gehalten werden sollen; b) von wo die Kohle verwendet werden soll; c) welche Feuer- und Rohrsätze zuletzt gereinigt wurden und welche in dieser Wache geputzt werden müssen.

6. Die Dampfpumpe muss gut gestellt, der Kesselraum gereinigt und entsprechend beleuchtet sein.

Die übernommene Wache verpflichtet:

1. Zur steten Anwesenheit im Kesselraum.

2. Den Salzgehalt des Kesselwassers unter $^2/_{32}$ zu halten.

3. Die bestimmte Zahl von Feuern und Rohrsätzen zu reinigen und die Feuer im Allgemeinen gut zu halten, leckende Wechsel und Rohre zu beheben und Leckwasser vom Kessel abzuhalten.

4. Den Dampfdruck durch Reguliren der Feuer, der Speisung und des Abschäumens nach den übergebenen Befehlen zu erhalten.

5. Den Kohlentransport, die Beleuchtung und Reinlichkeit im Kesselraume, sowie das untergegebene Personale zu beaufsichtigen und letzteres in seinen Arbeiten zu leiten, um die Wache auch im guten Zustande übergeben zu können.

Die Feuer eines Kessels dürfen herausgerissen werden, wenn:

1. Bedeutende Lecke am Kessel bemerkt werden, welche ein rasches Entleeren des Kesselwassers zur Folge haben müssen.

2. Der Kessel auf keine Weise gespeist werden kann und der Wasserstand so tief gesunken ist, dass der unterste Probirhahn Dampf gibt.

3. Die Bleche einer Feuerbüchse in Folge von Inkrustationen glühend geworden sind oder Deformationen, wie z. B. Einbauchungen etc. zeigen.·

Es muss nachgesucht werden, einen Kessel abzulöschen, wenn:

1. Derselbe so bedeutend leckt, dass nur durch übertriebenes Aufspeisen der Wasserstand erhalten werden kann, weil der Kessel sodann eine grosse Menge Kohle consumiren wird.

2. Die Siederohre oder Naten der Feuerbüchse derart lecken, dass die Siederohre mit Salz verlegt sind und das Feuer auf den Rosten fast gelöscht wird.

3. Mehrere Siederohre geplatzt sind oder Blasen in der Feuerbüchse bemerkt wurden.

Ein Kessel wird wenig Dampf erzeugen oder es wird dessen Dampfspannung sinken, wenn:

1. Man die Maschine plötzlich anlaufen liess.

2. Zu viel kaltes Wasser auf einmal aufgespeist und abgeschäumt wurde,· oder wenn lecke Stellen heisses Wasser oder Dampf ausblasen.

3. Rohr- oder Heizthüren geöffnet sind, so dass kalte Luft einströmt.

4. Die Heizflächen, Salzkrusten oder Russ zeigen oder die Siederohre von Salz verlegt und vom Russ nicht gereinigt sind.

5. Die Feuer schlecht und matt brennen.

Die Feuer brennen schlecht, wenn:

1. Die Kohlenschichte zu dick ist oder der Rost ausgebrannte Stellen zeigt.

2. Die aufgeworfene Kohle zu stark benetzt oder in zu grossen Stücken verwendet wurde, oder von geringem Heizwerthe ist.

3. Die Luftspalten zu enge oder durch Schlacke verlegt sind, oder wenn der Aschenfall nicht gereinigt wurde.

4. Die Siederohre oder die Rauchzüge verlegt oder russig sind und wenn die Luft nicht gut zufliessen kann.

Es sind daher alle Lucken frei zu halten, die Windhelme gegen den Wind zu drehen und alle über die Bedienung der Feuer gegebenen Vorschriften zu befolgen.

Der Salzgehalt in einem Kessel wird steigen, wenn:

1. Zu wenig abgeschäumt wurde oder das Abschäumrohr ganz oder theilweise verstopft ist.

2. In einem Kessel schärfere Feuer gehalten werden, so dass dieser Kessel mehr verdampft hat.

3. Das Kesselwasser durch Aufpumpen sich abgekühlt hat. Im letztern Falle wird der Salzgehalt nur. falsch beobachtet, ohne dass das Kesselwasser wirklich einen grösseren Sättigungsgrad hätte.

Beim Feueralarm ist die Dampfpumpe gleich so umzustellen, dass dieselbe als Feuerspritze dienen kann. Ist eine eigene Feuerspritze vorhanden, so ist dieselbe herzurichten und alle Massregeln zu. ergreifen, um dieselbe mit aller Beschleunigung zur Wirkung bringen zu können.

Beim Klarschiff zum Gefecht ist das Gleiche zu beobachten. Die Kohlenleute werden sodann durch die dienstfreien Wachen der Feuerleute ersetzt, welche nun den Kohlentransport zu besorgen haben.

Es ist als Regel fest zu halten, dass kein Mann der Kesselwache seinen Posten verlässt, bevor dessen Ablösung sich eingefunden hat.

Bei schwerem Seegang und heftigen Rollen des Schiffskörpers hat man Sorge zu tragen, dass alle Feuerwerkzeuge und Utensilien festgemacht sind, damit durch dieselben kein Schaden hervorgerufen werde. Sind über den Kesseln schwere Gegenstände, welche durch Rollen auf die Kesseldecke zu fallen, oder Armaturstheile zu beschädigen drohen, so hat man dieselben gut zu befestigen, sowie alle Vorsichtsmassregeln zu ergreifen, damit Stösse und Schläge vermieden werden. Der Speisung ist verdoppelte Aufmerksamkeit zuzuwenden, um durch die Beobachtung der Schwankungen des Wassers im Glase oder der Zeit, in welcher das Wasser oben und unten verschwindet, auf die Höhe zu schliessen, bis zu welcher der Kessel gefüllt ist. Man sucht hiebei den normalen Wasserstand beizubehalten und hat nur auf constante Neigungen des Schiffskörpers Rücksicht zu nehmen, damit die Decken der Feuerkanäle jener Kessel, welche nach vorne geneigt sind, nicht etwa bloss liegen. In diesen Kesseln kann zur Sicherheit ein höherer Wasserstand gehalten werden, um jeder Gefahr des Abbrennens von Kesselblechen vorzubeugen. Wenn durch die Schwankungen des Schiffes momentan auch die Siederohre theilweise blossgelegt werden, so können sie doch keinen Schaden nehmen, da das Wasser dieselben bald wieder überschwemmt. Ungeübterem Personale, welches bei Eventualitäten nicht die erforderliche Sicherheit und Energie entwickeln könnte, um Schäden hintanzuhalten, glauben wir gar nicht anrathen zu müssen, in diesem Falle etwas mehr Wasser im Glas zu halten und der Kesselbedienung verdoppelte Aufmerksamkeit zu widmen. Wir glauben mit Berechtigung die Erfahrung dahin auszusprechen, dass ungeübtes Personale den Kessel bei schwerem Seegange immer ersäuft.

'An den Kaminstagen ist nachzusehen ob deren Befestigungen sicher sind und letztere nachzuspannen, wenn sie sich gelockert zeigen. Die Kohlenleute sind zu unterweisen, sich vor abstürzenden Kohlenbergen in Acht zu nehmen. Beim Aschenhissen muss die Einhängung der Aschenkübel gesichert und jeder Kübel beim Hissen begleitet werden, damit er nicht in schwingende Bewegung gerathe und die Kesselarmatur oder das Personale beschädige.

Kessel ausser Betrieb stellen.

Kessel abstellen.

Sollen die Kessel ausser Betrieb gestellt werden, so wird der Befehl in der Regel schon eine Viertelstunde früher ertheilt, bevor die Maschine abzustellen kommt. Der Kohlentransport und das Aufwerfen der Kohlen sind nun vollkommen einzustellen und die Feuer nur durchzustossen, damit die Kohle gemischt werde und trotz des niederen Feuers lebhaft brenne.

Der Dampfdruck darf nicht fallen, bis die Maschine abgestellt wird, weil diese für die im Hafen auszuführenden Manöver der vollen Dampfspannung bedarf; die Feuer werden daher wiederholt durchgestossen und, wenn erforderlich, mit ganz wenig Kohle gedeckt. Das Speisen und Abschäumen ist, insofern als es nicht durch andere Umstände dringend geboten ist, zu schmälern, um die Normal-Dampfspannung leichter erhalten zu können. Sobald die Maschine abgestellt wurde, sind die Aschenfallthüren zu schliessen und die Heizthüren zu öffnen, damit der Dampf nicht anwachse und ein Oeffnen der Sicherheitsventile notwendig mache, welches beim Manöver besonders zu meiden ist. Sind die Feuer noch sehr lebhaft, so ist das Abblasen des Dampfes beim Sicherheitsventile eine Notwendigkeit. Im letzteren Falle kann man die Kessel mit der Dampfpumpe langsam aufspeisen, um die Dampfentwickelung etwas zu hemmen; sonst trachte man den überflüssigen Dampf zum Aschenausblasen oder Soodpumpen zu verwenden. Sollte die Dampfspannung bedeutend gesunken sein, so können nach abgestellter Maschine die Aschenfallthüren offen bleiben, bis der Dampfdruck wieder normal steigt, wonach dieselben zu schliessen sind. Es soll, wie bereits erwähnt, während des Manövers mit der Maschine durch Oeffnen und Schliessen der Aschenfallthüren die Dampfspannung normal erhalten werden, damit die Manöver rasch durchgeführt werden können.

Ist der Befehl zum Feuerlöschen erfolgt und wird die Dampfkraft nicht mehr zum Untersuchen der Maschinen, beziehungsweise zum Stellen derselben auf einen gewissen Punkt gebraucht, so hat man zuerst zu untersuchen, ob die todten Kessel sich nicht durch undichte Speiseköpfe oder durch irgend welche Ursache mit Wasser gefüllt haben. Man probirt dies, indem man mit dem Hammer das Wasserniveau an der Kesselstirnwand wie an einem Fasse sucht. Ist nur wenig Wasser in dem todten Kessel enthalten, so wird es beim Entleerungshahn in den Soodraum gelassen. Ist aber in einem oder mehreren derselben eine grössere Menge Wassers enthalten, so wäre es schlecht, dieselben in den Soodraum ablaufen zu lassen, weil man stets trachten soll, mit möglichst trockenem Soodraum in den Hafen einzulaufen. Der Schiffskörper wird nach der Fahrt ohnehin häufig Wasser machen. Beim Abstellen der Maschinen, beim Ablaufenlassen der Condensatoren und Cylinder wird unvermeidlich Wasser in den Soodraum eintreten, daher soll man so viel als möglich vermeiden, Wasser in den Soodraum zu lassen, wenn es nicht absolut notwendig ist.

Solche aufgespeiste todte Kessel müssen mit Dampfdruck durchgepresst werden. Man öffnet langsam das Absperrventil eines solchen Kessels, wobei Dampf in denselben eintreten und sich im Beginne an den Kesselwänden und an der Wasseroberfläche condensiren wird. Nach kurzer Zeit wird die Dampfspannung bei geschlossenem Sicherheitsventile steigen und man kann den todten Kessel vollkommen entleeren. Die Speiseventile und Wechsel dieses Kessels müssen nachfolgend eingeschliffen werden, um solchen Vorfällen eines nicht beabsichtigten Füllens vorzubeugen. Die Speiserohre der Dampfpumpen sollen gegen derlei Eventualitäten ausser dem Speisekopf, welcher in den meisten Fällen nur ein durch eine Schraubenspindel festgehaltenes Rückschlagventil enthält, auch noch einen Wechsel erhalten, um das Speiserohr gegen jeden einzelnen Kessel vollkommen und sicher absperren zu können, wie es auch das österreichische

Kesselgesetz vom 12. October 1871, §. 3, c, vorschreibt. Ventile sind nicht genügend, ein Durchsickern des Speisewassers zu verhindern, indem man bei dem grossen Druck auf das Ventil und bei der gewöhnlich schwachen Spindel dasselbe nicht fest auf seinen Sitz drücken kann, ohne Gefahr zu laufen, die Spindel beim nachfolgenden Oeffnen abzureissen. Sollen die Kessel nicht entleert, sondern das Wasser bei kurzen Betriebsunterbrechungen in denselben gelassen werden, so muss man vor dem Feuerlöschen das Kesselwasser erfrischen, d. h. dessen Salzgehalt verbessern, indem man die Kessel wiederholt mit der Dampfpumpe aufspeist und dann durchpresst, nachdem das eingeführte Wasser sich schon gut vertheilt hat. Nachdem zum Durchpressen der todten Kessel, Soodpumpen, Aschenausblasen etc. eine grosse Dampfmenge bedingt ist, wird es vielleicht wiederholt notwendig werden, die Aschenfallthüren zu öffnen, um den Dampfdruck nicht fallen zu lassen, wenn mehrere todte Kessel auszupressen sind.

Die. frische Kohle, welche sich auf dem Feuerplatze befindet, ist in die Kohlenmagazine zurückzuführen, damit sie mit der Asche nicht vermischt wird. Zeigen sich die Feuer einzelner Kesseltheile herabgebrannt und todt, so werden deren Absperrventile geschlossen, die Feuer herausgezogen und abgelöscht. Die abgelöschte Asche und Schlacke wird zu Haufen geschaufelt oder an den Aschenkorb des Ejectors gelegt und ausgeblasen. Ist ein Aschenejector angebracht und soll alle Asche und die Schlacken mit Dampf ausgeblasen werden, oder wenn zum Ankerketten-Einwinden oder zum Soodpumpen weiter Dampf verwendet wird, so dürfte es nothwendig sein, in einem oder selbst in zwei Kesseln noch durch einige Zeit Dampf zu erhalten. Dieselben werden, wenn möglich, mit der Kohle beworfen, welche von den anderen Kesseln herausgezogen wurde und deren Feuer öfters gemischt.

Feuer ablöschen.

Sind alle Arbeiten mit Dampf vollendet, so werden die Absperrventile geschlossen und die Feuer der Reihe nach herausgezogen und abgelöscht, wobei vorher in den Kesseln der zum Durchpressen erforderliche Dampfdruck erzielt werden muss. Bevor man das Feuer herauszieht, soll nasse Asche vor dem Aschenfall ausgebreitet werden, damit die glühende Schlacke und die noch immer brennenden Kohlenstücke nicht durch ihre intensive Gluth der Kesselstirnwand und den

Flurplatten schaden. Man soll auch trachten, die Feuer früher etwas herabbrennen zu lassen, oder dieselben vorher zu dämpfen, wenn man aus irgend einer Ursache mit frischbrennenden Feuern in den Hafen gelangt. Ein intensives Feuer soll nicht gleich herausgezogen werden, weil es beim Herausziehen durch das unvermeidliche Aufmischen die grösste Hitze entwickelt. Wenn beim Abstellen der Maschinen die Dampfentwickelung und damit die Wassercirculation aufhört, fallen die salzigen Bestandtheile nieder und lagern sich schlammartig auf den Feuerdecken ab. Die intensive Hitze, welche beim Herausreissen eines frischen Feuers entwickelt wird, brennt diesen Niederschlag fest, so dass er dann schwerer entfernt werden kann; daher soll ein intensives Feuer vor dem Herausziehen durch feuchte Asche oder durch Unterbrechen des Zuges gedämpft werden. Hat man diese Regeln den Umständen angemessen befolgt, so wird man auf den Rosten ganz herabgebrannte Feuer haben, welche rasch und gründlich herausgezogen werden können. Je weniger Brennmaterial auf dem Roste liegt, desto gründlicher wird der Heizer den Rost von Schlacken reinigen können. Das herausgezogene Feuer ist gleichzeitig durch Aufspritzen von Wasser zu löschen, oder durch Zudecken mit nasser Asche zu dämpfen, damit der Heizer leichter arbeite. Wasser aufzugiessen, darf nicht gestattet werden, weil durch die aufwirbelnde Asche Kessel und Maschine verunreinigt werden. Nie soll beim Ablöschen der Asche oder Schlacke Wasser auf das Bodenblech des Aschenfalles gespritzt oder gar geschüttet werden. Nach dem Ablöschen der Feuer werden die Aschenfall- und Heizthüren geschlossen, damit die Kesselbleche sich nicht zu rasch abkühlen.

Haben in einem Kessel die Rohre stark geleckt, so dass sich an der hintersten Rostlage bedeutend viel Salz mit Asche gemischt festgesetzt hat, so soll dasselbe aufgebrochen werden, bevor der Kessel kalt wird, weil sich dieses Salz sehr leicht loslöst, solange dasselbe noch warm ist. Lässt man den Kessel kalt werden, so ist dieser Salzstein so hart, dass er mit dem Meissel und Hammer losgebrochen werden muss. Die Arbeit nimmt sodann bedeutend mehr Zeit in Anspruch und bei nicht genügender Aufmerksamkeit im Losbrechen leiden die Nietnaten und Nietenköpfe. Man thut daher besser, diesen Salzstein gleich nach dem Durchpressen loszubrechen, sobald die Kessel sich soweit abgekühlt haben, dass ein Kohlenmann in die Feuerung kriechen kann, wenn dies nothwendig sein sollte, wobei die letzte Rostlage ausgehoben werden muss.

Kessel-Durchpressen.

Die geheizten Kessel dürfen erst eine Viertelstunde nach dem Feuerablöschen durchgepresst werden, damit der erhitzte Rost nicht durch Wärmestrahlung den Salzniederschlag auf den Feuerdecken festbrenne. Sind die Roste genügend abgekühlt, so werden die Kessel durchgepresst. Die hiezu erforderliche Dampfspannung hängt von der Tiefe der Mündung des Kingstonrohres unter Wasser ab. Ein Dampfdruck von einer Atmosphäre hält einer Wassersäule von $32^3/_4$ Fuss das Gleichgewicht. Um einen Kessel durchzupressen, muss darin offenbar eine grössere Spannung herrschen, damit das auszupressende Wasser mit einer gewissen Geschwindigkeit sich bewege; man müsste daher vor dem Herausziehen der Feuer darauf bedacht sein, eine diesen Verhältnissen entsprechende Spannung zu entwickeln, wenn der Dampfdruck gefallen sein sollte, oder man setzt den zu entleerenden Kessel durch Oeffnen der Absperrventile mit einem anderen, welcher höheren Dampfdruck zeigt, in Verbindung. Ein Ueberdruck von 6—8 Pfund über den Druck der äusseren Wassersäule auf die Oeffnung des Kingstonrohres ist genügend, um einen Kessel durchzupressen. (Für 20 Fuss wäre beispielsweise eine Spannung von 16 Pfund engl. bedingt). Die Thür zum Durchpresshahn wird rein gekehrt und derselbe geöffnet, worauf das Kesselwasser durch den Dampfdruck hinausgepresst wird. Wenn der Durchpresswechsel fest steckt, so sind einige Eimer kaltes Wasser aufzugiessen, bis sich Gehäuse und Kegel gleichmässig abgekühlt haben. Lässt er sich auch dann nicht öffnen, so muss die Stopfbüchse nachgelassen und der Kegel mit der Stellschraube gehoben werden. Ist das Kesselwasser nicht durch Aufpumpen und schlechten Salzgehalt ungünstig gemischt, so wird der Dampfdruck während des Durchpressens ziemlich constant bleiben. Wenn das Kesselwasser vollkommen ausgepresst ist, so giebt sich dies durch ein eigenthümliches polterndes Geräusch kund, welches vom ausgepressten Dampf verursacht wird. Derselbe wird nämlich Blasen bilden, welche in dem Masse, als sie austreten, condensirt werden. Das Wasser wird vom Schiffskörper weggedrückt und übt, sobald die Blasen condensirt oder aufgestiegen sind, einen leichten Stoss auf die Schiffswand aus, welcher sich bei kleinen Schiffen durch ein Vibriren des Schiffsbodens bemerkbar macht. Sollte der Durchpresshahn sich nicht rasch schliessen lassen wollen, so ist, wie bereits erwähnt wurde, das Kingstonventil heraufzuwinden, um zu verhindern, dass kaltes Wasser in den Kessel eintrete. denn dadurch würden die Bleche wegen der raschen Abkühlung bedeutend leiden. Es ist auch gebräuchlich, einige Zeit den Dampf hinausströmen zu lassen, doch kann davon kein Vortheil erwartet werden. Auf keinen Fall darf der Durchpresshahn so lange offen bleiben, bis das polternde Geräusch vollkommen aufhört. Nach dem Durchpressen werden die Probirhähne und der Wasserstandszeiger durchgeblasen und der Dampf bis auf 5 oder 6 Pfund abgeblasen, wonach die Sicherheitsventile geschlossen und die Luftventile nachgesehen werden.

Die Zeit, in welcher ein Kessel sich entleert, ist von der Tiefe des Kingston' unter Wasser, von der Dampfspannung und vom Verhältniss des Wasserraumes zur Oeffnung des Füllrohres abhängig. Man erzweckt keinen Vortheil, die Kessel mit hohem Druck rasch durchzupressen, wohl aber sind die hiedurch hervorgerufenen Erschütterungen dem Kesselkörper und der Dichtung des Kingstonrohres nachtheilig. Bei den relativ hohen Betriebsspannungen, welche heute zu Tage angewendet werden, machen wir wiederholt aufmerksam, dass man die Kessel nicht mit dem normalen Dampfdruck durchpressen soll, weil das Kesselmateriale durch die hiebei verursachten Vibrationen leidet. Man öffne daher, sobald die Dampfkraft nicht mehr verwendet wird, die Sicherheitsventile und blase so lange Dampf ab und pumpe den Kessel auf, bis die Manometer die zum Durchpressen erforderliche Minimalspannung zeigen, mit welcher nun die Kessel ohne Nachtheil für die Construction entleert werden. Der entsprechende Druck kann aus nachfolgender Tabelle entnommen werden, welche keinen Anspruch auf mathematische Genauigkeit macht, weil die Zahlen abgerundet und dem practischen Bedürfnisse angepasst wurden.

Die 1. Spalte dieser Tabellen ist in Wiener Fuss gegeben, nachdem die Schiffsdimensionen in der österreichischen Marine bis nun nach diesem Masse angeführt werden. Die 2. und 3. Spalte ist je in engl. Pf. (15 pro Atmos.) und Wiener Pf. (12³/₄ pro Atmos.) gegeben, nachdem Manometer nach beiden Massen in Verwendung stehen und deren Angaben insoweit abweichen, dass durch Verwechslung unliebsame Folgen hervorgerufen werden könnten. Die Ziffern der ersten Spalte beider Tabellen dürfen nicht mit der Tauchung des Schiffskörper verwechselt werden.

Kingston-rohr-mündung unter Wasser in Wien. Fuss	Druck der äusseren Wassersäule in engl. Pfund. per engl. ☐ Zoll	Dampf-druck zum Durch-pressen in engl. Pfd.	Kingston-rohr-mündung unter Wasser in Wien. Fuss	Druck der äusseren Wassersäule in Wien. Pfund per Wr. ☐ Zoll	Dampf-druck zum Durch-pressen in Wien. Pfd.
4	2	8	5	2	8
8	3³/₄	10	10	4	10
12	5¹/₂	12	15	6	12
16	7¹/₂	14	20	8	14
20	9¹/₄	16	25	9³/₄	16
24	11¹/₄	18	30	11³/₄	18
28	13	20	32·₆₇₈	12³/₄	20

Der Durchpresshahn darf jedoch in keinem Falle so lange offen gehalten werden, bis die Dampfspannung dem in der Tabelle gegebenen Druck der äusseren Wassersäule gleich kommt, weil für diesen Fall schon das kalte Wasser eindringen und der Kesselboden Schaden leiden würde. Ueberhaupt erreicht man beim Durchpressen des Dampfes keinen Vortheil.

Eine irrige Ansicht, welche verleitet, zum Durchpressen höhere Spannungen zu wählen, muss angeführt werden: Man meint, der im Dampfraum enthaltene Dampf werde nach Entleerung des Kesselwassers das ganze Kessel-Volumen füllen und in Folge der eigenen Ausdehnung an Spannung verlieren, daher sollte im Beginne eine solche Spannung herrschen, dass der erforderliche Enddruck resultire. Diese Ansicht ist falsch, indem die Spannung, wie bereits erwähnt wurde, während des Auspressens nahezu constant bleibt und nur von der Temperatur des Kesselwassers abhängt.

Sind die Heizflächen so weit abgekühlt, dass sie sich nur mehr warm anfühlen, so öffnet man das Sicherheitsventil und den Entleerungshahn am Kesselboden und nimmt bei kurzen Betriebsunterbrechungen wenigstens einen Deckel am Kesselboden und einen Mannlochdeckel in der Höhe der Feuerdecken ab, um eine Luftcirculation durch den Kessel hervorzurufen, wobei die am Kesselblech haftende Feuchtigkeit — der grösste Feind des Eisenbleches — durch die eigene vom Betriebe herrührende Wärme verdunsten und der Kessel grösstentheils vor dem Ver-rosten bewahrt wird, welches besonders nach dem Durchpressen bis zur Kesselreinigung und Trockenlegung um sich greift. Hiebei ist zu beachten, dass die Heizflächen nicht mehr heiss sein dürfen, weil sonst durch die rasche Abkühlung die Nietenstösse gelockert werden und lecken, sowie dass der Kessel vorher ganz durchgepresst und kein Rest heissen Wassers zurückgelassen wurde. Eine Nachlässigkeit beim Kesseldurchpressen hätte sodann durch das ausströmende heisse Wasser unangenehme Folgen.

Soll nachfolgend eine Kesselreinigung vorgenommen werden, so sind alle Mann- und Schlammlochdeckel der in Angriff zu nehmenden Kessel abzuheben, wobei man die Deckel mit auffallend grossen Zeichen oder Zahlen in weisser Farbe versieht, selbst wenn sie mit Körnerpunkten gezeichnet sind. Bügel und Pressschrauben werden gereinigt, leicht gangbar gemacht, am Deckel aufmontirt und diese in der Nähe der zu verschliessenden Oeffnung aufbewahrt. Bleiben die Kessel anderer Umstände wegen geschlossen, so müssen die Luftventile leicht spielen, damit im Kessel keine Luftleere entstehen könne.

Arbeiten nach der Fahrt.

Wenn eine Kamin-Reinigung notwendig ist, so muss damit ehethunlichst begonnen werden. Das Kaminrohr wird von innen mit Besen abgekehrt, indem sich der Heizer auf einem Sitzbrette in den Kamin hineinlässt. Die Rauchzüge werden gleichfalls gereinigt, der Russ bei den Rohrthüren ausgehoben und zu einem Haufen zusammen getragen. Dabei muss die Kaminkappe aufgesetzt werden, um zu verhindern, dass der Russ herausfliege und das Oberdeck beschmutze.

Einige Stunden nach dem Feuerlöschen müssen alle Wechsel und Unterwassertheile, welche sich mittlerweile abgekühlt haben, nachgesehen werden. Die Kingstonventile sind vollkommen zu schliessen, deren Schutzhandgriffe festzuschrauben und alle Hähne der Rohrleitung richtig zu stellen. Die Stopfbüchsen der Durchpresswechsel werden nachgezogen und das Kingstonventil der Dampfpumpe, sowie die Wasserleitung zum Ablöschen der Asche geschlossen und die Entleerungshähne am Kesselboden geöffnet, damit alles Wasser in den Soodraum ablaufen könne. Letztere bleiben im Hafen fortwährend offen.

Mit dem Rohrkehren kann begonnen werden, sobald die Kessel genügend abgekühlt und die Kaminreinigung vollkommen vollendet ist. Die Rauchthüren werden geöffnet und ein Brett auf zwei Kohlenkübeln vorbereitet, auf welchem die Heizer stehen und die Rohre der Reihe nach mit den Rohrkratzer durchstossen, wenn · die Rohre stark verlegt sind ; haben dieselben nur einen leichten Ueberzug von Russ, so dürfte es genügend sein, mit der Rohrbürste zu reinigen, u. z. wird bei der obersten Reihe begonnen. Metallrohrbürsten sind als besser wirksam und dauerhafter vorzuziehen. Der Russ fällt zum grössten Theil in den Feuerkanal und muss beim Reinigen der Feuerbüchsen herausgezogen werden. Man muss darauf sehen, dass alle Rohre ganz durchgestossen wurden, wovon man sich leicht überzeugen kann, indem man durch die Rohre sieht, während im hinteren Feuerkanal ein Licht vor den Rohrenden vorbeigeführt wird. Hat die Rohrplatte im Feuerkanal einen Schleier von Salzstein, welcher oft durch rinnende Rohre verursacht wird, so ist er zu entfernen. Rinnende Rohre werden jetzt nachgedichtet, weil ein leckendes Siederohr alle Rohre zum Lecken bringt, über welche das Kesselwasser hinunterlauft. Die Rohre der Ueberhitzer werden ebenfalls mit der Rohrbürste durchgestossen. Die Feuerbüchsen und die Roste sind sodann zu reinigen und herzurichten. Asche und Schlacke ist vollkommen herauszuziehen und die Bleche der Feuerbüchse und des Feuerkanals abzukehren. Die Luftspalten zwischen den Roststäben werden mit dem Feuerhaken durchgefahren und krumme Roststäbe gewechselt. Sind die Roststäbe durch Schlacke sehr verunreiniget, so werden sie ausgehoben und mit dem Hammer abgeklopft. Die Roste werden sonach gerichtet und bei kurzen Betriebsunterbrechungen mit Kohle bedeckt. Wenn ein Theil der Kessel gereinigt werden kann, so werden die Roste erst nach vollendeter Reinigung regulirt.

Ein Telescopkamin darf erst gestrichen werden, wenn er abgekühlt ist, weil die Tragketten in warmen Zustande leicht reissen. Die Leute werden wie zum Kaminhissen angestellt, das Rohr wird so viel gehoben, dass die Keile herausgezogen werden können und sodann durch Drehen der Handkurbeln herabgelassen. Das Streichen des Kaminrohres kann beiläufig in der halben Zeit wie das Hissen vollzogen werden. Der Anstrich des Rohres ist während des Herablassens oberflächlich mit einem in Leinöl getauchten Lappen zu reinigen und die Dampfabblasrohre einzuölen, damit sich kein Grünspan ansetze, die Spannketten werden dann abgenommen und in das Rohr hineingelassen oder an der Seite des Kaminmantels aufgeschossen. Die Kaminkappe ist aufzusetzen und gut zu befestigen. Mündet. der Schlot der Küche in den festen Kamin, so muss eine entsprechende Abzugsöffnung frei gelassen werden.

Die Kesseldecken und die Dampfleitung, sowie die Kesselstirnwände werden von anhaftendem Staub gereinigt, Schlacken und Asche, welche aus den Feuerbüchsen gezogen wurden, sowie der Russ von den Siederohren und Rauchzügen zu Haufen geschaufelt und sodann gehisst, wobei für die Reinhaltung des Oberdeckes entsprechende Vorsichtsmassregeln ergriffen werden müssen. Die Flurplatten werden mit steifen Reisigbesen abgekehrt und all' der Schmutz fortgeschafft.

Wurde ein Kessel nicht mit Dampf ausgepresst, so ist er jetzt von Hand auszupumpen. Zu diesem Zwecke ist häufig ein Zweigrohr von dem Saugstutzen der Hand- oder Dampfpumpe zum Kesselfüllrohr geführt, welches durch den Hahn zum Auspumpen unterbrochen ist. Wird dieser Wechsel und der Durchpresshahn geöffnet, so kann der Kessel vermittelst der Handpumpe entleert werden. Bei Fregattenkesseln wird hiebei die Dampfpumpe auf Soodpumpen gestellt und deren Kingston geöffnet. Das Kingstonventil zum Kesselfüllen und die Soodwechsel müssen sorgfältig geschlossen werden. Hat man das Sicherheitsventil gelüftet und die Pumpe für den Handbetrieb hergerichtet, so wird beim nachfolgenden Auspumpen das Wasser durch das Füllrohr, den Kopf des Kingstonrohres und den Hahn zum Auspumpen in das Rohr der Dampfpumpe gesaugt und durch deren Kingstonventil in die See entleert. Kessel, welche aus irgend welcher Ursache gefüllt und dann nicht geheizt wurden, sind ehethunlichst auszupumpen. Gestattet die Rohrleitung nicht eine der Pumpen für diesen Zweck zu verwenden, so kann man einen Schlammlochdeckel lüften und das Wasser in den Soodraum ablaufen lassen, von wo es dann durch Soodpumpen ausser Bord geschafft wird. Sind alle Kessel vollkommmen von Wasser entleert, so werden die Wasserablasshähne am Kesselboden geöffnet, um den Rest des von den Wänden zusammenfliessenden Wassers in den Soodraum ablaufen zu lassen. Das Wasser muss auch aus den Ueberhitzerkästen vollkommen entfernt werden, indem man die hiefür bestimmten Entleerungswechsel öffnet. Letztere sollen nicht im Rauchkanal angebracht sein, weil sie sonst nicht gut gangbar gehalten und während des Betriebes beim Ansetzen oder Ueberkochen der Kessel nicht bedient werden können.

Kessel-Reinigung.

Die Kessel werden behufs Reinigung beim Mannloch an der Kesseldecke befahren, nachdem die Bleche sich bereits abgekühlt haben. Wurden die Kessel bald nach dem Auspressen geöffnet und dadurch eine Luftcirculation hervorgerufen, so ist im Kessel gewiss gute Luft enthalten. Sollte diesbezüglich ein Zweifel obwalten (wenn die Kessel erst nach längerer Betriebsunterbrechung aufgemacht wurden), so hat man zuerst durch eine in den Kessel eingebrachte brennende Kerze die Ueberzeugung zu gewinnen, dass in denselben keine stickenden Gase enthalten seien. Die Kerze erlischt in einer zum Athmen untauglichen Luft und es müsste sodann der Kessel so lange offen gelassen bleiben, bis diese schädlichen Gase entwichen sind. Während der Dauer der Kesselreinigung muss eine lebhafte Luftcirculation erhalten werden, um den zum Athmen und Brennen erforderlichen Sauerstoff zuzuführen und die Bleche vor Annahme der Feuchtigkeit (Schwitzen) zu bewahren. Die Mündungen der Kesselfüll- und der Speiserohre werden, wenn erforderlich, mit Holzstoppeln belegt, um zu verhindern, dass Salzkrusten oder andere Verunreinigungen hineinfallen und die Röhren verstopfen. Hiebei sind beim entsprechenden Schlammloch deutliche Zeichen zu machen, damit diese Stoppel bei sehr eiligem Schliessen der Kessel nicht darin vergessen werden. Wenn die Abschäumschale kein Sieb trägt, so ist dieselbe aus dem gleichem Grunde in ein Stück Leinwand einzubinden.

Kesselsteinkrusten, welche die Dicke einer Eierschale nicht übersteigen, können nicht als besonderer Nachtheil angesehen werden, weil ein ganz schwacher Ueberzug das Eisen vor dem Rosten schützt. Sollte auch der Heizwert des Bleches um einen geringen Percentsatz sinken, so wäre es doch nicht günstig, eine so schwache Kesselsteinkruste zu entfernen, weil die Bleche durch das Abklopfen leiden und sich in der allerkürzesten Zeit eine gleiche Kruste ansetzen wird. Je schwächer die Kesselsteinkrusten sind, desto schwerer sind sie zu entfernen. Insbesondere bei alten Kesseln, welche an vielen Stellen zweifelhafte Blechstärken aufweisen, muss in diesem Falle mit grosser Vorsicht vorgegangen werden, weil sich beim starken Salzklopfen die Rostschichte loslöst, welche oft das Schweissen verhindert und den Betrieb noch durch einige Zeit gestattet.

Dünne Kesselsteinkrusten sollten nur dort mit dem Schrapper abgelöst werden, wo sie leicht abblättern, um die selbsttätige Ablösung während des Betriebes zu verhindern. Wenn die Inkrustationen stärkere Dimensionen zeigen, so ist es notwendig, solche auf mechanischem Wege zu entfernen, d. h. den Kessel von innen zu reinigen. Dicke Salzkrusten vermindern die Qualität der Heizfläche bedeutend und verursachen deshalb einen Mehrverbrauch an Brennmateriale. Sehr dicke Inkrustationen endlich führen zu Ueberhitzungen des Bleches und zum Verbrennen der Kessel, weil diese Niederschläge schlechte Wärmeleiter sind. Sollte bei überhitztem Bleche die Salzkruste aus irgend einer Ursache springen und dem Wasser Zutritt zur glühenden Platte gestatten, so erscheint die Sicherheit des Betriebes durch die plötzliche Contraction des überhitzten Bleches und die rasche Dampfentwickelung gefährdet. Inkrustationen von 1 bis 1$^1/_2$ Linien sind dem sicheren ökonomischen Betriebe abträglich und müssen entfernt werden. Die Kesselsteinkruste wird so weit, als man gelangen kann, mit dem Schrapper abgekratzt, oder wo dies nicht gelingen sollte, mit dem Salzhammer durch leichte Schläge abgeklopft; das Personale ist dahin zu unterweisen, dass bei den Nietnaten und Ueberlappungen der Bleche vorsichtig zu Werke gegangen werden muss, um dieselben nicht zu lockern und Lecke zu verursachen. Auf die Nietenköpfe werden keine Schläge ausgeführt, damit sie die Rostschichte nicht abwerfen. Verankerungen sind abzukratzen und es darf auf dieselben keinesfalls geschlagen werden. Besondere Sorgfalt ist auf die Ecken und einspringenden Kanten zu verwenden, um sie vollständig zu reinigen und dort keine Niederschläge zu belassen. Die Salzhämmerhiebe dürfen am Kesselbleche nicht ersichtlich bleiben, weil sonst die nächste Inkrustation in diesen Kerben einen festeren Halt findet. Für schwieriger zugängliche Stellen müssen eigene Instrumente vorgerichtet werden, um die Kesselsteinkrusten auch von dort vollkommen zu entfernen.

Das Personale ist zu instruiren, jeden bemerkten Mangel sogleich zu melden und man sucht dasselbe von der Wichtigkeit und Notwendigkeit dieser Meldung insoweit zu unterrichten, dass Fehler nicht aus Furcht, einen Schaden verursacht zu haben, verheimlicht werden. Schadhafte Verankerungen, abgerostete Nieten oder Stehbolzenköpfe gefährden den Kesselbetrieb und es ist von Wichtigkeit, solche Mängel rechtzeitig zu erkennen.

Die Salzhüllen der Siederohre, welche nie beträchtlich sein werden, sucht man zu entfernen, indem man eine passende Stange zwischen den Rohrreihen durchführt. Stärkere Salzhüllen werden nach dem Kesselauspressen durch die Abkühlung selbsttätig abspringen und man hat nur Sorge zu tragen, dass derlei Inkrustationen nicht zwischen den Rohren hängen bleiben.

Die Inkrustationen der Feuerdecken werden durch die Mannlöcher an der Kesselstirnwand mit entsprechend geformten Salzmeisseln oder Schrappern losgebrochen und herabgeworfen und es müssen die Feuerdecken vollkommen gereinigt werden, weil hiedurch der Gefahr des Ueberhitzens, Blasenbrennens und Verbrennens der Bleche begegnet wird. Besondere Aufmerksamkeit muss den Aufbugwinkeln der Feuerdecke bei der hinteren Rohrplatte gewidmet werden, weil ebendort die Stichflamme des Feuers zur grössten Wirkung gelangt. Die Bleche sind ferner um die Verankerungen und hinter den Versteifungsbügeln aus dem gleichen Grunde besonders sorgfältig zu reinigen. Alle Inkrustationen, welche auf den Kesselboden gefallen sind, werden sodann mit Krücken durch das Schlammloch herausgezogen und es ist zu beachten, dass keine Verunreinigungen an den Stehbolzen zwischen den Feuerbüchsen hängen oder in Winkeln oder Ecken liegen bleiben. Der Kesselboden ist von den Kesselsteinkrusten und Splittern in allen Ecken und Winkeln vollkommen zu befreien, indem dieselben sonst während des Betriebes und auch durch Schwankungen ihren Weg in die Kesselfüllrohre finden und diese verstopfen.

Kessel, welche aus Oberflächen-Condensatoren gespeist werden, sind bei angemessener Behandlung von der Salzkrusten-Bildung ganz befreit, dafür tritt aber eine sehr starke Abnützung durch die Fettsäuren und deren Zersetzungsproducte ein, welcher nur durch vollkommene Rein- und Tröckenhaltung begegnet werden kann. Solche Kessel sollen, um der Zerstörung Einhalt zu thun, häufiger, wenn thunlich nach jeder Fahrt gereinigt werden, wobei aller Schlamm sorgfältig entfernt werden muss, welcher sich auf dem Streifen zwischen Wasser und Dampf abgesetzt oder auf den Feuerdecken und Kesselböden gelagert oder Klumpen gebildet hat. Man wäscht die Bleche sodann vortheilhaft mittelst eines starken Wasserstrahles aus, mit welchem man alle Theile des Kessels zu bespülen trachtet. Hiedurch wird der fettige Ueberzug von den Wänden abgeschwemmt und vom Kessel vollkommen entfernt. Für Kessel, die aus Einspritzcondensatoren gespeist werden, würde es auf die gleiche Weise möglich sein, Kesselsteinkrusten oder an schwer zugänglichen Stellen hängen gebliebene Splitter zu entfernen; doch ist diese Massregel nicht zu empfehlen, da die Kesselbleche hiebei neuerdings ganz benetzt werden, nachdem sie schon theilweise ausgetrocknet wurden. Man soll im Gegentheile trachten, den Kessel vollständig vor Feuchtigkeit zu bewahren, um denselben vor dem Verrosten zu schützen. Sind alle Kesselsteinkrusten und Splitter, dann der salzige Schlamm sowie alle Verunreinigungen aus dem Kessel entfernt, so muss zuerst der Kesselboden getrocknet werden. So lange Wasser am Boden steht, trocknen die Kessel nicht. Die Feuchtigkeit verdunstet vom Boden und setzt an der Decke und an den Wänden Wassertropfen ab, welche nach dem Trocknen Rostnarben am Bleche zurücklassen. Läuft das am Boden befindliche Wasser bei den offenen Entleerungshähnen nicht von selbst ab, so muss es ausgeschöpft und die Nässe mit Schwabbern aufgesaugt werden, welche an Feuerwerkzeuge gebunden sind. Dieses Austrocknen muss so lange fortgesetzt werden, bis sich der Kessel nicht mehr feucht zeigt. Ist nur eine kurze Betriebsunterbrechung gestattet, so werden jetzt die Mann- und Schlammlöcher bis auf eines der letzteren und das Mannloch an der Kesseldecke geschlossen. Wenn die Zeit es gestattet, so muss der Kessel ausgetrocknet werden, wie im nächsten Capitel besprochen werden soll.

Eine andere Methode, die Inkrustationen durch rasche Ausdehnung oder Zusammenziehung der Kesselbleche zum Losblättern zu bringen und zu entfernen, wird von Zunftgeistern traditionell als Geheimmittel anempfohlen und leider wirklich auch zeitweise angewendet. Dieses Verfahren muss bei dem Umstande, als es durch Einfachheit und kurze Zeitdauer jedenfalls empfehlenswert erscheinen könnte, erwähnt werden, um davor zu warnen. Diese Art der Reinigung wird nur auf Kosten der Dauerhaftigkeit und nicht ohne Gefahr für die Sicherheit des Betriebes der Kessel unternommen. Wird der Kessel nach dem Herausziehen und Ablöschen der Feuer gleich durchgepresst, die Aschenfall-, Heiz- und Rauchkammerthüren geöffnet und das Rauchregister offen gelassen, so erkalten die Bleche sehr rasch und werfen die Inkrustationen ab, welche sich in grossen Scheiben lösen und leicht abgekratzt werden können. Ja es sind uns Fälle verbürgt, dass Kessel unmittelbar nach dem Durchpressen mit kaltem Wasser gefüllt wurden, um den Salzstein nicht abklopfen zu müssen. Derlei Manipulationen dürfen auf keinen Fall und unter keiner Bedingung vorgenommen werden; man soll im Gegentheile so viel als möglich trachten, jeden raschen Temperaturswechsel zu vermeiden, weil hiebei leicht lecke Nietnaten, Ausbauchungen, Formveränderungen etc. entstehen können und eine Ueberanstrengung des Kesselbleches verursacht wird, welche nur zu Schaden führt, den Keim zur Zerstörung der Kesselstructur legt oder die Abnützung befördert. Ferner ist es möglich, dass Inkrustationen sich stellenweise nur lockern und erst später während des Betriebes abfallen, worauf sie den Kern zu Kesselsteinklumpen bilden, deren nachtheiliger Einfluss schon hervorgehoben wurde.

Die Kesselreinigung soll bei einem grösseren Kesselsatze stets in einer solchen Reihenfolge vorgenommen werden, dass ein oder zwei Kessel für den momentanen Bedarf bereit gehalten bleiben. Es werden also nur so viele Kesseltheile geöffnet, als mit dem disponiblen Personale unmittelbar in Angriff genommen werden können und erst, wenn dieselben gereiniget, geschlossen und wieder diensttauglich sind, können weitere Kesseltheile in Angriff genommen werden.

Die Dauer der Kesselreinigung hängt von der Construction, von dem Zustande derselben und von der grösseren oder geringeren Aufmerksamkeit ab, mit welcher die Reinigung vorgenommen wurde. Man soll nie versäumen, die Kessel gründlich zu reinigen und dehne die Reinigung des ganzen Kesselsatzes lieber auf eine längere Zeit hinaus, statt dieselben in kurzer Zeit oberflächlich zu vollziehen, wie oft verlangt wird. Ein Kessel, dessen Heizflächen noch theilweise Salzkrusten tragen, in dessen Ecken noch Verunreinigungen liegen, zwischen dessen Röhren und Feuerbüchsen noch Kesselsteinkrusten hängen, kurz ein Kessel, welcher mit ungenügendem Personale in ungenügender Zeit ungenügend gereinigt werden musste, ist eine Gefahr für den Betrieb und der Dauerhaftigkeit des Kesselsatzes abträglich. Zugänglichkeit aller Theile, Verankerungen, welche die Reinigung nicht hindern, ein genügendes Personale und das Zugeständniss der erforderlichen Zeit, eine genaue Beaufsichtigung bei der Durchführung sind die besten Garantien für eine gründliche Kesselreinigung. Eine gründliche Reinigung und die Trockenhaltung der Kessel, eine fachkundige Verwendung dieses theueren Materiales, welche kein den Kesseln directe schädliches plötzliches Verschärfen der Feuer oder momentanes Unterbrechen der Dampfentwickelung durch Oeffnen der

Rohrthüren oder übermässiges Aufpumpen mit kaltem Wasser notwendig macht — (wenn sie auch die Kessel im regelmässigen Betriebe bis an die Grenze der Leistungsfähigkeit anstrengt) — ist die beste Garantie für den ökonomischen und sichern Betrieb und die Dauerhaftigkeit eines Kesselsatzes.

Untersuchung nach der Kessel-Reinigung.

Nach jeder vollendeten Reinigung sind die Kessel einer eingehenden Untersuchung zu unterziehen, bei welcher deren Zustand von aussen und innen sowie die richtige Stellung aller Armaturstheile erkannt werden soll. Der Kessel muss zu diesem Zwecke befahren werden und man beachte, dass die Inkrustationen in allen Theilen vollkommen entfernt, die Bleche des Feuerkanals an der hinteren Wand rein abgekratzt und die Salzkrusten hinuntergestossen wurden, dass überhaupt nirgends an den Stehbolzen, zwischen den Siederohren und auf den Feuerdecken Kesselsteinkrusten liegen geblieben sind. Die Abschäumschalen müssen normal im Niveau der Siederohre liegen und man muss beachten, dass dieselben weder tiefer noch höher zu liegen kommen, weil man sonst Gefahr lauft, den Kessel bis unter das normale Wasserniveau abzuschäumen oder Dampf abzublasen, wodurch ein indirecter Verlust an Heizmateriale verursacht wird. Die Siebe der Schalen sind zu reinigen oder auszubinden oder der Stoppel herauszunehmen. Reichen Theile der Armatur, wie z. B. directe Belastungen der Sicherheitsventile, Alarm- oder Wasserstandsschwimmer in den Dampfraum, so müssen sie nun untersucht werden. Die Tragstangen dürfen weder verbogen noch verrostet sein und die Befestigung der Schwimmer oder Gewichte muss genügende Sicherheit bieten. Sind vom Wasserstand innerhalb des Kesselkörpers Rohre in den Dampf- und Wasserraum geführt, um das Wasserniveau von localen Schwankungen unabhängiger zu machen, so muss nachgesehen werden, dass diese Röhrchen nicht verstopft oder abgebogen sind. Die Mündungen der Kesselspeise- und Füllrohre sind gleichfalls zu reinigen und die Stoppel abzunehmen, wobei das entsprechende Zeichen „Stoppel darin" auszulöschen kommt.

Man hat darauf zu sehen, dass in dem Kessel nicht Werg, Arbeitskleider, Holzstücke, Lampen oder Werkzeuge zurückgelassen wurden. Die Kesseldecke um das Mannloch ist freizuhalten, dass sich keine Gegenstände in der Nähe befinden, welche durch irgend

einen Zufall hineinfallen könnten. Die Decke der Feuerbüchse und
besonders der Aufbugwinkel an der Rohrwand müssen vollkommen
von Inkrustationen befreit sein. Zwischen den Feuerbüchsen dürfen
keine Salzkrusten hängen, auf der Feuerdecke kein Werg oder
Putzfetzen liegen.

Die Kesselsteinkrusten und der salzige Schlamm, sowie alle
Unreinigkeiten müssen .von dem Kesselboden vollkommen herausgezogen und derselbe ganz aufgetrocknet sein. Die dichtenden
Flächen der Mann- und Schlammlochdeckel sollen rein abgekratzt
sein, damit der Hanfzopf oder Plattengummi gut aufliege. Nach
vollendeter Reinigung ist gleichzeitig der Zustand des Kesselmantels
und der Feuerbüchsen, sowie der Verankerungen zu beachten.
Man hat sich hiebei durch das im I. Capitel, „Untersuchen der
Kessel", und im Capitel „Kessel-Abnützung" Gesagte leiten zu
lassen. Verankerungen, welche behufs Reinigung abgenommen
wurden, oder welche sich fehlerhaft gezeigt haben, müssen nach
vollendeter Reinigung und Untersuchung eingehängt und gut
befestiget werden. In den Feuerbüchsen ist auf eventuelle Formveränderungen genauestens zu sehen und festzustellen, ob das
Kesselblech keine Blasen oder Risse zeigt ; ferner ob die Nietnaten
fehlerhaft oder Köpfe der Verankerungen oder Nietenköpfe locker
sind oder gar fehlen. Formveränderungen werden besonders an
Verankerungsbolzen sichtbar werden, deren Köpfe dann in das
Blech hineingedrückt erscheinen. Ausbauchungen verankerter Wände
sind gewöhnlich eine Folge von mangelhaften oder abgerosteten
Verankerungen und es muss die Ursache eines solchen Vorfalles
untersucht werden, um weiterem Schaden vorzubeugen.

Bei kleinen Kesseln wird häufig der Kesselmantel von der
Stirnwand losgeschraubt und die Feuerbüchse sammt den Siederohren behufs Reinigung herausgezogen, hiebei müssen selbstverständlich nach Bedarf einzelne Befestigungen losgenommen und
nach vollbrachter gründlicher .Reinigung wieder eingesetzt werden. Die Stirnwand-Flanschen werden mit Minium abgedichtet
und man hat acht zu haben, dass sich die Oeffnungen für die
Probirhähne, Wasserstandszeiger etc., welche allenfalls nahe der
Kesselwand angebracht sind, nicht mit Miniumkitt verlegen.

Wurde der Kesselboden · nicht mehr nass befunden und
haben sich keine weiteren Mängel gezeigt, so muss der Kessel
durch Wärme getrocknet werden, wenn die Zeit es gestattet und
sich als vortheilhaft zeigt. Ist dies nicht der Fall, so werden die
Mannlöcher in der Höhe der Feuerdecken gedichtet und durch die

Schlammlöcher und das Mannloch an der Kesseldecke eine Luftcirculation gestattet, bis auch diese Oeffnungen als Vorbereitung
für den Betrieb wieder geschlossen werden müssen.

Nach vollendeter Reinigung wird der Anstrich der Kesselwände und der Rohrleitung aufgefrischt und gleichzeitig werden
alle Theile der Armatur gereinigt und blank gemacht. Hierauf
müssen im Hafen alle jene Reparaturen und Verbesserungen vorgenommen werden, welche sich während des Betriebes als notwendig oder wünschenswert gezeigt haben. Feuerwerkzeuge,
Aschenkübel und Kohleneimer müssen untersucht und in Stand
gesetzt, die Lampen gereiniget und hergerichtet, fehlerhafte
Armaturstheile verbessert werden. Aschenfall-, Heiz- und Rauchkammerthüren, sowie die Rauchregister sind in ihren Angeln leicht
gangbar zu erhalten und die Sicherheits- und Absperrventile, sowie
alle anderen Theile der Kesselarmatur zeitweise zu bewegen,
damit sich dieselben nicht festsetzen. Das Personale kann ausserdem
noch zur Erzeugung von Fussmatten, zum Besenbinden, Tressen-
flechten und andern Arbeiten verwendet werden, welche, wenn-
gleich nebensächlich, doch notwendig sind.

Werden Armaturstheile Reparaturen halber demontirt, so soll
man nicht versäumen, diese Gelegenheit zur Heranbildung des
Personales zu verwenden, die innere Einrichtung und den
zweckentsprechenden Zusammenhang der einzelnen Theile zu
erklären und dasselbe mit allen Speise- und Sicherheitsvorrichtungen vollkommen vertraut zu machen. Es ist zur Sicherheit
des Betriebes sogar notwendig, sich zeitweise von dem richtigen
Zustande der Sicherheitsvorrichtungen zu überzeugen und man
vertheile diese Untersuchung so über einen gewissen Zeitraum,
dass innerhalb desselben alle Theile, als : Sicherheitsventile,
Wasserstandsgläser, Speise-, Abschäum- und Durchpresswechsel
und die Kesselbodenwechsel nachgesehen werden können.

Kessel-Trockenlegung.

Um die Kessel vor rascher Zerstörung zu bewahren, muss
bei Betriebsunterbrechungen die grösste Sorgfalt aufgeboten werden,
die Kesselwände von innen vollkommen trocken zu legen. Feuchtigkeit ist der grösste Feind des Eisenbleches, indem sie bei Luftzutritt das Verrosten befördert und eine rasche Abnützung verursacht. Die Kessel werden nach vollendeter Reinigung mit geöffneten

Mann- und Schlammlöchern ausgetrocknet, indem man in einer oder zwei Feuerungen die ersten Rostlagen aushebt und die sogenannten Feuerkörbe oder Trockenöfen mit Kohlenfeuern einsetzt. Heiz- und Aschenfallthüren müssen dabei gut geschlossen bleiben und es sind selbst jene, wo die Trockenöfen aufgestellt sind, nur soweit geöffnet zu halten, dass der erforderliche Luftzutritt stattfinden kann. Es soll nämlich durch die Feuerungen keine rasche Luftcirculation an den Heizflächen stattfinden, welche die Erwärmung der Kesselbleche und die Verdunstung der Feuchtigkeit verhindert. Auch der Kesselmantel soll vor Abkühlung geschützt werden, weshalb man während des Trocknens die Kessellucken und Windfänge mit Vortheil ganz oder theilweise verdeckt. Zwei Feuerkörbe in einem Kessel sind vortheilhafter, weil die hervorgerufene Ausdehnung gleichmässiger stattfindet und es muss dieses bei der Aufstellung berücksichtigt werden. Wenn nur ein Trockenofen per Kessel beigestellt werden kann, so muss er zeitweise umgesetzt werden, um den Kessel allmählig und gleichmässig zu erwärmen. Aus diesem Grunde dürfen auch die Feuerkörbe nicht übermässig geheizt werden, um keine intensive Hitze zu entwickeln. Das Austrocknen muss den Umständen angemessen 30 bis 40 Stunden fortgesetzt werden, bis die Kesselwände ganz getrocknet sind und die Bodenbleche die Feuchtigkeit abgegeben haben, wobei der sich entwickelnde Dunst beim Mannloch an der Kesseldecke abzieht. Hat man die Ueberzeugung, dass der Kesselboden schon trocken ist, so werden die Mannlochdeckel in der Höhe der Feuerdecken eingesetzt und gedichtet.

Die Methode der Trockenöfen begegnet verschiedenen gerechtfertigten Einwürfen. Die Operation des Kesseltrocknens wird durch den Umstand, dass die durch Feuerkörbe entwickelte Wärme in einem sehr ungünstigen Verhältnisse zu der an den Kesselblechen haftenden Feuchtigkeit steht, auf eine lange Zeitperiode ausgedehnt. Sucht man die Zeitdauer abzukürzen, so verfehlt man den Zweck und die Kesselbleche bleiben unter der Rostschichte doch noch feucht; entwickelt man aber lebhafte Feuer, so leiden die Feuerbüchsen durch ungleiche Ausdehnung, wenn nicht in jedem Aschenfalle ein Feuerkorb aufgestellt werden konnte, wie es wünschenswert ist. Die Hitze ist in einem kleinen Raume concentrirt und vertheilt sich nicht so gleichmässig an den Kesselkörper. Durch die Höhe des Feuerkorbes wird ferner die intensivste Hitze zu nahe der Feuerdecke und ungleiche Ausdehnungen hervorgerufen, was nicht zuträglich ist.

Ein anderes Verfahren, die Kessel vollkommen auszutrocknen, welches den angeführten Einwürfen in geringerem Masse ausgesetzt ist, dafür jedoch eine gewissenhaftere Ausführung und fachkundige Ueberwachung erfordert, ist die Trockenlegung mittelst **Feuer auf den gedrückten Rosten.** Es werden hiezu die Roststäbe der ersten Rostlage aller Feuer ausgehoben und auf dem Aschenfall mittelst der Rostträger oder mittelst Ballasteisen aufgelegt, wodurch man eine Rostfläche, welche 6 bis 8 Zoll über den Aschenfallboden steht, darstellt. Der Rost darf nicht bis an die Seitenwände des Aschenfalles reichen und man lässt für 3 oder 4 Roststäbe Raum zu beiden Seiten frei. Auf diesem gedrückten Roste wird nun, und zwar in allen Feuerungen eines Kessels, ein leichtes Holzfeuer entwickelt, welches allmählig und gleichmässig mit Kohle gedeckt wird, dabei bleiben die Aschenfallthüren nur so weit geöffnet, um den zu einer langsamen Verbrennung erforderlichen Luftzutritt zu gestatten. Man wählt zu diesem Verfahren eine Kohlengattung, welche wenig bituminös ist und daher keine lange Flamme entwickelt, damit die Siederohre und Heizflächen wenig berusst werden. Der Zug muss so regulirt werden, dass die Feuer nur mit geringer Intensität brennen, damit die Kesselbleche keinesfalls durch rasche Ausdehnung leiden und die Dichtung der Siederohre in den Rohrplatten sich nicht lockert. Die Feuer dürfen nur sehr langsam entwickelt werden, damit der Kessel sich in allen seinen Wänden gleichmässig erwärme. Die Heizthüren werden etwas offen gehalten, damit die Flamme durch die eintretende Luft von der Feuerdecke abgedrückt werde und sich diese nicht zu sehr erhitze. Nachdem alle Mann- und Schlammlöcher offen sind, so kann durch Befühlen mit der Hand controlirt werden, ob die Kesselbleche sich gleichmässig erwärmt haben. Zeigt sich ein Feuer zu scharf, so ist es zu dämpfen, um ungleichförmigen Ausdehnungen vorzubeugen. Obwohl die Luft ein schlechterer Wärmeleiter ist, so wird es doch nach Verlauf von mehreren Stunden möglich sein, den Kessel vollkommen und gleichförmig zu erwärmen, wobei die ganze Operation auf das Gewissenhafteste und Sorgfältigste überwacht werden muss. Der Kesselkörper leidet hiedurch bei sorgfältiger Ueberwachung nicht mehr, als während des Betriebes und besonders beim Anheizen, wobei sich die Kesselbleche rascher und zwar ziemlich ungleichmässig erwärmen. Der Kesselboden mag manchmal noch ganz kalt sein, wenn an der Oberfläche schon Dampf entwickelt wird, weil das Wasservolumen unter dem Aschenfallboden im Beginne schwer in die Circulation des Kesselwassers einbezogen wird. Das erwärmte Wasser steigt als specifisch leichter empor und es muss das Volumen unter dem Aschenfallboden erst durch wärmeres ersetzt werden. In dem Masse, als die Kesselbleche beim Trocknen sich erwärmen, wird die anhaftende Feuchtigkeit verdampfen und bei dem geöffneten Mannloche als Dunst abziehen. Man suche das Austrocknen so langsam als nur möglich herbeizuführen, weil nur dadurch ungleichmässige Erwärmungen der Kesselbleche vermieden werden. Lebhafte Feuer schaden den Siederohr-Dichtungen und überhitzen die Feuerdecken. Sind die Kesselwände alle gleichmässig erwärmt, wobei 40 bis 45 Grad C. als mittlere Trocken-Temperatur bezeichnet werden kann, bei welcher die Nässe rasch und genügend verdunstet, so werden die mittleren Mannlöcher eingehoben und gedichtet und das Mannloch an der Kesseldecke mit einer Blechtafel zugedeckt, damit sich die Luft im Kessel mehr erwärme und Feuchtigkeit des Kesselbodens und der entfernteren Ecken vollkommener verdampfe. Zeitweise wird das Blech vom Mannloche abgehoben, damit die mit Dünsten geschwängerte Luft frei abziehen kann.

Das Kesselaustrocknen muss fortgesetzt werden, bis die Kesselbleche vollkommen trocken sind, was je nach der Grösse und dem Zustande der Kessel mehr oder weniger Zeit beanspruchen wird. Als mittlere Dauer einer solchen Trocknung können 20 bis 30 Stunden angesehen werden. Hat man sich genau überzeugt, dass der Kessel gut ausgetrocknet ist, so lässt man die Feuer herabbrennen und schützt den Kessel vor rascher Abkühlung, indem man die Heiz-, Aschenfall- und Rohrthüren gut geschlossen hält.

Die Methode der Kesseltrocknung durch Feuer auf gedrückten Rosten wird bei zweckmässiger Ausführung und gewissenhafter Ueberwachung die Kessel rascher und gleichmässiger erwärmen, die entwickelte Wärme steht in keinem so ungünstigem Verhältnisse zu der verdunstenden Feuchtigkeit und es wird der angestrebte Zweck eher und gründlicher erreicht als bei der Methode der Trockenöfen, der Kessel endlich wird bei letzterem Verfahren mehr in Anspruch genommen, weil die Feuer concentrirter und der Feuerdecke näher sind als auf den gedrückten Rosten. Insbesondere, wenn Kessel für eine längere Zeitperiode aufgelegt, d. h. nicht betrieben werden sollen, ist die Methode der gedrückten Roste empfehlenswerter.

Burstyn's Verfahren der Kessel-Trockenhaltung.

Nach vollendeter Kessel-Reinigung wird die Feuchtigkeit des
Kesselbodens mit Schwabbern vollkommen aufgesaugt und durch
lebhafte Luftcirculation thunlichst aufgetrocknet und die Mann-
und Schlammlochdeckel zum Einheben vorbereitet. Man sucht
alle Arbeiten an den Armaturstheilen zu vollenden und hält diese
geschlossen. Hierauf wird wasserfreies Chlorcalcium in nuss- bis
faustgrossen Stücken auf flachen, 5 bis 6 Zoll hohen Tragen bei
den Schlamm- oder Mannlöchern eingeschoben und deren Deckel
gedichtet, so dass der Kessel vollkommen geschlossen ist und keine
Luft zutreten kann. Da das wasserfreie Chlorcalcium Wasser mit
grosser Begierde anzieht, so wird die im Kessel befindliche Luft
vollkommen trocken gehalten, und alle am Kesselblech befindliche
Feuchtigkeit verdunstet und vom Chlorcalcium absorbirt. Um die
Wirkung des Präparates besser zu ermöglichen, wird man trachten,
die Tragen gleichmässig im Kesselkörper zu vertheilen. Wurde
eine genügende Menge der hygroscopischen Masse eingesetzt, um
alle im Kessel enthaltene Feuchtigkeit zu binden, lecken die Unterwassertheile nicht und ist der Luft jeder Zutritt in den Kessel
verwehrt, so werden die Kessel zweifelsohne v o l l k o m m e n
t r o c k e n   e r h a l t e n und vor dem Verrosten von innen geschützt
werden. Doch darf man auch dem chemischen Präparat keine
Wunderkraft zutrauen und sich nicht verleiten lassen, den Kessel
mit feuchten Wänden und dem billigen Troste zu schliessen,
dass das Chlorcalcium aller Sorge und Arbeit überhebt. Man
trachte im Gegentheile die Kessel vorhergehend wo möglich durch
Wärme zu trocknen. Soll der Kessel nachfolgend wieder in Betrieb
gestellt werden, so muss man die Tragen mit dem Chlorcalcium,
welches durch die angesaugte Feuchtigkeit ganz oder theilweise
zerflossen ist, ausheben. Chlorcalcium, welches bereits eingesetzt
war, kann nachfolgend directe nicht mehr verwendet werden.
Man regenerirt dasselbe, indem man es vor dem Feuerablöschen
auf ein passendes flaches Gefäss giebt und auf den halb herab-
gebrannten Feuern eindampft, wobei das gebundene Wasser wieder
abgegeben wird. Diese Substanz, welche der Luft ausgesetzt, zer-
fliessen würde, muss stets in einem luftdicht verschlossenen Gefässe
aufbewahrt und kann nachfolgend wieder verwendet werden.

In der englischen Marine wurde ein Verfahren eingeführt,
welches gleichfalls auf dem Principe beruht, den Kessel durch das

Einsetzen einer hygroscopischen Masse vollkommen auszutrocknen und vor dem Verrosten zu schützen. Statt des Chlorcalciums wurden 2—3 Centner ungelöschter Kalk angewendet. Bei den ersten Versuchen wurden jedoch keine günstigen Resultate erzielt. Diese Anwendung des ungelöschten Kalkes ist insoferne kostspieliger und umständlicher, als unzweifelhaft ein viel grösseres Quantum der Masse angewendet werden muss und dieselbe nachfolgend nicht auf eine so einfache Weise regenerirt werden kann.

Sollte der Kessel durch längere Zeit vollkommen trocken erhalten bleiben, so wird es zeitweise notwendig sein, die hygroskopische Masse zu erneuern oder mindestens zu untersuchen, ob dieselbe nicht ganz zerflossen ist, da in letzterem Zustande keine Feuchtigkeit mehr angesaugt wird.

Mittel gegen Kesselstein.

Gar mannigfaltig sind die Mittel, welche, ersonnen und angewendet wurden, um die Bildung von Kesselsteinkrusten hintanzuhalten und die durch dieselben hervorgerufenen Nachtheile zu vermeiden. Von der Anwendung der Soda und Pottasche oder andern chemischen Ingredienzien an, deren Wirkung vollkommen bekannt ist, bis zu Baker's Anti-Inkrustator, über dessen Art der Functionirung der Erfinder selbst in einem glücklichen Dunkel schwebte bis ihn endlich die Erfahrung der Mühe überhob, dessen Wirkungsweise zu erklären, wurden unzählig viele Mittel vorgeschlagen, welche in den meisten Fällen dahin wirken sollten, die in Lösung befindlichen Salze chemisch zu verwandeln oder mechanisch zu umhüllen, um auf diese Weise zu verhindern, dass dieselben sich als Kruste absetzen und zu bewirken, dass selbe einen schlammartigen Bodensatz oder Schaum bilden, der zeitweise entfernt werden kann. Kleie und Kartoffel, Thonerde und Talg, Oel und Gerbsäure, Molassen und Dextrin wurden und werden noch vorgeschlagen und verwendet, oder als Geheimmittel, Kesselsteinpulver etc. angepriesen. Wilson versichert, dass ganze Ferkel, Hunde oder Kaninchen in die Kessel gegeben wurden, um durch die ausgekochten Fette die Bildung von Kesselstein zu verhindern. Das gelbe natürliche Nadelholzpech (Baumharz) darf nicht vergessen werden, welches letztere wirksam sein soll, die Kesselsteinkrusten loszulösen und die Kessel von innen mit einem rostverhindernden fetten Anstrich zu versehen. So mannigfaltig die angeführten und viele andere Mittel gegen den Kesselstein waren, so sicher ist es auch, dass bei den verschiedenen Gattungen von Speisewassern keines allgemein zweckentsprechend sein konnte. Für Schiffskessel hat sich bis nun kein chemisches oder mechanisches Mittel Geltung verschafft, um die Bildung von Kesselsteinkrusten hintanzuhalten und man ist daher angewiesen, durch Abschäumen und theilweises Durchpressen den Salzgehalt unter einem Saturationsgrad zu erhalten, welcher eine entschiedene Krustenbildung als notwendige Folge hätte. Es wird hiebei im abgeschäumten Wasser beim normalen Saturationsgrad ebensoviel jener Salze, welche am schädlichsten sind, aus dem Kessel entfernt, als durch das Speisewasser eingeführt werden. Der Saturationsgrad wird daher für die Summe aller Salze nicht steigen. Nachdem jedoch, wie früher auseinander gesetzt wurde, von einigen Salzen ein Theil sofort aus der Lösung fällt, wenn Speisewasser in den Kessel tritt und eine Temperaturserhöhung erfährt, weil dieselben im warmen Wasser nur in geringerem Masse löslich sind, so wird sich stets ein Theil der Salze niederschlagen und Inkrustationen bilden, wenn auch im vermehrten Masse abgeschäumt werden würde. Diese Niederschläge müssen daher zeitweise auf mechanischem Wege entfernt werden um die Bildung von dicken Kesselsteinkrusten zu verhindern.

Den fremden Bestandtheilen, welche sich im Seewasser vorfinden, und in wie weit sie zur Bildung von Inkrustationen beitragen, wurde ein eigenes Capitel gewidmet, auf welches hier gewiesen werden muss. Als der schädlichste Bestandtheil wurde der schwefelsaure Kalk oder Gyps hervorgehoben, welcher zunächst Veranlassung zur Bildung von Inkrustationen giebt und denselben Cohärenz verleiht. Das Martin'sche Anti-Inkrustationsmittel suchte der Kesselsteinbildung dadurch vorzubeugen, dass dem Kesselwasser eine entsprechende Menge kohlensauren Natrons (gebräuchlicher Soda) zugesetzt wurde, welcher zur Bildung von kohlensauren Kalk (Kalk oder Kreide) und schwefelsauren Natron (Glaubersalz) führt. Der kohlensaure Kalk scheidet sich pulverartig oder in Schuppen ab, wie bereits erwähnt wurde, und wird durch das Aufwallen des Kesselwassers in der Circulation erhalten, abgeschäumt, oder scheidet sich an ruhigen Stellen wie am Kesselboden als pulverförmiger Schlamm ab, der leicht zu entfernen ist. Das schwefelsaure Natron ist im Wasser in grösserem Masse löslich und führt nicht zu festen Niederschlägen. Der chemische Vorgang ist daher demjenigen ähnlich, welcher die Einführung der Pottasche begleitet und sich bei geringen Speisewassern

mit Vortheil verwenden lässt. Dieses Mittel könnte, wenn dessen
Anwendung nicht Veranlassung zu Uebelständen anderer Art
führen würde, bei angemessener Verwendung den angestrebten
Zweck erreichen, die Kesselsteinkrustenbildung hintanzuhalten und
dafür, obwohl eine grössere Menge, jedoch leicht zu entfernenden
Schlammes hervorzurufen. Allein das Eisenblech wird durch
das gebildete schwefelsaure Natron im erhöhten Masse angegriffen
und dadurch eine vermehrte Bildung von festhaftendem Roste
begünstigt, der einer weiteren Abnützung als Deckmantel dient.
Andererseits wird durch die Wechselwirkung des schwefelsauren
Natrons und des in Lösung befindlichen kohlensauren Kalkes bei
durch das Speisewasser eingeführten Fetten eine unlösliche Kalk-
seife gebildet, welche sich an den Kesselwänden absetzt und zu
Ueberhitzung der Heizflächen führen kann, oder ein Ueberkochen
des Kesselwassers zur Folge haben wird. Bei Anwendung des
Martin'schen Mittels, oder was das gleiche bedeutet, der Soda,
wird ferner im Kesselwasser eine grosse Menge von Flocken und
Schuppen von kohlensaurem Kalke in Lösung gehalten, welche bei
Kesseln, die nasse Dämpfe liefern, als weiteren . Nachtheil die
Verunreinigungen in die Schieberkästen und Cylinder überführen, eine
rasche Abnützung der gleitenden Theile verursachen, die Packung
an den Stopfbüchsen verderben oder die Armaturtheile verunreinigen.

Soda wird dem Kesselwasser seit Einführung der Oberflächen-
condensatoren zugesetzt, um den schädlichen Einfluss der Fettsäuren und deren Zersetzungsproducte hintanzuhalten. Die hiezu
erforderliche Menge Soda ist jedoch so gering, dass die oben
erwähnten nachtheiligen Folgen nicht aufzutreten scheinen. Werden
die Kessel aus Oberflächen-Condensatoren gespeist, so
werden durch dasselbe regelmässig keine Salze eingeführt und die
Ablagerung von Kesselsteinkrusten vollkommen hintangehalten.

Kessel-Conservirung.

Das Eisenblech kann nur verrosten, wenn der zu seiner Oxydation erforderliche Sauerstoff zutreten kann. Es ist daher für den Process der Verrostung der Zutritt der atmosphärischen Luft eine Hauptbedingung. Man kann Eisentheile vor dem Verrosten schützen, wenn man selbe mit einer Schichte Fett umgibt, welche der atmosphärischen Luft den Zutritt verwehrt. Maschinentheile, welche versendet oder in Magazinen durch längere Perioden aufbewahrt werden sollen, werden mit einem Anstrich aus Unschlitt und Bleiweiss versehen. Die Kesselwände werden von aussen mit einem doppelten Miniumanstrich versehen, welcher dem gleichen Zwecke dient, und das Verrosten dadurch hintanhält, dass die Miniumschichte der atmosphärischen Luft keinen Zutritt gestattet und die Feuchtigkeit abhält. In der englischen Marine wurden die Kessel einer Gruppe von Kanonenbooten bei ihrer Ausserdienststellung versuchsweise mit Leinöl vollgepumpt und dasselbe nach Verlauf mehrerer Stunden wieder abgelassen. Es blieb hiebei im Kessel eine so grosse Quantität Leinöl zurück, dass die Bleche, wenn das Leinöl sich gleichmässig über alle Kesselwände vertheilt hat, einen ziemlich dicken Anstrich oder Ueberzug tragen müssen. Wurden die Kessel, wie vorauszusetzen ist, vorher gereinigt und gründlich ausgetrocknet, so lässt diese Methode anhoffen, dass die Kesselwände selbst durch lange Zeit vollkommen vor dem Verrosten von innen geschützt bleiben.

Es ist eine wissenschaftliche und durch Versuche festgestellte Thatsache, dass Eisen in Lösungen kohlensaurer Alkalien vor dem Verrosten vollständig gewahrt bleibt. Dieser Umstand erklärt, dass Kessel, welche mit fast chemisch reinen Wasser betrieben werden, sich rascher abgenützt zeigen. als solche, bei welchen man salzehältiges Speisewasser verwendete, welches zu Inkrustationen führte und häufig Reinigungen notwendig machte. Aus demselben Grunde . ist Soda an und für sich der Erhaltung des Kesselbleches nicht abträglich.

Auf ähnliche Weise erklärt sich eine Methode der Kessel-Conservirung, welche in der englischen Marine erprobt und als „nasse Methode" angeordnet wurde. Der Kessel wird bis oben mit Seewasser aufgefüllt und man muss bedacht sein, an den höchsten Stellen Löcher anzubohren, damit nirgends an der

Decke Luftblasen zurückbleiben, wo das Rosten um sich greifen könnte. Sodann wird feingesiebter ungelöschter Kalk (1 Cub.-Fuss für je 154 Cub.-Fuss Kesselraum) hineingegeben und das Mannloch an der Kesseldecke geschlossen. (Für einen Kessel des Casemattschiffes Custozza wären nur 9 Cub.-Fuss bedingt).

Grosses Zutrauen wird der Kessel-Conservirung durch A u f - f ü l l e n m i t S e e w a s s e r entgegen gebracht, und zwar empfiehlt sich diese Methode scheinbar deshalb, weil sich die Kesselwände nach erfolgter Reinigung durch sehr lange Zeit augenscheinlich gut erhalten, ohne festhaftenden Rost anzusetzen. Die Bleche scheinen nur mit einem Anstrich von Rostfarbe überzogen. Diese Methode hat gleich der vorigen die Schwierigkeit, den Kessel wirklich vollkommen aufzufüllen und — gefüllt zu erhalten. Vermöge des täglichen Temperaturwechsels und der verschiedenen Ausdehnung des Eisens und Wassers wird es unmöglich sein, den Kessel vor Luftblasen an der Kesseldecke zu bewahren und dort schreitet die Zerstörung doppelt so rasch fort. Ferner sichert die Thatsache, dass sich kein festhaftender Rost gebildet habe, nicht vor der Abnützung des Kesselbleches. Der Rost wird durch das Wasser abgelöst und als brauner Schlamm am Kesselboden abgelagert, wo derselbe bei der Entleerung des Kessels entfernt wird und sich der Beobachtung entzieht. Und es ist fraglich, in welchem Falle mehr Eisen zerstört wird, wenn sich durch die trockene Auflegung mit offenen Mann- und Schlammlöchern festhaftender Rost bildet oder dieser bei der nassen Methode sich als Schlamm am Kesselboden ablagert.

Ein Verfahren der Kesselauflegung, welches den grössten Nachtheil in den am Eisenblech haftenden löslichen Salzen erblickte, wurde versuchsweise jedoch mit geringem Erfolge angewendet. Die Kessel wurden mit Süsswasser ausgekocht und nach erfolgter Trocknung mit offenen Mann- und Schlammlöchern belassen.

Wir benützen diese Gelegenheit, um hier zu erwähnen, dass kein Verfahren der Kesselerhaltung ausser dem der absoluten Rein- und Trockenhaltung als allgemein erspriesslich anempfohlen werden kann. Die von der englischen Admiralität entworfene Vorschrift für den Maschinendienst auf den englischen Kriegsschiffen giebt dieser Anschauung Raum, indem es dem Maschinenleiter anheimgestellt wird, unter den dort empfohlenen die nach den Umständen zweckmässigste Methode der Kesselerhaltung zu wählen.

Eisenblech verrostet bei anhaftender Feuchtigkeit im erhöhten Masse, wenn Luft zutreten kann. Kessel, welche durch lange Zeit ausser Betrieb gestellt und vor dem Verrosten bewahrt werden sollen, müssen daher gründlich gereiniget, vollkommen getrocknet und geschlossen gehalten werden. Werden derartige Kessel aus irgend welcher Ursache wegen Unzulänglichkeit des Personales oder mangelnder Zeit, aus Nachlässigkeit oder Unverständniss in Bezug auf Rein- und Trockenhaltung vernachlässigt, so darf es nicht Wunder nehmen, dass dieselben durch Verrosten einer rapiden Zerstörung entgegen gehen. Rein- und Trockenhaltung ist die erste Bedingung einer guten Kesselerhaltung.

Seewasser greift das Eisen directe und in grösserem Masse bei höherer Temperatur an, wozu wohl in erster Linie die in demselben enthaltene atmosphärische Luft und die schwefelsauren Verbindungen beitragen. Es ist daher der Dauerhaftigkeit der Kessel directe schädlich, dieselben ohne Grund zu füllen und gefüllt zu halten, und es sei besonders hervorgehoben, dass alle Kessel nach der Verwendung vollkommen auszupressen und durch den Kesselbodenhahn zu entleeren sind, wenn sie nicht am nächsten Tage wieder verwendet werden sollen.

Die Methode, Kessel nach erfolgter Reinigung und Trockenlegung mit offenen Schlammlöchern und geöffnetem Mannloch an der Kesseldecke aufzulegen, ist nicht darauf berechnet, dem Verrosten der Kesselwände vollkommen Einhalt zu thun. Denkt man sich ein mit Wasserdampf gefülltes Gefäss und in demselben ein Eisenblech, so wird daran keine Feuchtigkeit abgesetzt, so lange letzteres dieselbe Temperatur zeigt als der Wasserdampf. Wird aber die Platte abgekühlt, so schlägt sich an derselben die Feuchtigkeit in Wasserbläschen nieder, es condensirt der Dampf an der Platte. Wird sie dann wieder erwärmt, so verdampft die Feuchtigkeit bis auf einen Theil, welcher durch den Rost gebunden wird, der sich bei Anwesenheit von Luft am feuchten Blech gebildet hat. Der gleiche Vorgang findet in einem mit offenen Schlammlöchern aufgelegten trockenen Kessel durch die Temperaturs-Differenzen der atmosphärischen Luft statt, welch' letztere stets Wasserdämpfe enthält. Die Luft circulirt frei durch den Kesselraum und es wird die Feuchtigkeit der Kesselbleche verdunsten, wenn diese, wie bei der Kesseltrocknung, erwärmt werden. Sind die Kesselwände kühler als die circulirende Luft, so wird der Wasserdampf sich an denselben niederschlagen und Feuchtigkeit absetzen, eine Thatsache, welche bei feuchtem, nebeligem Wetter im erhöhten Masse auftritt und als Schwitzen der Kesselbleche beobachtet wird. Das Eisenblech wird nie trocken sein, weil die angesaugte Feuchtigkeit nicht wieder verdampft, da sie der Rost als hygroscopische Masse gebunden hält. Wird man dessen durch den Augenschein auch nicht gewahr, so genügt es, die oberste Rostschichte zu entfernen, um zu ersehen, dass das metallische Eisen unter derselben feucht ist und jenen rostbraunen Spiegel zeigt, welcher Roststellen kennzeichnet. Das Eisen rostet im feuchten Zustande rascher, weil die Wasserschichte die atmosphärische Luft aufsaugt und der Eisenfläche zur Oxydation zuführt. Die Feuchtigkeit ist also der Träger des Sauerstoffes, der zweite Feind des Kesselbleches. Nach vollendeter Reinigung sind die Kesselwände stets feucht, weil der durch den Athmungsprocess, die brennenden Lichter etc. entwickelte Wasserdampf sich an den Kesselwänden niederschlägt, von der Rostschichte aufgesaugt wird und von selbst nicht vollständig wieder verdampft. Der Kessel muss daher nach dem Salzklopfen durch Wärme trocken gelegt werden.

Nach erfolgter Trocknung sollen die K e s s e l g a n z g e s c h l o s s e n und die Luftcirculation unterbrochen werden. Welche Wirkung soll letztere haben? Ist der Kessel durch Wärme gut getrocknet, so kann ja keine Feuchtigkeit verdunsten und, wenn die Mann- und Schlammlöcher geschlossen sind, keine Nässe eindringen.

Eine kurze Betrachtung wird den Einfluss des freien Luftzutrittes beim Verrosten des Eisens klar machen. Denkt man sich ein würfelförmiges Gefäss aus sechs Eisenblechen von je 1 Quad.-Fuss zusammengesetzt, so wiegt die enthaltene Luft (1 C.-Fuss) 2·43 Loth, davon ist $2·43 \times 0·23 = 0·5589$ Loth Sauerstoff. Unter der Annahme, dass sämmtlicher enthaltener Sauerstoff zur Oxydation des Eisens verwendet werde, wobei bei Bildung von Eisenoxyd $(Fe_2 O_3)$ 56 Theile Eisen, 24 Theile Sauerstoff aufnehmen, können mit der im Gefässe enthaltenen Luft $0·5589 \times {}^{56}/_{24} = 1·3041$ Loth $= 0·0408$ Pfund oder dem Volumen nach ${}^{0·0408}/_{0·249} = 0·163$ Cub.-Zoll Eisen verrosten, wodurch bei der dem Verrosten ausgesetzten Fläche von 6 Quad.-Fuss ein lineares Abrosten von 0·0023 Wiener Linien verursacht erscheint. Es sind also 435 Luftfüllungen erforderlich, um eine Linie Blechstärke abzurosten. Dieses Verhältniss wird um so ungünstiger, je grösser das betrachtete Gefäss ist, weil die exponirte Fläche im quadratischen, der Rauminhalt im cubischen Verhältnisse wächst. Analog wird 1 Cubikmeter mit e i n e r Luftfüllung 0·016 Millimeter (0·00708 Wr. Lin.) linear abrosten k ö n n e n. Für 1 Linie Abnützung sind 141 Luftwechsel bedingt.

Für einen Kessel des Bugbatt: — Cas: C u s t o z z a ist bei 1308 Cub.-Fuss Kesselraum eine Fläche von 2343 Quad.-Fuss dem Verrosten ausgesetzt, wobei unter den vorstehenden Annahmen von feuchter Luft mit einer Luftfüllung 53 Pfund oder 213 Cubik-Zoll Eisen verrosten können, wodurch eine Abnützung von 0·0076 Wr. Lin. erfolgt. Um eine Linie Blechstärke' abzurosten, sind 132 Luftfüllungen bedingt. Das Verhältniss stellt sich gegen die vorigen Beispiele nicht ungünstiger, weil die rostende Fläche durch die Verankerungen, Feuerflächen etc. bedeutend erweitert wird.

Der freie Luftzutritt kann nicht günstig wirken, es könnte nur, und wird der oben angeführte Uebelstand eintreten, dass durch die atmosphärische Luft Feuchtigkeit an den Kessel-wänden abgesetzt wird. Dieser Uebelstand wird im Winter bei der wechselnden Temperatur und dem grossen Feuchtigkeitsgrade südlicher Winde stärker auftreten und sollte für diese Jahres-zeit keinesfalls beibehalten werden. Der Kessel muss behufs guter Erhaltung luftdicht verschlossen werden, nachdem man denselben vollkommen trocken gelegt hat. Auf diese Weise wäre der Kessel vor den beiden Feinden des Eisenblechs, der Luft und der Feuch-tigkeit, am ausreichendsten geschützt. Der billige Einwurf, dass durch undichte Unterwassertheile eindringendes Wasser eine Trockenhaltung illusorisch mache und sodann das Uebel noch grösser sei, gilt der Methode der offenen Mannlöcher nur im grösseren Masse. Wohl verdunstet die Feuchtigkeit vom Kessel-boden, wird sich jedoch an den Seitenwänden und der Decke tropfenförmig ansetzen und Rostnarben bilden. Gegen solche Mängel müssen in erster Linie die erforderlichen Massregeln ergriffen werden, indem man die Speise- und Füllwechsel, sowie die Abschäumer einschleift, oder aber bei Auflegung der Kessel für längere Zeit die Kegel der Durchpress-, Speise- und Abschäum-wechsel aushebt oder die entsprechenden Rohre wegnimmt und die entstandenen Oeffnungen mit gut passenden Holzstoppeln ver-schliesst. Werden Kessel aus anderen Rücksichten offen auf-gelegt, so muss im Winter und insbesondere bei feuchtem Wetter ein Trockenofen in jedem Kessel aufgestellt, stets geheizt erhalten und von Zeit zu Zeit umgesetzt werden, wenn man nicht will, dass diese Methode eine rasche Zerstörung und vorzeitige Betriebs-

unfähigkeit der Kessel als notwendige Folge nach sich ziehe.
Die durch den Gebrauch der Feuerkörbe auflaufenden Kosten sind,
wie jedem Fachmanne von vorne herein einleuchtend sein wird,
in einem ausserordentlich günstigen Verhältnisse zu dem durch
eine längere Kesseldauer erreichten Vortheile. Durch die Trockenöfen werden die Kesselwände fortwährend wärmer erhalten als
die umgebende und im Kessel circulirende Luft. Es kann daher
keine Feuchtigkeit an den Blechen abgesetzt werden und es wird
der Kessel vor dem Verrosten geschützt. Tritt eine entschieden
trockene Witterung ein, so kann das Trocknen unterbrochen und
erst bei einem grösseren Feuchtigkeitsgrade wieder aufgenommen
werden.

Nachdem eine solche Trockenhaltung jedoch in manchen
Fällen aus andern Rücksichten schwierig durchführbar wäre, so
ist es empfehlenswerter die Kessel luftdicht abzuschliessen und
geschlossen zu halten. Wir glauben nicht besonders hervorheben
zu müssen, dass bei dem Trockenlegen mit der grössten Gewissen-
haftigkeit vorgegangen werden muss, damit die Kessel nicht feucht
aufgelegt werden. Sind die Kesselwände gereinigt und durch Wärme
vollkommen ausgetrocknet — wurden die Unterwasser- und
Armaturstheile vorhergehend in guten Zustand gesetzt, — wird
der Luft und somit der Feuchtigkeit jeder Zutritt verschlossen,
indem man Mann- und Schlammlöcher verdichtet, so sind alle
Bedingungen für eine gute Erhaltung des Kessels geschaffen und
es steht mit Recht anzuhoffen, dass das trockene Eisenblech in
trockener Luft vor dem Abrosten gewahrt bleibt. Man muss zeitweise von dem Zustande des Kessels durch Oeffnen erforderlicher
Mann- oder Schlammlöcher die Ueberzeugung gewinnen, dass die
Kesselwände sich wirklich auch trocken erhalten haben. Man
übe diesbezüglich eine entsprechende Ueberwachung aus, veran-
lasse eine rationelle Behandlung des theuren Kesselmateriales und
erfordere die nötige Aufmerksamkeit hiefür, ordne zeitweise
Untersuchungen des Zustandes der Kessel an, — kurz, lasse das
Zerstörungswerk nicht widerstandslos um sich greifen und es
wird eine längere Betriebsdauer reichlich die verwendeten Kosten
decken.

Wie bereits erwähnt wurde, wird in Folge der täglichen
Temperaturswechsel und der hiedurch hervorgerufenen Ausdehnungen des Kesselmantels stets Luft eingesaugt und Feuchtigkeit eingeführt, daher an Bord der Schiffe die Kessel schwer vollkommen vor eindringender Nässe geschützt werden können,

weshalb das Einsetzen einer hygroskopischen Masse und zwar des Chlorcalcium's — nach Burstyn's Verfahren — empfohlen werden kann, welches gegen solche Unvollkommenheiten im vollsten Masse sicherstellt.

Es ist eine bekannte Thatsache, dass der Zustand des Soodraums von grossem Einfluss auf die Trockenhaltung von Kesseln ist, welche mit offenen Mann- und Schlammlöchern aufgelegt wurden. Man suche den Schiffsboden trocken zu erhalten und gestatte nicht, dass derselbe voll Wasser sei, weil sonst die aufsteigenden Wasserdünste durch die Luft in den Kessel geführt und dort an den Wänden abgelagert werden, welche stets feucht und einer grossen Abnützung ausgesetzt wären. Eiserne Schiffskörper und insbesondere jene mit Doppelböden (Zellensystem) lassen diesbezüglich auf bessere Erhaltung der Kessel hoffen.

Kesselverkleidung, Cementirung und der Anstrich des Kessels müssen, wie anfangs besprochen wurde, stets im guten Zustande erhalten bleiben, um ein Verrosten von Aussen hintanzuhalten. Die Bleiverschallung wird bei Reparaturen leicht beschädigt oder die Löthnaten aufgerissen. Solche Mängel müssen rasch behoben werden, weil die eindringende Feuchtigkeit sich sonst unter der Kesselverkleidung ausbreitet und grossen Schaden hervorruft.

Die Kessel leiden bei angemessener Behandlung während des Betriebes weniger als ausser Betrieb, und zwar besonders in den ersten Stunden nach ihrer Entleerung, weshalb sie ungesäumt nach dem Auspressen getrocknet werden müssen, indem man die obersten Mann- und Schlammlöcher öffnet, um die Kesselwände durch die eigene vom Betriebe herrührende Wärme thunlichst trocken zu legen.

Kriegsschiffe sind häufig mit einer Kesselkraft ausgerüstet, welche nur in Ausnahmsfällen zur vollen Nutzleistung herangezogen wird. Gewöhnlich wird nur ein Theil oder die Hälfte der Kessel betrieben und diese ist genügend, um gegen Eventualitäten gesichert zu sein. Die andere Hälfte der Kessel, welche ohne aufmerksame Conservirung mehr leidet und stärker verrostet, als die jeweilig sich in Thätigkeit befindenden Kesseltheile, kann in der Zwischenzeit vortheilhaft nach einer der angeführten Methoden aufgelegt und bei einer gewissenhaften Vorsorge gegen Abnützung geschützt werden. Die Betriebshälfte wird durch einige Zeit in Verwendung behalten, bis deren Zustand eine gründliche Reinigung und Untersuchung notwendig erscheinen lässt. Man hat darauf zu sehen, dass deren einzelne Theile gleichmässig angestrengt werden ; hat sich eine Reinigung der betriebenen Kessel als notwendig herausgestellt, so wird dieselbe bei nächster sich ergebender Gelegenheit gründlich vorgenommen. Die Kessel werden dann durch Wärme vollkommen ausgetrocknet und mit geschlossenen Mann- und Schlammlöchern aufgelegt, wobei man den Armaturstheilen die erforderliche Aufmerksamkeit zu widmen hat, damit dieselben dicht abschliessen und keine Feuchtigkeit eintreten lassen. Man zieht nun die andere Hälfte der Kessel zum Betriebe heran und verwendet sie andauernd zur Dampferzeugung, bis sie wieder in der Tour einer Reinigung bedürfen. Dabei ist jedoch nicht zu verstehen, dass die in Betrieb befindliche Kesselhälfte während ihrer Verwendung nicht gereinigt werden soll. Man muss vielmehr jede sich darbietende Gelegenheit benützen, die Feuerdecken von Inkrustationen zu befreien und den am Boden befindlichen Schlamm herauszuziehen, wornach die Kessel thunlichst ausgetrocknet und wieder geschlossen werden. Es wird also unter gewöhnlichen Verhältnissen auch am Bord ausgerüsteter Kriegsschiffe die eine Hälfte des Kesselsatzes durch mehrere Monate aufgelegt und wenigstens grösstentheils vor der zerstörenden Wirkung des Rostes geschützt werden können, während die andere Hälfte dem Betriebe dient. Wird zeitweise eine vermehrte Kesselkraft beansprucht, so hat man nachfolgend die schlechtesten der geheizten Kessel ausser Betrieb zu setzen, nach vollzogener Reinigung auszutrocknen und aufzulegen. Der Betrieb soll in einer solchen Weise geregelt werden, dass ein Theil der Kessel stets gereinigt und trocken ist. Man muss möglichst alle Kesseltheile in der gleichen Weise anstrengen und trachten, mit jedem Kessel die gleiche Anzahl von Fahrstunden zu erreichen, zu welchem Zwecke ein Schema aufzustellen ist, in welchem die Betriebsdauer der einzelnen Kesseltheile in Evidenz gehalten wird.

Kessel-Abnützung.

Die Kessel unterliegen von dem Zeitpunkte an, wo sie nach der Druckprobe für den Gebrauch tauglich befunden wurden, einer unausgesetzten Abnützung. Die Eisenbleche leiden durch ein in mannigfaltigen Ursachen gegründetes Rosten, bis sie die für den sicheren Betrieb erforderliche Blechstärke nicht mehr besitzen und die Kessel ausser Gebrauch gestellt werden müssen. Die durch einen Kesselwechsel verursachten Kosten sind so bedeutend, dass sie eine eingehende Besprechung dieses Gegenstandes genügend rechtfertigen. Die Thatsache, dass in neuerer Zeit die Schiffskessel im Allgemeinen eine kürzere Betriebsdauer gestatten, hat eine besondere Aufmerksamkeit erregt und viele Erörterungen hervorgerufen, welche wir im Nachstehenden zusammenzustellen versuchen wollen, um die noch schwebende Frage der erwünschten Lösung näher zu bringen.

Den bedeutendsten Einfluss auf die Dauerhaftigkeit eines Kessels nimmt die Qualität des Eisenbleches, welches zum Kesselbaue verwendet wird. Eisenblech ist zufolge seiner Erzeugung ein mehr oder minder dichtes Gefüge von Eisenfasern, welches unter dem Hammer geschweisst und bearbeitet und sodann durch die Streck- und Polirwalzen plattenförmig ausgestreckt wird. Zunächst hängt die Qualität des Eisenblechs von der Beschaffenheit des Frischeisens ab, welches in die Packete eingebaut und bearbeitet wird; aus schlechtem ungenügend umgearbeitetem Eisen lässt sich kein gutes Blech erzeugen, welches für die Kesselfabrikation zu empfehlen wäre. Weiterhin ist die Art und Weise massgebend, wie man die Packete unter dem Hammer bearbeitet, bevor sie durch die Walzen geführt werden. Die Bearbeitung unter dem Hammer hat den Zweck, die Schlacke zu entfernen, die einzelnen Stäbe zu schweissen und die Eisenfasern zu einem festen Gefüge zu verdichten, worauf das gehörig geformte Packet durch die Reversirwalzen gelassen wird. Sucht man diese Operation nur in zwei Hitzen zu vereinen, so wird die Schlacke nicht vollkommen herausgedrückt, die einzelnen Stäbe werden nicht vollständig geschweisst und das erzeugte Blech ist kein homogenes Gefüge von Eisenfasern, indem dieselben durch Schichten von Schlacken und unganze Stellen getrennt sind, welche sich durch die Walze schichtenförmig ausgebreitet haben und den Zusammenhang der Eisenfasern unterbrechen.

Bleche minderer Qualität, welche einen geringeren Verkaufspreis bedingen, werden vom Fabrikanten nicht mit der erforderlichen Sorgfalt dargestellt und zeigen mehr oder weniger derlei unganze Stellen und ein lockeres Gefüge, weil die Schlacke nicht durch wiederholte Bearbeitung unter dem Hammer herausgedrückt und das Packet nicht so verlässlich ausgearbeitet wurde, dass die Eisenfasern unmittelbar und dicht an einander haften. Qualitätsbleche aus gutem Frischeisen erzeugt, wobei das Ausfliessen der Schlacke aus dem Packete durch zweckmässigen Aufbau der Zaggeln erleichtert und die Schlacke in mehreren Schweisshitzen vollkommen ausgedrückt wurde und weiters die Packete unter dem Hammer kräftig umgearbeitet worden sind, bevor sie durch die Walzen laufen, werden dicht und homogen sein, eine grössere Festigkeit aufweisen und der Abnützung längere Zeit widerstehen — aber auch einen höheren Preis bedingen.

Solche durch die Walzen zu feinen Schichten ausgebreitete Schlacken und Verunreinigungen trennen das Eisengefüge und legen bei Kesselblechen den Keim zur künftigen Zerstörung, welche um so rascher um sich greift, je lockerer, je weniger gleichförmig das Gefüge der Eisenfasern ist. So geringe auch diese Zwischenlagen sein mögen, so verursachen sie doch eine mindere Wärmeleitungs-Fähigkeit, weshalb derlei Bleche in der Flamme mehr leiden und sich eher durch Abbrennen abnützen. Sind solche Schlackenschichten bedeutender und durch das Walzen nicht ausgebreitet und mit den Eisenfasern verfilzt (was geschieht, wenn das Packet beim Durchlassen durch die Walzen zu wenig Hitze hat), so mag dieses die Erscheinung des Blasenbrennens herbeiführen oder verursachen, dass das Blech bei der Bearbeitung oder im Feuer aufblättert, wenn die unganze Stelle am Rande vorkommt.

Bleche minderer Qualität, welche die oben erwähnten Gebrechen zeigen, werden durch Verrosten bedeutend leiden und sich eher abnützen. Das Gefüge der Eisenfasern ist lockerer, gestattet der Feuchtigkeit und der atmosphärischen Luft mehr Zutritt und rostet rascher ab. Durch die Temperaturs-Differenzen und die resultirenden Formveränderungen wird der Zusammenhang der Fasern und Schichten noch mehr gelockert, die Feuchtigkeit dringt in solche unganze Stellen und leitet ein Abrosten innerhalb der Blechtafel ein, welches sich nach den Schlacken ausbreitet und das Abfallen von grösseren Rostplatten verursacht. Dass das Zerstörungswerk von jenen Zwischenlagen ausgegangen ist, kann man an manchen dicken Rostschichten erkennen, welche stellenweise noch eine Einlage von metallischem Eisen zeigen. Solches Eisenblech schält sich in dicken Rostkrusten und erklärt die rasche Abnützung bei den ungünstigen Bedingungen, denen es unterworfen ist. Eisenblech guter Qualität wird dem Roste längere Zeit widerstehen und auf keinem Falle diese allgemeine Abnützung durch Abschiefern dicker Rostschichten zeigen, sondern von aussen langsam abrosten, wobei noch Fasern und Nerven der Textur heraustreten werden, welche dem Roste durch längere Zeit widerstehen.

Eine andere Erscheinung der Abnützung, die Bildung von Rostflecken oder grubenartigen Vertiefungen, wobei die umgebenden

Flächen vergleichsweise wenig zerstört sind, wird dem directen Einflusse des Speisewassers und insbesondere dem aus Oberflächen-Condensatoren kommenden Wasser zugeschrieben. Da diese Abnützung nur bei Kesselblechen bestimmter Provenienz (bei andern gar nicht) beobachtet wird, so liegt die Vermuthung nahe, dass diese Zerstörung durch die Erzeugungs-Methode hervorgerufen oder die Corrosion durch galvanische Wirkungen im ungleichförmigen Gefüge auf bestimmte Stellen eingeschränkt wird.

Der Verfasser hatte Gelegenheit, im Walzwerke der Neuberg-Mariazeller Gewerkschaft Kessel zu besichtigen, welche (bei einer nur zweijährigen Unterbrechung) seit dem Jahre 1851 dem steten Betriebe dienen, aber noch keine oder nur sehr geringe Spuren der Abnützung zeigen und noch nie einen Anlass zu Reparaturen gegeben haben. Diese Kessel (Walzenkessel mit äusserer Feuerung und Treppenrosten) sind aus Neuberger Blech erzeugt und haben durch die ununterbrochene 21jährige Anstrengung einer unausgesetzten Benützung noch gar keinen Schaden gelitten, — ein Beweis für die ausgezeichnete Qualität des verwendeten Bleches und die besonders verlässliche Verarbeitung des vorzüglichen Eisenmaterials, sowie, dass die Qualität des Bleches vom grössten Einflusse auf die Dauerhaftigkeit eines Kessels ist.

Der erste Schritt, dem Uebelstande der raschen Abnützung der Schiffskessel zu steuern und eine längere Betriebsdauer zu sichern, ist, von der Verwendung schlechter Blechsorten, welche binnen wenigen Jahren der Zerstörung anheimfallen, Abgang zu nehmen und nur Bleche guter Qualität zu verwenden, welche der grossen Anstrengung und den ungünstigen Verhältnissen durch längere Zeit zu wiederstehen vermögen. Die hiedurch erwachsenden Mehrkosten werden durch die längere Dauer der Kessel und durch die Ersparnisse bei weniger häufigen Kesselwechseln reichlich ersetzt. Eine Preisanstellung, welche der grösseren Dauerhaftigkeit aus gutem Bleche erzeugter Kessel Rechnung trägt und nicht den Wetteifer hervorruft, Bleche mindester Qualität zu verwenden, um einen niederen Preis und häufige Kesselbestellungen zu erreichen, wird Ersparnisse und ein gutes Kesselmateriale erzielen.

Um die gute Beschaffenheit der Bleche zu sichern müssen die Marken vor der Verwendung durch kalte und warme Schmiedeproben, Bestimmung der Zerreissfestigkeit und des Bruchquerschnittes in Bezug auf Homogenität und Elasticität untersucht werden, was nicht gut thunlich ist, wenn die Kesselbleche auf die genauen Dimensionen in Bestellung gebracht und bezogen werden, wobei unverlässliche Firmen den schlecht geschweisten Bartrand der Bleche, welcher besonders bei breiten Blechen leicht fehlerhaft ist, nicht abstossen. (Gute Firmen rechnen bei schweren Blechen 25—30% Abbrand und 20—25% Calo.) Dieser zweifelhafte Rand gelangt an den Nietenstoss, wo derselbe durch die Nietenlöcher geschwächt und vermehrt in Anspruch genommen wird, wodurch die Sicherheit gefährdet und die Betriebsdauer beeinträchtigt erscheint.

Stahlblech, welches seit Einführung des Bessemer-Verfahrens selbst in den weichsten Nummern mit grosser Verlässlichkeit erzeugt werden kann, verbindet mit grosser Zerreissfestigkeit die beiden Haupteigenschaften des Kesselbleches: „Gleichförmigkeit der Faser und Elasticität" im vollsten Masse und stellt sich billiger als gute Eisenblechsorten, wie selbe ausschliesslich zur Kesselerzeugung verwendet werden sollen. Die Thatsache, dass für Locomotivkessel, welche mit höhern Spannungen und forcirten Feuern betrieben, stärkeren Erschütterungen und grösseren Temperatursdifferenzen ausgesetzt werden, ausschliesslich oder doch für die am meisten angestrengten oder zu bearbeitenden Wände Stahlblech verwendet wird — diese Thatsache zeigt zur Genüge, dass die Schwierigkeiten der Bearbeitung, welche die ersten Versuche mit spröderem Materiale begleiteten, beseitigt sind und dass Stahlblech mit Sicherheit und Vortheil verwendet werden kann.

Die Erfahrung lehrt, dass der glasige Zunderüberzug, welcher der Oberfläche des Eisenbleches — häufig trotz innerer Mängel — ein gesundes, dichtes Aussehen verleiht, die Kesselbleche zuweilen durch längere Zeit vor dem Verrosten bewahrt. Diese härtere, glatte Kruste, welche bei schweren Blechen beim Durchlassen durch die Polirwalzen erzielt wird, indem man gleichzeitig fein vertheilten Wasserstaub aufblast, darf durchaus nicht als Kennzeichen einer guten Qualität aufgefasst werden, es zieht dieselbe den Uebelstand nach sich, dass Fehler in der Textur, welche sonst zu Tage treten würden, verdeckt sind und das Blech nicht so gut untersucht werden kann. Dieser Ueberzug, welcher oft die Feuchtigkeit durch einige Zeit vom Blech abhält und dieses vor Zerstörung bewahrt, wird bei der Bearbeitung als beim Lochen, Biegen, Verstemmen, etc. abspringen oder während des Betriebes durch die wechselnden Ausdehnungen losgelöst. (Gute Firmen nehmen ganz davon Abgang, dem Bleche künstlich eine solche glatte Oberfläche zu verleihen.)

Diese Zunderkruste wird im Wasserraum bald, oft schon nach der ersten Reinigung, losgelöst und das meist lockere poröse Gefüge der Eisenfasern blossgelegt. Dampfräume hingegen zeigen diese Glasurschichte sehr häufig noch nach mehreren Jahren des Betriebes. Manchmal jedoch erscheint das Blech gut erhalten, weil dieser Ueberzug noch haftet, trotzdem fällt durch einige Schläge diese scheinbar gesunde Schichte mit einer dicken Rostlage ab, weshalb diese Krusten bei der Kesselreinigung nicht geschont werden sollen. — Ist das Blech unter dem Ueberzug verrostet, so ist es besser die betreffende Stelle blosszulegen. Täuschungen im Zustande der Kessel sind gefährlicher als erkannte Mängel.

Kesselbleche und besonders mindere Qualitäten leiden durch eine wenig sorgfältige Bearbeitung in der Textur, weshalb dort die Anwendung von Winkeleisen bei Eckverbindungen vortheilhaft erscheint, wenn dieselben nicht der doppelten Blechstärke wegen oder aus anderen Gesichtspunkten vermieden werden müssen. Bei Stahlblechen treten in Folge des krystallinischen Gefüges durch Bearbeitung bei ungleichen Hitzen leicht falsche Spannungen ein.

Die Abnützung des Bleches wird durch die Formveränderungen befördert, welche der Kessel während des Betriebes durch die Temperaturveränderungen erfährt. Die hiedurch bedingten Ausdehnungen werden bei höheren Betriebsspannungen rascher und bedeutender erfolgen — es werden Kessel mit hohem Druck heftiger „arbeiten" und die hiedurch hervorgerufenen Nachtheile werden stärker auftreten. Die Formveränderungen werden ferners um so schädlicher einwirken, je rascher die Temperaturswechsel bei Betriebsänderungen herbeigeführt werden. Es wurde daher an passender Stelle stets betont, die Feuer langsam zn entwickeln und zu dämpfen, die Dampfentwickelung nicht durch übermässiges Aufpumpen oder Oeffnen der Rohrthüren zu hemmen, die Kessel langsam erkalten zu lassen etc., kurz jede rasche und besonders ungleiche Erwärmung oder Abkühlung hintanzuhalten. Aus dem gleichen Grunde stellt sich ein steter Betriebswechsel als nachtheilig dar, man vermeide daher ohne wichtigen Grund, vorgeholte Feuer auszubreiten und suche alle Nebenarbeiten (als Soodpumpen, Kesselspeisen etc.) dann zu vollziehen, wenn die Kessel aus anderen Rücksichten Dampf auf haben. Die durch wechselnde Ausdehnungen hervorgerufenen Nachtheile sind directe, indem sich durch andauerndes Abbiegen des Bleches die Structur verändert, das Gefüge der Eisenfasern lockert und zu einer vermehrten Abnützung Anlass giebt. Durch die

Formveränderungen wird die Zerstörung des Kesselbleches weiters befördert, indem hiebei die entstandene Rostschichte abblättert, die metallische Fläche blossgelegt wird und bei nachfolgender Betriebsunterbrechung nachrostet.

Die grösste Temperaturserhöhung erfahren die Feuerdecken, welche sich entsprechend mehr ausdehnen als die Bodenbleche der Feuerbüchsen. Dadurch wird die Kesselstirnwand ungleich verschoben, wenn dieser vermehrten Ausdehnung nicht durch die Construction Rechnung getragen ist. Es erscheint daher nicht empfehlenswert, die Feuerbüchse durch Winkel oder Flanschen directe mit der Kesselstirnwand zu verbinden, sondern einen sogenannten Wassersack einzuschalten, um diese Ausdehnung ohne Nachtheil zu empfangen. Die gleiche Anschauung soll die Anbringung der Verankerungen und Stehbolzen leiten, so dass der Kessel während des Betriebes sich frei ausdehnen kann ohne auf einzelne Theile oder Anker eine grosse Spannung auszuüben. Die Köpfe der Verankerungen werden relativ in das Blech hineingedrückt und die Kesselwand örtlich am Kopf der Anker in Anspruch genommen, weshalb gut gestützte Kesselwände besonders um die Köpfe der Verankerungen leiden und dort genau untersucht werden müssen. Von diesem Gesichtspunkte aus scheint es empfehlenswert, die Anker an Winkeln oder T-Eisen einzuhängen oder wenigstens breitere Laschen anzuwenden, um deren Zug gleichmässig über die ganze Hülle zu vertheilen. Sind die Verankerungen nicht genügend nahe aneinander, um eine Ausbauchung der Kesselwände zu verhüten, so werden die Bleche in der Mitte zwischen den Köpfen der Verankerungen durch das „Arbeiten" des Kessels die grösste Formveränderung erleiden und sich daher an den bezeichneten Stellen mehr abnützen.

Im Allgemeinen bei Anwendung von härteren Marken und besonders bei runden Kesseln ist an einzelnen Blechtafeln die grösste Abnützung am Nietenstoss oder dort zu suchen, wo die Bleche gebogen oder geflanscht kurz bearbeitet wurden. (Bei Blechen schlechter Qualität, welche plattenförmige Rostschichten abwerfen, kann kein Anhaltspunkt zur Beurtheilung der Abnützung gegeben werden — derlei Bleche rosten allerorts und andauernd.) Der gleiche Nachtheil ungleichförmiger Ausdehnungen kann durch die Einführung des Speiserohres an einer Stelle hervorgerufen werden, welche die intensive Hitze der Flamme empfängt; deshalb erkennt es die Praxis namentlich bei langen Kesseln als vortheilhaft, die Speisung nicht an den der Stichflamme ausgesetzten Boden, welcher sich bei raschem Aufspeisen stark abkühlen würde, sondern an das Wasserniveau zu führen, wo das Speisewasser durch ein mit Schnitten versehenes Rohr gleichmässig vermengt wird.

Horizontale Nietenstösse sind wenn möglich zu umgehen oder doch so anzuordnen, dass die Feuchtigkeit frei abrinnen kann, weil sonst dort das Blech durch Verrosten sehr leiden würde. Finden sich derlei Nietenstösse so muss man bedacht sein, dieselben von Feuchtigkeit zu befreien und die Bleche genau zu untersuchen.

Die Verwendung schwefelhältiger Kohle ist den Blechen der Heizflächen directe nachtheilig, weil durch die entwickelten Gase die Qualität des Eisens vermindert wird. Die schädliche Einwirkung zeigt sich besonders an den im Feuerzug liegenden Nietenstössen und Ankerköpfen. Die Bleche von Rauchzügen, welche durch den Dampfraum geführt sind, sowie die Wände des Ueberhitzers unterliegen, wie bereits erwähnt wurde, durch den ansammelnden, zeitweise entzündenden Russ und das Abrosten von beiden Seiten einer vermehrten Abnützung und müssen aufmerksam untersucht werden.

Wenn nicht besondere schädliche, äussere Einwirkungen statthaben, so werden die Kesselwände von aussen keine bedeutende Abnützung erfahren und können mit entsprechender Obsorge leicht vor der Abnützung von aussen bewahrt werden. Kessel, welche wegen Unbrauchbarkeit ausser Dienst gestellt werden müssen, zeigen meistentheils noch unter dem ersten Miniumanstrich metallisch reines Eisen.

Schlechte Cementirung, Holzsockel, welche am Kesselboden aufliegen, und die aus dem Soodraume aufsteigenden Dünste sind der Dauerhaftigkeit abträglich. Unganze Verkleidungen, lecke Naten des Deckes und die von den Deckbalken abtropfende Feuchtigkeit wurden im Vorhergehenden (Seite 2) als der guten Erhaltung nachtheilig bezeichnet.

Die Qualität des Speisewassers ist von grossem Einflusse auf die Dauerhaftigkeit der Kessel und es ist die Verwendung des Seewassers diesbezüglich nachtheilig, weil durch das häufig notwendig werdende Abklopfen des unvermeidlichen Kesselsteins die Rostschichte öfters losgelöst oder doch so gelockert wird, dass die Abnützung rascher um sich greift. Die Kesselwände können schwieriger vollkommen trocken gehalten werden, weil das Seesalz, welches sich, wenn auch nur in geringen Mengen, in den Inkrustationen vorfindet, die Feuchtigkeit anzieht.

Die Ursachen, welche die Abnützung eines Kessels hervorrufen und befördern sind mannigfaltig und wirken andauernd oder mit Unterbrechungen auf dessen Wände ein. Es ist eine sonderbare, doch festgestellte Thatsache, dass die Zerstörung eines Kessels (bei nicht ganz schlechten Qualitäten Bleches) oft in der launenhaftesten Weise um sich zu greifen scheint; indem Kessel, welche unter den gleichen Umständen gleich betrieben wurden, in analogen Parthien zuweilen auf die verschiedenste Weise abgenützt sind. Einzelne Blechtafeln selbst im selben Kessel zeigen sich verhältnissmässig gut erhalten, wogegen andere Bleche gleicher Qualität, welche derselben Beanspruchung und den gleichen Einflüssen ausgesetzt waren, ganz abgenützt befunden werden. Eine Verankerung zeigt sich ganz zerstört, während die nächstliegende noch gut erhalten ist. Einzelne Wände oder Kesseltheile werden der Natur der Construction nach stärker in Anspruch genommen oder sind ungünstigeren Einflüssen ausgesetzt, wie z. B. der Kesselboden, der Streifen zwischen Wasser und Dampf, weshalb für derlei Wände grössere Blechstärken angewendet werden, um sie für die gleiche Periode diensttauglich zu erhalten. Man kann für Marine-Kesseln der Hoffnung Raum geben, dass durch die Adoptirung rationeller Kesselformen, die Anwendung von Blechen bester Qualität für die Heizflächen und die Wahl von stärkeren Blechen guter Qualität für die Kesselhüllen (welche in keiner Weise den Heizgasen ausgesetzt sind) eine längere Betriebsdauer erzielt und die Auslagen von häufigen Kesselwechseln vermieden werde.

Der Kesselerhaltung muss vor, während und nach der Installirung der Kessel die stete Aufmerksamkeit zugewendet werden. Nach der Druckprobe sind die Kessel wie nach dem Betriebe zu behandeln und müssen stets rein und trocken erhalten und vor Witterungseinflüssen geschützt bleiben. Wurden Kessel nach einem in Eile gegebenen Miniumanstrich nach erfolgter Druckprobe nur so weit entleert, als das Wasser bei den geöffneten Schlammlöchern abfliesst, bleiben am Kesselboden Eisen- und Holzstücke, Hobelspäne, Schlamm etc. zurück — wäre derselbe mit offenen Mann- und Schlammlöchern der Luftcirculation und dem beim Rauchfang einstürzenden Regen vollkommen preisgegeben, so wird der Keim zur Zerstörung gelegt, bevor der Kessel noch dem Betriebe gedient hat.

(Ueber die durch Abrosten während der Betriebspausen hervorgerufene Abnützung wird auf Seite 97 bis 100 verwiesen.)

Kessel-Druckprobe.

Die Ministerial-Verordnung in Ausführung des Gesetzes vom 7. Juli 1871, betreffend die Erprobung und periodische Untersuchung der Dampfkessel (R.-G.-Bl. vom 12. October 1871, XLII. Stück Nr. 113) lautet:

§ 4. Kein Dampfkessel, welcher mehr als 1½ Wiener Eimer oder 2·7 Wiener Cubikfuss Inhalt hat, er mag im In- oder Auslande verfertigt worden sein, darf unter Verantwortlichkeit des Benützers früher verwendet werden, bis er der in dieser Verordnung vorgeschriebenen Probe unterworfen und bei derselben als tauglich befunden worden ist.

Diese Probe kann nach freier Wahl der Parteien entweder durch einen der amtlich bestellten Prüfungscommissäre, deren Namen und Wohnsitze nebst dem ihnen zugewiesenen Bezirke von der politischen Landesstelle kundgemacht werden, oder — wenn der Benützer des Kessels einer vom Staate autorisirten Gesellschaft zur Ueberwachung des Dampfkesselbetriebes als wirkliches Mitglied angehört — nach den Bestimmungen des Gesetzes vom 7. Juli 1871 — von den amtlich hiezu ermächtigten Organen dieser Gesellschaft vorgenommen werden.

Die Probe hat, gleichviel, ob sie von amtlichen oder Privatorganen vorgenommen wird, stets vor der allfälligen Einmauerung oder Verkleidung des Kessels nach den, für die amtliche Prüfung bestehenden Vorschriften stattzufinden.

Der bei derselben anzuwendende Probedruck hat bei Dampfkesseln, welche bis zu einer effectiven Dampfspannung von zwei Atmosphären benützt werden sollen, das Doppelte, bei Kesseln, welche für eine höhere Dampfspannung benützt werden sollen, das Ein- und einhalbfache des zulässigen grössten Druckes, vermehrt um den Druck von Einer Atmosphäre zu betragen.

§ 5. Jeder Dampfkessel muss mit dem Namen des Verfertigers und dem Jahre der Anfertigung bezeichnet sein, und es muss die für denselben bewilligte höchste effective Dampfspannung, in Atmosphären oder in Pfunden auf den Wiener Quadratzoll ausgedrückt, an einer leicht sichtbaren Stelle des Kessels kennbar und dauerhaft ersichtlich gemacht werden.

§ 6. Ueber jede Kesselprobe wird eine Bestätigung ausgestellt, welche der Kesselbenützer aufzubewahren hat.

§ 7. Die Erprobung eines Dampfkessels ist in folgenden Fällen zu wiederholen: a) Wenn eine wesentliche Veränderung der Construction des Kessels vorgenommen wird; b) wenn bei einer Ausbesserung mehr als der 20. Theil der Kesseloberfläche ausgewechselt wurde. Die Auswechslung von Feuerröhren bis zu 4 Wiener Zoll Durchmesser bedingt bei Röhrenkesseln keine neue Erprobung; c) wenn ein bereits gebrauchter stationärer Kessel in einer anderen gewerblichen Anlage verwendet werden soll.

Ueberdies steht es jedem Kesselbenützer frei, seine Dampfkessel, so oft er es für zweckmässig findet, einer wiederholten Kesselprobe unterziehen zu lassen.

Der Anlass und das befriedigende Ergebniss der wiederholten Kesselprobe ist auf der ursprünglich erfolgten Bestätigung (§ 6) anzumerken.
§ 8. Jeder Dampfkessel ist jährlich mindestens einmal, mit möglichster
Vermeidung von Betriebsstörungen, einer Revision zu unterziehen. Auch ist
der Dampfkesselbenützer verpflichtet, bei jeder Auswechslung eines Ventiles
oder eines Ventilhebels eine Revision zu veranlassen. Die Revisionen werden
entweder von dem amtlichen Prüfungscommissär, oder bei jenen Dampfkessel-
benützern, welche einer vom Staate autorisirten Gesellschaft zur Ueberwachung
des Dampfkesselbetriebes als ordentliche Mitglieder angehören, durch die
Organe dieser Gesellschaft vorgenommen.

Ueber die Vornahme der Druckprobe enthält die Vollzugsvorschrift vom 11. Februar 1854 folgende Bestimmungen:

Von dem einen der beiden Sicherheitsventile wird, wenn dasselbe auf
seinem Sitze flach aufliegt, der Durchmesser der Ventilsöffnung, bei einem
Kugel- oder Kegelventile dagegen der mittlere Durchmesser des Ventilsitzes
genau gemessen, und die betreffende Kreisfläche in Quadratzollen ausgedrückt
berechnet. Hierauf wird mit Rücksicht auf das eigene Gewicht des Ventils
(welches hierbei abzuziehen kommt) die unmittelbare Belastung desselben
bestimmt, welche der in dem Prüfungsansuchen declarirten höchsten Dampfspannung, oder (wenn diese mit Rücksicht auf die vorhandene Blechdicke, und
bei Dampfkesseln nicht cylindrischer Form nebstbei mit Rücksicht auf die
angebrachten Verstärkungen zu hoch angegeben worden wäre) jener Dampfspannung entspricht, welche nach der gesetzlich vorgeschriebenen Kesselblech-
dicke und mit Beachtung der bei nicht cylindrischen Dampfkesseln angebrachten Verstärkungen zulässig erscheint. Auf solche Weise erhält man die
directe Belastung des Ventils beim Gebrauche des Kessels.

Verdoppelt man daher dieses Belastungsgewicht, so hat man mit Hin-
zufügung des Ventilgewichtes jenes Gewicht, mit welchem das Ventil bei der
Kesselprobe unmittelbar belastet werden muss.

Nachdem nun dieses Ventil mit dem so berechneten doppelten Gewichte
belastet, und das zweite Ventil entweder ganz festgemacht, oder wenigstens
überlastet worden ist, und auch alle übrigen Oeffnungen und Communicationen
des Kessels mit Ausnahme der zum Einpumpen des Wassers reservirten
Oeffnung verschlossen worden, wird mittelst einer Druckpumpe so lange in den
Kessel Wasser eingepumpt, bis dasselbe aus der so belasteten Ventilöffnung
ringsherum strahlenförmig auszuspritzen anfängt, und die Strahlen dabei
gleichsam eine ringförmige Wasserfläche bilden.

Hiebei ist jedoch zu beachten, dass bei einem undichten Verschlusse
des Ventils, oder auch, wenn dasselbe schief gedrückt wird, noch lange bevor
der nötige Druck erreicht ist und das Ventil gehoben wird, einzelne Wasser-
strahlen ausströmen können, daher zur Vermeidung von Täuschungen, die oben
erwähnte Erscheinung der vollen strahlenförmigen Ringfläche abgewartet
werden muss.

Wirkt das Belastungsgewicht nicht unmittelbar, sondern mittelst eines
Hebels auf das erwähnte Sicherheitsventil, so muss das auf die vorige Weise
berechnete Belastungsgewicht nach statischen Gesetzen auf den äussersten
Aufhängepunkt des Hebels reducirt werden.

Das dabei zu berücksichtigende eigene Gewicht des Hebels wird am sichersten und einfachsten dadurch in Rechnung gebracht, dass man untersucht, welchen Druck der am Drehungspunkt nur leicht und drehbar, u. z. in horizontaler Lage gehaltene Hebel mit seinem als Aufhängepunkt des Gewichtes dienenden Endpunkt auf eine Wage ausübt, welcher in Pfunden ausgedrückte Druck sofort von dem für den mathematischen Hebel reducirten Aufhängegewicht abzuziehen kommt. Hat z. B. das betreffende Sicherheitsventil 4 Zoll geltenden Durchmesser und 2 Pfund im Gewichte und sollen in dem zu probirenden Kessel Dämpfe von 3 Atmosphärenspannung über den mittleren Luftdruck (d. i. Dämpfe von 3 Atmosphären effectiver Spannung) erzeugt werden, so erhält man zuerst für die Ventilfläche ($F= \frac{1}{4}\,\pi\,D^2$) $\frac{1}{4}$ $3\cdot14 \times 16 = 12\cdot56$ Quadratzoll. Da nun beim Gebrauch des Kessels jeder Quadratzoll einen Druck von $3 \times 12^{3/4} = 38^{1/4}$ Pf. über den Luftdruck aushalten soll, so muss das Ventil (nebst dem äusseren Druck der Atmosphäre) noch mit $38^{1/4} \times 12\cdot56 = 480\cdot4$ Pf. von aussen nach innen gedrückt, folglich ausser dem eigenen Gewichte noch mit einem Gewichte von $480\cdot4 - 2$, d. i. von $478\cdot4$ ($478^{4/10}$) Pf. bei der Benützung des Kessels belastet werden.

Da ferner der Dampfkessel auf die doppelte Spannung, d. i. auf 6 Atmosphären Ueberdruck probirt werden muss, so ist es notwendig, jeden Quadratzoll der Ventilfläche mit $6 \times 12^{3/4}$, d. i. $76^{1/2}$ Pf., also das ganze Ventil mit $12\cdot56 \times 76^{1/2} = 960\cdot9$ Pf., oder nach Abschlag des Ventilgewichtes noch mit $960\cdot9 - 2$, d. i. mit $958\cdot9$ Pf. zu belasten, welches Gewicht aber auch einfach dadurch gefunden wird, dass man das schon für die Benützung des Kessels bestimmte Belastungsgewicht $478\cdot4$ Pf. verdoppelt und noch das Ventilgewicht beifügt, indem $2 \times 478\cdot4 + 2$ ebenfalls $958\cdot8$ gibt.

Ist jedoch das Sicherheitsventil nicht direct, sondern mittelst eines drehbaren Hebels, an dessen Enden das Gewicht aufgehängt wird, belastet, so findet man das nötige Aufhängegewicht für das vorliegende Beispiel auf folgende Weise: Gesetzt, es betrage der Abstand des Drehpunktes vom Mittelpunkte des Ventils (d. i. die Projection) 3, und vom Aufhängepunkt des Gewichtes 24 Zoll, so wäre der Hebel sofort 8mal übersetzt, und es müsste, wenn der Hebel selbst kein Gewicht hätte, das vorhin für den Gebrauch des Kessels gefundene Belastungsgewicht von $478\cdot4$ Pf. durch 8 dividirt werden, um das Aufhängegewicht zu erhalten, was sofort $\frac{478\cdot4}{8} = 59\cdot8$ geben würde. Da jedoch der Hebel selbst schon ein Gewicht besitzt, so muss dieses auf den Aufhängepunkt reducirt, von dem vorigen Gewichte abgezogen werden; drückt nun der Hebel mit seinem Endpunkte auf die Wage aufgelegt, und am Ende leicht gehalten, wobei er horizontal liegt, z. B. mit $2^{3/4}$ Pf., so muss dieses Gewicht von dem vorigen abgezogen werden, wodurch man für das gesuchte Aufhängegewicht sofort $59\cdot8 - 2\cdot75 = 57\cdot05$, d. i. 57 Pf. erhalten würde.

Ebenso findet man das während der Kesselprobe nötige Aufhängegewicht, indem man das vorhin dafür berechnete Belastungsgewicht von $958\cdot2$ Pf. durch 8 dividirt und vom Quotienten das auf den Aufhängepunkt reducirte Hebelgewicht von $2^{3/4}$ Pf. abzieht; dadurch erhält man $\frac{958\cdot9}{8} - 2\cdot75 = 119\cdot86 - 2\cdot75 = 117\cdot11$, nämlich practisch genommen ein Aufhängegewicht von 117 Pfund.

Besitzt das zweite Sicherheitsventil genau dieselbe Grösse und Zuhaltung wie das erste, so gilt auch dafür dasselbe Belastungsgewicht, welches auf die oben angegebene Weise für das erste Ventil ausgemittelt wurde; wenn nicht, so muss von der Prüfungscommission dieses Gewicht besonders berechnet werden.

Sollte ein Sicherheitsventil nicht blos durch einen einfachen, sondern zur Ersparung von Raum mittelst eines zusammengesetzten Hebels niedergehalten werden, so wird die Rechnung zur Bestimmung des nötigen Aufhängewichtes genau ebenso, wie oben bei dem einfachen Hebel geführt.

Die Prüfungscommission wird darauf zu sehen haben, dass weder am Ventil noch selbst am Hebel, oder bei Locomotivkesseln an der Federwage ein Hinderniss liegt, welches dem betreffenden Ventil die hinreichende Hubhöhe unmöglich macht.

So darf z. B. der dem Hebel zur Führung dienende Bügel nach oben nicht zu kurz ausgeschlitzt sein, weil sich sonst der Hebel in dem Schlitze schon anlegt, bevor er hoch genug gehoben ist; ebenso muss bei der Federwage die Platte mit der getheilten Scala nach abwärts tief genug geschlitzt sein, um dem Zeiger beim Heben des Hebels das nötige Spiel zu lassen.

Insbesondere ist bei einer gewöhnlichen Federwage zu untersuchen, ob die Länge und das Spiel der Feder dermassen ist, dass bei einer Zunahme der Dampfspannung ein hinreichendes Lüften eintritt.

Eine Untersuchung der Kessel sollte bei jeder Flotte ohne Rücksicht auf Alter und Betriebsverhältnisse der Kessel alljährlich von Seite des eingeschifften Maschinenpersonales gepflogen werden. Der Zeitpunkt der Untersuchung wäre mit den Dienstesverhältnissen so in Einklang zu bringen, dass dieselbe unmittelbar nach einer vollzogenen Reinigung vorgenommen wird, wobei die Kesselwände an verschiedenen Stellen, und zwar a) im Dampfraum, b) an der Linie zwischen Wasser und Dampf, c) die Feuerbüchsen-Bleche an der Feuerdecke und im Aschenfall, d) im Kesselmantel angebohrt werden, um die Blechstärken der einzelnen Wände zu constatiren. Zeigen sich einzelne Blechtafeln besonders abgenützt, so muss man trachten, die Stelle der geringsten Blechstärken durch Anbohren zu ermitteln. Hat man von dem Zustand der Kesselwände auf diese Weise die Ueberzeugung gewonnen, so werden in die gebohrten Löcher passende Schraubenbolzen mit Unterlagscheiben eingezogen. Zeigt sich der Kesselkörper so weit abgenützt, dass eine Verminderung der Betriebspannung geboten erscheint, so muss die Belastung der Sicherheitsventile vermindert werden, wofür die in der Vollzugsvorschrift gegebenen Berechnungs-Beispiele das Verfahren angeben, die Ventilbelastungen, welche der in Aussicht genommenen Betriebsspannung entsprechen, bei directer, sowie bei indirecter Belastung zu finden. Gleichzeitig können die Ventile der Cylinder und der Speiserohrleitung entsprechend entlastet werden.

Erheben sich während der Campagne oder in Folge der vorgenommenen jährlichen Revision Bedenken gegen die Sicher-

heit des Betriebes, d. h. sind die Kesselwände durch andauernde
Abnützung geschwächt oder haben sich bedeutende Deformationen
einzelner Feuerbüchsen gezeigt oder sind Verankerungen abgerostet,
Kesselbleche rothglühend beobachtet worden, so müssen die schadhaften Kessel der Druckprobe unterzogen werden, wobei im Kessel
ein Probedruck zu erzeugen ist, welcher sich nach § 4 der
citirten Verordnung aus der vorgeschlagenen Betriebsspannung
berechnet.

Zur Vornahme dieser Probe müssen alle Oeffnungen am
Kessel verschlossen, die Kesselverkleidung, so weit als thunlich
losgenommen, die Sicherheitsventile dem Probedruck entsprechend belastet und deren Gehäuse offen gelassen, ein richtig ge-
stelltes Manometer, welches Anzeigen bis über den Probedruck macht, angebracht und der Kessel bis oben mit Wasser
gefüllt werden. Eine der Auxiliarpumpen muss entsprechend
hergerichtet oder eine Druckpumpe beigestellt und deren Rohr an
einer passenden Stelle in den Kessel geführt werden, worauf
mit dem Einpumpen begonnen werden kann. Ist der Kessel vollkommen dicht, so wird der Zeiger des Manometers während des
Einpumpens andauernd steigen, bis er die Probespannung erreicht
hat, wonach er die Pumpenstösse und das Ausspritzen des Wassers
beim Ventil durch Zuckungen anzeigen wird. Kessel, welche
bereits im Betriebe standen und welche wegen des zweifelhaften
Zustandes eine solche Druckprobe notwendig machen, werden in
den seltensten Fällen sich so dicht zeigen, dass der Zeiger des
Manometers andauernd steigt, wenn die Pumpe zu wirken beginnt.
Aus den grösseren oder geringeren Schwankungen, welchen der
Zeiger unterliegt, kann auf den mehr oder weniger dichten Zustand
der Kessel geschlossen werden. Bei alten Kesseln, und namentlich
wenn die angewendete Druckpumpe nur ein geringes Volumen
Wasser liefert, wird es in manchen Fällen gar nicht möglich sein,
die Probespannung zu erreichen, weil die Lecke alles eingepumpte
Wasser ausströmen lassen. Lecke Stellen müssen ausfindig
gemacht und gedichtet werden, bevor man wiederholt die Druckprobe vornimmt.

Der Druck soll durch einige Zeit im Kessel erhalten bleiben
indem man entsprechend nachpumpt und während der Belastung
den Zustand aller zugänglichen Bleche der zweifelhaften Stellen und
die Dichtung der Nietnaten und Siederohre beobachtet. Schweissende Nietenstösse und Rohre werden mit Kreide bezeichnet und
nachträglich verstemmt oder gedichtet. Ein besonderes Augen-

merk ist während der Druckbelastung auf Formveränderungen zu richten.

In die Feuerbüchse wurden vorher einige leichte Holzstäbe über die Quer eingesetzt und deren Stützpunkte mit Kreide bezeichnet. Wenn die Feuerbüchse ihre Form verändert, so werden die Stäbe umfallen, abgleiten oder sich verschieben und zur Beobachtung auffordern. Die Kesseldecke und andere Wände werden durch dünne Holzstäbe gegen feste Schoten oder Wände gestützt, welche Stäbe sich in dem Masse durchbiegen werden, als die Kesselwand sich ausbaucht. Eine andere Methode der Druckprobe, welche angewendet werden kann, wenn die erforderliche Druckpumpe mangelt, besteht darin, den Probedruck durch die Ausdehnung des Kesselwassers zu bewirken, indem man es durch kleine gleichmässige Feuer auf der ersten Rostlage erwärmt, wobei sich das Wasser der Temperaturs-Erhöhung entsprechend ausdehnt. Vorhergehend mussten alle Vorbereitungen wie bei der kalten Wasserdruckprobe vorgenommen werden und man hat aus den mehr oder weniger stetigen Schwankungen des Manometerzeigers auf den mehr oder minder dichten Zustand der Kessel zu schliessen. Die Feuer müssen sehr langsam entwickelt und die ganze Operation sorgfältig überwacht werden, damit kein Schaden hervorgerufen werde. Die kalte Wasserdruck-Probe ist vorzuziehen, weil der Kessel während der Probebelastung beobachtet werden kann.

Kessel-Explosionen.

Explosionswirkung.

Die nachfolgende Tabelle, welche in erster Linie bestimmt ist, die durch das neue Mass- und Gewichtssystem bedingten Aenderungen der Druckverhältnisse vorzuführen, lehrt beispielsweise in der 5. Zeile, dass Dampf von 2 Atm. Spannung gegen die Luftleere eine Quecksilbersäule von 1520 mm. (57·7 Wr. Zoll) oder eine Wassersäule von 20·66 M. (64·267 Wr. Fuss) — gegen den Luftdruck eine Quecksilbersäule von 760 mm. (28·85 Wr. Zoll) oder eine Wassersäule von 10·33 M. (32·678 Wr. Fuss bei 15° C.

Atm. absolute Spannung	M.-M. Quecksilbersäule gegen Vacuum	Meter Wassersäule gegen Vacuum	Atmosphären-Ueberdruck	Gramm-Druck per Quad.-Centimeter	Grad C. Temperatur des Dampfes	Gesammtwärme des Dampfes (Regnault)	Relatives Volumen	Explosive Wirkung	Pf. Pulver gleich ein 1 Cub.-Fuss Wasser
		mm.	Zoll.						
0·25	190	2 58	(570=22		65	626			
0·50	380	5·17	380=15		82	631			
0·75	570	7·75	190= 7½		92	635			
1	760	10·33	0		100	637	1699		
2	1520	20·66	1	1·033	121	643	897	65	1⅜
3	2280	30·99	2	2·07	134	647	618	107	2¼
4	3040	41·33	3	3·10	144	650	475	139	3
5	3800	51·66	4	4·13	152	653	387	165	3½
10	7600	103·32	9	9·30	182	662	207	254	5½

im Gleichgewicht zu halten vermag. Auf die Wände des einschliessenden Gefässes übt dieser Dampf einen Ueberdruck von 1 Atm. oder von 1·0334 Gramm per Quad.-Centim. (15 Pf. engl. oder 12·805 Wr. Pf. per Quad.-Zoll) aus. Auf den Quadratm. beträgt der Druck der Atmosphäre 10334 Kilogr. (per Quad.-Fuss 1844 Wr. Pf.) Der Dampf und das entwickelnde Wasser haben eine Temperatur von 121° C. und die Verdampfungswärme beträgt 643 — 121 = 522 Wärmeeinheiten. Das relative Volumen ist 897, d. h. 1 Cub.-M. Wasser entwickelt bei seiner Verdampfung 897 Cub.-M. Dampf von 1 Atm. Druck.

Aus der 6. Spalte ersieht man, in welchem Verhältnisse der Siedepunkt des Wassers steigt, wenn der Druck auf der Oberfläche ein vermehrter wird. Wasser von 144° C. Temperatur vermag nur Dampf von 3 Atm. Ueberdruck zu bilden; um höher gespannte Dämpfe zu entwickeln muss mehr Wärme zugeführt, das Kesselwasser auf eine höhere Temperatur gebracht werden. So ersieht man aus der Tabelle, dass bei 152° C. Dampf von 4 Atm. Druck entwickelt werde. Die Spannung des Dampfes ist unmittelbar von der Temperatur des Kesselwassers abhängig und es kann der Dampfdruck auf keine Weise anwachsen, ohne dass die hiezu erforderliche Wärme zugeführt wird.

Denkt man sich in einem geschlossenen Gefäss die Wärmezufuhr unterbrochen, so wird die Dampfentwickelung aufhören und eine der Temperatur des Wassers entsprechende Spannung herrschen. Wird Dampf abgenommen, so beginnt das Wasser aufzukochen und es werden stetig Dampfblasen in dem Masse aufsteigen, als Dampf fortgeführt wird, so dass keine oder doch nur allmählig eine Druckverminderung stattfindet, weil durch das Verdampfen Wärme gebunden, respective dem Wasser entzogen wird. Dieses kühlt sich daher bei andauernder Dampfabnahme allmählig ab und die Spannung des gebildeten Dampfes sinkt dem entsprechend, bis das Wasser auf 100° C. abgekühlt selbst beim Atmosphärendruck nicht mehr in den gasförmigen Aggregatszustand überzugehen vermag. Auf diese Weise hat man sich den Vorgang zu erklären, wenn bei einem Kessel ein Sicherheitsventil geöffnet wird, — es wird keine plötzliche Druckverminderung und keine Massenbildung von Dampf in Folge der Druckentlastung stattfinden. Wasser von 144° C. vorausgesetzt, welches Dampf von 3 Atm. Druck entwickelt, vermag hiebei mit den überschüssigen 44 Wärmeeinheiten den $\frac{44}{537}$ ten Theil zu verdampfen, bis das Wasser durch den abziehenden Dampf so weit abgekühlt wurde, dass es weiters hin selbst beim Luftdruck keine Dämpfe mehr zu bilden vermag. Ein Cub.-Fuss dieses Wassers vermag daher bei vollkommener Druckentlastung mit der eigenen Wärme $\left(\frac{44}{537}\right)$ 1699=139 Cub.-Fuss Dampf von Atmosphären-Spannung (760 mm.) zu entwickeln, wobei der $\left(\frac{537}{44}\right)$ oder 12. Theil des Wassers verdampft wurde.

Diese Druckentlastung findet nun plötzlich statt, wenn die Wände eines Kessels während des Betriebes aufgerissen werden, so dass das nun überhitzte Wasser nur noch dem äusseren Luftdruck ausgesetzt ist. Die im Wasser aufgespeicherte Wärme, vermöge welcher dasselbe vorher bei dem auf der Oberfläche lastenden Druck der Betriebsspannung noch Dampf entwickeln konnte, wird momentan frei und zur Dampfbildung verwendet, sobald dieser Druck wie beim Bersten der Kesselhülle aufgehoben wird. Je grösser die dabei entwickelte Dampfmenge ist, desto schrecklicher werden die Folgen eines solchen Vorfalles, einer Kesselexplosion sein, weshalb wir die mit der überschüssigen Wärme bei der Druckentlastung entwickelte Dampfmenge die „explosive Wirkung" des Kesselwassers nennen und in der 9. Spalte der Tabelle angeordnet haben.

Die 5. Zeile lehrt beispielsweise, dass 1 Cub.-Fuss Wasser eines mit 1 Atm. Druck betriebenen Kessels bei der Druckentlastung 65 Cub.-Fuss Dampf von der Atmosphären-Spannung (760 mm.) entwickelt.

Nach Bunsen und Schischkoff bildet 1 Gramm Schiesspulver bei seiner Verbrennung 207 Cub.-Cm. Gase von 0° C. und 760 mm. Spannung, wonach bei einer Verbrennungstemperatur von 2993°

aus 1 Pf. Pulver 47 Cub.-Fuss Gase von Atmosphären-Spannung entwickelt werden, welche Zahl die Explosionswirkung des Schiesspulvers darstellt und eine Vergleichung mit der eines Kessels ermöglichet. $1^3/_8$ Pf. Pulver haben, wie die 5. Zeile zeigt, dieselbe explosive Wirkung als 1 Cub.-Fuss Wasser von 121° C. Temp. (1 Atm. Druck), weil in beiden Fällen die gleiche Menge Gase gleicher Spannung entwickelt wird. Die ungeheure Dampfmenge, welche bei einer Kesselexplosion in Folge der plötzlichen Druckentlastung momentan entwickelt wird, erklärt die verursachten Unfälle und Verwüstungen genügend. Ein Kessel des Bugbatterie-Cas. Custozza hat die explosive Wirkung von 1413 Pf. Pulver und der ganze Kesselsatz (bei 5580 Cub.-Fuss Dampf- und 4884 Cub.-Fuss Wasserraum, 2 Atm. Druck) hält während des regelmässigen Betriebes in seinem Eisenkleide die Explosionswirkung von 113 Ctr. Schiesspulver gefesselt — ein Drittel des Pulvergehaltes der gesammten Kriegsmunition von 19274 Kilo, welches in drei verschiedenen Kammern und in kleinen Parthien (zu 32 und 22 Kilo) wohl verschlossen aufbewahrt ist.

Die Temperatur des Kesselwassers, somit die bei der Druckentlastung freiwerdende Wärme wächst mit der Betriebsspannung, weshalb Kessel mit höher gespannten Dämpfen bei einer Explosion eine grössere Dampfmenge entbinden und schrecklichere Folgen nach sich ziehen werden. Die explosive Wirkung hängt in ihren Folgen fernerhin von der Menge des Kesselwassers — von der Grösse des Wasserraumes ab und man suchte solche Gefahren durch die Einführung von Rohrsystemen, welche eine minimale Menge erhitzten Wassers enthalten, statt der ausgedehnten Kesselkörper zu vermindern.

Erscheinungen und Ursachen der Explosionen.

Wurde in einer Kesselwandung in Folge örtlicher Abnützung oder Ueberspannung ein Riss verursacht und wird dessen Fortschreiten durch widerstandsfähigere Stellen gehemmt, so findet die Druckentlastung nicht plötzlich statt. Der Dampf wird durch den entstandenen Riss mit grösserer oder minderer Heftigkeit ausgeblasen, wobei der Druck nach einer Weile sinkt und der Kessel entlastet ist. Befand sich der Riss im Wasserraum, so wird das Kesselwasser herausgetrieben und vermag durch den massenhaft sich entwickelnden Dampf die Kesselhülle oder Einmauerung weiter zu beschädigen und ernstere Folgen zu verursachen. Eine rasche

Entleerung des Kessels kann aber auch bei einem Riss im Dampfraume stattfinden, weil durch die rasche Dampfabnahme und
rapide Entwickelung das ganze Kesselwasser derart aufschäumt und
überkocht, dass der ganze Raum mit einem Gemische aus Wasser
und Dampf gefüllt ist, welches, beim Leck hinausgetrieben, den
Kessel bald entleert und der Wirkung der Flamme aussetzt. Diese
von weniger schrecklichen Folgen begleitete Erscheinung einer
Kesselexplosion wurde bei eingedrückten Feuerrohren, überhitztem Blech, schwachen und ausgenützten Kesselhüllen häufig
beobachtet.

Es ist allgemein die Ansicht verbreitet, dass bei alten abge-
nützten Kesseln derlei Vorfälle weniger zu befürchten wären, weil
der Kesselmantel an der schwächsten Stelle nachgeben und den
Dampf ausblasen werde, bevor ein grosser Druck erreicht und
Verwüstungen verursacht werden. Die Versuche zur Herbeiführung
von Kesselexplosionen in Sandyhook haben wohl gezeigt, dass alte
Kessel schwache Stellen durch Lecken und Dampfabblasen anzeigen, doch zersprangen dieselben nach wiederholten Reparaturen
mit Detonationen und mit schrecklicher Gewalt, weshalb es als
gewissenlos bezeichnet werden muss, ausgenützte oder reparaturs-
bedürftige Kessel mit diesem billigen Troste im Betriebe zu belassen.

Erweitert sich der Riss durch die Gewalt des ausströmenden
Dampfes oder durch in Folge ungleicher Ausdehnungen hervor-
gerufener falscher Spannungen nach der Linie des schwächsten
Widerstandes, so dass die Kesselhülle in mehrere Theile zerrissen
wird, so findet die Druckentlastung und die Dampfentwickelung
momentan statt und es werden grössere Verwüstungen hervorgerufen. Solche Erscheinungen, welche durch Bersten des Kessels
bezeichnet werden können, erklären sich am häufigsten durch
fehlerhafte Constructionen und Armaturstheile, mangelhafte Wartung,
Wassermangel und übergrossen Druck.

Zuweilen wird die Kesselhülle durch den Dampfdruck in
mehrere Theile gesprengt, welche wie aus einer Kanone geschossen
mit allmächtiger Wucht durch Mauern und Decken auf grosse
Entfernungen geschleudert werden, Tod und Verderben um sich
verbreitend. Solche Erscheinungen wurden zumeist durch fehlerhafte
Ausführung der Kessel, mangelhafte Reparaturen und gewissens-
lose Wartung erklärt. Eine Explosion mit Detonation kann ferners
hervorgerufen werden, wenn der durch den Riss einer überange-
strengten Stelle entweichende Dampf mächtig genug ist, den
Kessel von seinem Fundamente abzuheben, so dass er beim Niederfallen zerbricht und explodirt.

Von diesen Kesselexplosionen in der eigentlichsten schreck-
lichsten Bedeutung des Wortes bis zu harmlosen Entleerungen des
Dampfes durch eine aufgerissene Nietennhat oder abgerissene
Flanschen giebt es eine Reihenfolge von Vorfällen, welche zu den
Kesselexplosionen gerechnet werden. Man pflegt häufig sogar
Eventualitäten, welche mehr oder weniger den regelmässigen Be-
trieb unterbrechen oder zu Schaden führen, unter dieses Capitel
einzureihen, wenn dieselben auch an Armaturstheilen oder an der
Dampfleitung geschehen.

Kesselexplosionen sind physikalische Vorgänge, welche gleich
allen andern in den Naturgesetzen ihre Begründung finden müssen
und die jeder Erklärung spotten, welche mit diesen im Wider-
spruche steht. Die im grossen Style angelegten Hoboken-Experimente
zur Herbeiführung von Kesselexplosionen haben den Glauben, dass
derlei Vorfälle nicht vorhergesehen und abgewendet werden
könnten, erschüttert und die Grundlosigkeit der Behauptung
gezeigt, dass Explosionen gleich einem düstern Verhängniss über
den Kesseln schweben. Die englischen Kesselversicherungsgesell-
schaften und unter diesen besonders die auf Veranlassung der
„Manchester Steam Users Association" unternommenen Experimente
und abgehaltenen Erhebungen bei stattgehabten Explosionen haben
am meisten dazu beigetragen, Materiale für eine inductive Behandlung des Gegenstandes, wie selbe einzig und allein zu Resultaten
und zu Lehren für das practische Bedürfniss führen kann, zu
sammeln. Wir glauben in dem bescheidenen Rahmen dieses
Werkes durch Aufführung des nachfolgenden aus dem „Engineering"
zusammengestellten Schema am Förderlichsten alle die Ursachen
vorzuführen, welchen Kesselexplosionen zugeschrieben werden.

E. B. Marten theilt in seinen Berichten die durch Erhebung
festgestellten Explosionsursachen in drei Haupttitel, nämlich:
A. Fehler der Construction, welche durch eine fachkundige Untersuchung vor der Inbetriebsetzung oder nach einer vorgenommenen
Reparatur aufgedeckt werden könnten. B. Fehler der Abnützung,
welche durch eine zeitweise Untersuchung des Zustandes erkannt
werden können. C. Fehler in der Wartung der Kessel während
des Betriebes.

Die Summen aller Angaben der einzelnen Jahre wurden in
der letzten Spalte eingesetzt, welche lehrt, dass der grösste Theil
der Kesselexplosionen den Constructionsfehlern (182), ein minderer
einer wenig umsichtigen Wartung (171) und der geringste Theil
(136) den Folgen einer allgemeinen Abnützung zugeschrieben

Kessel-Explosionen in England

von E. B. Marten der Midland Boiler Association.

Angeführte Ursache	1866	1867	1868	1869	1870	1871	1872	1873	Summe
Schwache Feuerrohre	8	—	—	4	9	4	7	9	41
„ Mannlochdeckel	2	1	—	—	—	3	5	3	14
Schlechte Reparatur	4	2	4	12	6	2	4	9	43
„ Arbeit und Material	2	—	—	—	—	—	3	—	5
„ und schwache Construction	10	17	9	8	4	—	—	15	56
„ Verankerungen	1	4	5	3	—	3	—		23
A. Fehler der Construction	27	24	18	27	19	12	19	36	182
Verrostungen von innen	11	7	11	16	13	15	14	15	96
„ „ aussen	4	5	6		5	5	5	4	40
B. Fehler der Abnützung	15	12	17	16	18	20	19	19	136
Uebergrosser Druck	6	3	4	—	19	15	12	12	71
Fehlerhafte Armaturstheile	2	1	—	—	1	—	6	—	10
Heizflächen blossgelegt	10	3	6	8	12	6	5	14	64
Dicke Kesselsteinkrusten	2	—	—	—	1	2	4	4	13
Mannlochdeckel unvorsichtig geöffnet	—	—	—	—	—	8	3	2	13
C. Fehler in der Wartung	20	7	10	8	33	31	30	32	171
Nicht festgestellt	6	5	—	8	—	3	6	1	29
Explosionen im Jahre	68	48	45	59	70	66	74	88	518
Marine-Kessel:									
Schlechte Construction	2	—	1	1	—	—	—	—	4
„ Reparatur und Material	—	—	—	—	—	—	1	1	2
Aeussere und innere Verrostung	—	—	1	1	—	—	3	1	6
Mangelhafte Verankerung	—	—	1	—	—	—	—	1	2
Wassermangel	1	—	1	1	—	3	1	2	9
Uebergrosser Druck	—	—	—	—	—	—	—	2	2
Schlechte Armaturstheile	—	—	—	—	—	2	2	—	4
Schwaches Feuerrohr	—	—	1	—	2	—	—	—	3
Nicht festgestellt	1	—	—	—	—	1	1	—	3
	4	0	5	3	2	6	8	7	35

werden musste. Unter dem ersten Titel sieht man schlechte
mangelhaft ausgeführte Reperaturen mit 48 und schwache Feuerbüchsen mit 41 als Explosionsursache angegeben, wo hingegen in
wenigen Fällen schlechte Verankerungen (23) und schlechte Mannlochdeckel (14) zu Catastrophen führten. Die allgemeine Abnützung
greift im Wasserraume doppelt so rasch um sich, als im Feuer-
raume, nachdem 96 Fälle Verrostung von innen gegen 40 Fälle
Verrostung von aussen constatirt werden. Unter den in der dritten
Gruppe eingereihten Ursachen sind 71 Fälle constatirt, wobei übergrosser Druck zur Explosion führte. Weiters bemerkenswert ist,
dass bei 64 Fällen Heizflächen blossgelegt wurden. Seltener haben
dicke Kesselsteinkrusten (13) oder fehlerhafte Armaturstheile (10)
zu gefährlichen Folgen Anlass gegeben.

Kessel-Explosions-Theorien.

Unter den Theorien, welche aufgeworfen wurden, um Kessel-
Explosionen deductiv ohne die Mühe der Beobachtung zu erklären,
sind besonders das Leidenfrost'sche Phänomen und der Siedeverzug, die percussive Wirkung des Dampfes und die Bildung von
explosiven Gasen im Kessel hervorzuheben.

Das Leidenfrost'sche Phänomen oder der sphäroidische
Zustand des Wassers ist die Erscheinung, dass Wasser in kleinen
Mengen auf einer rothglühenden Platte kugelförmige Tropfen
bildet, welche nicht momentan verdampfen, sondern sich von der
Platte abheben und langsam verdunsten, indem sich stets ein
die Wärme schlecht leitendes Dampfkissen als Unterlage bildet.
Dieser Zustand dauert jedoch nur so lange an, bis die Platte sich
genügend abgekühlt hat, worauf die Tropfen Wassers rasch in
Dampf verwandelt werden sollen. Dieses Phänomen wurde zeitweise
als Ursache von Kesselexplosionen angeführt, hat jedoch, wie
Fletcher's Versuche nachweisen, hiezu keine Berechtigung, indem
die Schwerkraft und der Auftrieb der Dampfblasen bei grösseren
Wassermengen verhindern, dass eine Dampfschichte zwischen
Kesselwand und Wasser ein Ueberglühen der Bleche und nach-
folgende spontane Dampfentwickelung ermöglichen würde.

Die Versuche Dufour's (Compte Rendus Band LIII und LVIII),
welche der Theorie des Siedeverzuges als Grundlage dienen,
zeigen, dass Wasser in kleinen Mengen mit einem Glasrohre in
eine weit über die Siedetemperatur erwärmte Mischung von Oelen

gebracht werden könne, ohne zu verdampfen, woraus geschlossen wird, dass sich Wasser bedeutend (154° C.) zu überhitzen vermag, ohne in den gasförmigen Aggregatszustand überzugehen. Wurde das Wasser nachfolgend bewegt, so dass die den Wassertropfen einschliessende Dampfhülle verschoben wurde, so verdampfte es sehr rasch und die Vorbedingungen für die Erklärung einer Explosion sollen geschaffen sein.

Man sagt: Luftfreies Wasser vermag sich in einem Kessel während Betriebspausen, wenn keine Circulation stattfindet, auf eine höhere Temperatur zu erwärmen, „zu überhitzen", ohne Dampf zu entwickeln und eine der Temperaturserhöhung entsprechende Dampfspannung am Manometer anzuzeigen. Wird der Ruhezustand des Kesselwassers nachfolgend durch beginnende Dampfabnahme oder durch Stösse von aussen gestört, so entwickelt das Wasser vermöge der heimtückisch aufgespeicherten Wärme eine ungeheure Dampfmenge, deren übermässiger Spannung die Kesselhülle nicht zu widerstehen vermag. Dieser Vorgang, welcher zumeist durch mangelhafte practische Beobachtungen oder durch unrichtige theoretische Anschauungen gestützt erscheint, wird der Siedeverzug genannt.

Zur Beruhigung mag angeführt werden, dass Dank dem erfinderischen Geiste der Neuzeit bereits Apparate erfunden sind, um die Naturgesetze in ihrem Geleise zu erhalten und dem Schrecken des Siedeverzuges zu begegnen.

In der Praxis wurden noch keine Vorfälle beobachtet, welche darauf hinweisen, dass die Ueberhitzung des Wassers wirklich in betriebenen Kesseln stattfinde. Mit Hinblick auf die angestellten Versuche, welche theilweise sich dem Leidenfrost'schen Phänomen unmittelbar anschliessen, theilweise die Kinderschuhe der Glasgefässe nicht abgetreten haben und nach den bei vielen Kesselexplosionen geschöpften Anschauungen und Erfahrungen muss entschieden in Abrede gestellt werden, dass ein solcher Siedeverzug und eine nachfolgende Massenbildung von Dampf die Ursache einer Kessel-Explosion sein könne.

Die Knallgastheorie, welche bereits durch Arago 1830 widerlegt wurde, erklärte Kesselexplosionen durch die Entzündung von Knallgasen, welche sich im Kesselkörper durch die Zersetzung des Wassers an heissen Blechen, (durch Oxydation des Eisenbleches) und Vermischung mit der durch das Speisewasser eingeführten Luft bilden sollten. Die Entzündung selbst wird wieder durch erhitzte Bleche oder durch Electricitätswirkung besorgt, welche aufgeboten wird, trotzdem am Kessel kein einziger Theil isolirt ist. (Diesbezüglich verweisen wir auf die im 11. Band der „Zeitschrift des Vereins deutscher Ingenieure" enthaltenen Artikel von Grashof).

Alle Versuche, ungegründete Theorien über diese wichtige Materie zu verbreiten, lenken die Aufmerksamkeit ab, aus einer eingehenden Beobachtung der Thatsachen Lehren zu ziehen, gefährden den Betrieb, indem die Wachsamkeit und der Eifer des Bedienungspersonales unter dem Damoklesschwert des Siedeverzuges und der Knallgasbildung abstumpfen, muss und geben Gelegenheit, die Folgen der Fahrlässigkeit oder eines tollkühnen Betriebes zu verdecken und deren Urheber als beklagenswerte Opfer eines düsteren Verhängnisses hinzustellen.

Wird dem Dampf in einem betriebenen Kessel plötzlich ein Ausweg verschafft (wie beim Oeffnen eines Sicherheitsventils), so wird der Druck momentan entlastet und in Folge dessen entwickelt sich plötzlich eine grosse Menge Dampfes, welche mit Vehemenz gegen die Ausströmungsöffnung stürzt, Wasser mitreisst und einen solchen Stoss auf die umgebenden Kesselwände ausübt, dass dieselben aufreissen. So dürfte man sich die Ursache erklären, welche als percussive Kraft des Dampfes oder als „dynamische Entwicklung der statischen Kraft eines Kessels" für Explosionen angeführt wird.

Der Dampf wird sich, wie auf Seite 119 besprochen wurde, continuirlich entwickeln und keine plötzliche Druckentlastung stattfinden, welche eine explosive Wirkung ermöglichen würde. Wurde die Kesselhülle bereits aufgerissen, so dass eine solche Entlastung schon eingetreten ist, dann wird die durch die Wasserdampfbildung emporgeschleuderte Wassermenge die weiteren Verheerungen hervorrufen. Als Grundursache kann dieser Vorgang aber nicht angesehen werden. Wenn man an einem Kessel ein Sicherheitsventil öffnet, wird ein momentanes Fallen des Dampfdruckes beobachtet? Nein! es fällt die Spannung nur allmählig. Eine Massenbildung von Dampf kann in einem geschlossenen Gefässe nicht stattfinden.

Verhütung von Kessel-Explosionen.

Eine Kessel-Explosion kann nur dann erfolgen, wenn die Kesselhülle durch den Dampfdruck mehr in Anspruch genommen ist, als die schwächste Stelle zu ertragen vermag. Dieses Miss-

verhältniss kann hervorgerufen werden: wenn 1. die Kesselcon-
struction derart ist, dass die durch die Wärme hervorgerufenen
Ausdehnungen nur auf einzelne Bleche oder Anker ausgeübt wird,
welche dann eine Ueberanstrengung erfahren; 2. der Dampfdruck
langsam oder momentan anwächst; 3. der Kesselmantel oder
Feuerzüge in Folge Abnützung oder Ueberhitzung für die normale
Dampfspannung zu schwach werden.

Wärme ruft Ausdehnung hervor und vermag hiedurch eine
Kraft auszuüben, welche, wie die Erfahrung lehrt, sehr gross ist.
Diese Kraft ist im Allgemeinen derjenigen gleich, welche auf
mechanischem Wege im Stande wäre, dieselbe Formveränderung
hervorzurufen. Die Betriebswärme verursacht Spannungen, welche
bei Constructionen sehr häufig nicht berücksichtigt werden
und leicht zu Schaden führen können. Jede Kraft wirkt dahin,
wo sie den geringsten Widerstand findet und es werden solche
Ueberspannungen stets auf den schwächsten Querschnitt übertragen. Diese Ueberspannung kann verursachen, dass nicht ausgenützte Kesselhüllen mit den Erscheinungen der heftigsten
Explosion zerrissen werden, wenn auch die normale Spannung
nicht erreicht ist. Eisenblech hat bei höherer Temperatur
eine geringere Zerreissfestigkeit und es können überhitzte Bleche
auch dadurch zu Explosionen führen, dass sie dem Dampfdrucke
nur einen geringeren Widerstand entgegensetzen.

Ein übergrosser Druck kann durch Fahrlässigkeit dann
eintreten, wenn das Sicherheitsventil, welches bestimmt ist, den
Kessel vor übermässigen Dampfspannungen zu schützen, nicht
spielt oder der Manometer unrichtig anzeigt. Diese Apparate
müssen daher, um gegen solche Eventualitäten sichergestellt zu
sein, mit der grössten Sorgfalt in Ordnung gehalten, während des
Betriebes regelmässig controllirt und zeitweise nachgesehen werden.
Es stellen sich diesbezüglich indirecte Belastungen als vortheilhafter heraus, weil sie eine Untersuchung erleichtern und die
Kesselwände nicht so sehr belasten, als wenn das Ventil directe
durch grosse Gewichte festgehalten wird. Die einzelnen Gelenke
der Belastungshebel müssen stets leicht gangbar erhalten bleiben.
Das Dampfabströmungsrohr, welches vom Gehäuse in's Freie
führt, darf nicht verbogen oder verstopft sein und muss einen
genügenden Querschnitt haben, um dem abziehenden Dampf durch
Drosseln kein Hinderniss zu bieten. Das Belastungsgewicht muss
am Ende des Hebelarmes angebracht sein, um die Möglichkeit zu
benehmen, den relativen Druck durch Hinausschieben der Gewichte

zu vermehren. Erscheint durch den Zustand des Kessels eine Entlastung der Ventile geboten, so muss das Gewicht vermindert oder der Hebel entsprechend verkürzt werden. Das Sicherheitsventil, sowie der Manometer müssen directe am Kesselmantel, nicht an einem Gehäuse, welches durch das Absperrventil Dampf erhält und zwar an einer Stelle angebracht sein, wo dasselbe in die Augen fällt, um keine Mehrbelastung des Hebels zu gestatten, ohne dass man derselben alsobald gewahr werde. Das verwendete Manometer soll bis zur Spannung der gesetzlichen Druckprobe weisen. Gefährlich und absolut verwerflich ist es, die Ventile durch Mehrbelastung oder durch Verkeilen des Belastungshebels in der Führungsgabel zum dichtern Verschluss zu bringen, wenn dieselben häufig oder continuirlich Dampf abblasen. Es werden hiedurch Gefahren heraufbeschworen, welche nur die grösste Gewissenlosigkeit oder Unwissenheit zum Urheber haben können. An der Construction der Sicherheitsventile dürfen absolut keine selbstständigen Aenderungen vorgenommen werden und dieselben müssen sorgfältig diensttauglich erhalten bleiben. Der Dampfdruck kann momentan anwachsen, wenn dicke Kesselsteinkrusten ein Ueberhitzen des Bleches in der Stichflamme hervorgerufen haben und durch ein Abspringen der Inkrustationen das Wasser plötzlich zum überhitzten Blech gelangt, in Folge dessen sich sehr rasch Dampf entwickelt. Man hat daher Sorge zu tragen, dass der Kessel gereinigt werde und suche zu vermeiden, die Feuer zu forciren, um keine zu intensive Hitze zu entwickeln. Wurden Heizflächen in Folge Wassermangel blossgelegt, so kann durch nachfolgendes Aufspeisen der gleiche Uebelstand hervorgerufen werden; doch ist es mindestens zweifelhaft, ob das Aufspeisen wirklich der unmittelbare Anstoss zu Kesselexplosionen sein wird weil der Wasserspiegel nur sehr langsam steigt, nachdem eine im Verhältniss zur Wasseroberfläche geringe Menge Speisewassers eingeführt wird und die Sicherheitsventile genügend gross sind, den entwickelten Dampf abzunehmen. Um zu verhindern, dass der Wasserstand sinke, hat man die Speisevorrichtungen stets im guten Zustande zu erhalten und die Speisung andauernd zu besorgen. Zweckmässige Armaturstheile, ein aufmerksames Bedienungspersonale und eine entsprechende Ueberwachung, werden diesen Ursachen der Kesselexplosionen vorbeugen.

    Haben die Kesselbleche durch A b n ü t z u n g gelitten, sind Anker, Stehbolzen, Stützrohrmuttern zerstört oder abgebrannt, Versteifungswinkel oder Bügel abgerostet, dass sie nicht mehr wirken können, die Kesselwände gegen den Dampfdruck zu stützen, so kann dies auch zu Kesselexplosionen führen. Dagegen sichert eine periodisch wiederholte eingehende Untersuchung des Zustandes der Kesselwände, eine angemessene Construction und Placirung der Kesselbestandtheile, welche eine Untersuchung ermöglicht und die richtige Ausführung der sich als notwendig ergebenden Reparaturen zulässt, am ausreichendsten vor der Explosionsgefahr, wie die Thätigkeit der englischen Kesselversicherungs-Gesellschaften im vollsten Masse nachweisen.

Die Festigkeit der Kesselwände wird durch ein Ueberhitzen der Bleche vermindert, indem Eisen bei höherer Temperatur eine geringere Zerreissfestigkeit aufweist, wobei noch die, durch die Ausdehnung herbeigeführten Formveränderungen hinzutreten, um die Nietenstösse zu lockern und übermässig in Anspruch zu nehmen. Es kann daher das Ueberhitzen der Kesselwände zur Ursache einer Explosion werden. Dieses Ueberhitzen wird hervorgerufen durch Wassermangel, durch übermässige Blechstärken in der Stichflamme an den Nietenstössen, durch das Ansammeln von Dampfblasen an Heizflächen (durch die Construction bedingte mangelhafte Circulation) und durch dicke Kesselsteinkrusten. Alle diese Nachtheile werden bei forcirten Feuern vermehrt auftreten. (Siehe Seite 25 und 85.)

Wassermangel kann durch ungenügende Speisung, bedeutende Lecke unter der Wasserlinie (siehe Seite 55) oder durch heftiges Ueberkochen (siehe Seite 49) sowie mittelbar durch unrichtige oder verstopfte Wasserstandszeiger verursachet werden, weshalb man sich während des Betriebes zeitweise überzeugen muss, ob der Wasserstand richtig angezeigt wird. (Siehe Seite 68 und 88.)

Schlechtes Materiale und Arbeit an der Kesselhülle oder an den Verankerungen, sowie fehlerhafte und nachlässig ausgeführte Reparaturen können den ersten Anlass geben, dass in der Folge die Kessel dem normalen Dampfdrucke nicht widerstehen können. (Siehe Seite 105 und 108).

Zur Sicherheit sowie mit Hinblick auf die Oekonomie des Kesselbetriebes müssen folgende Gesichtspunkte im Auge behalten werden :

1. Die eingehende, periodisch wiederkehrende Untersuchung des Zustandes der Kessel durch Kesseltechniker, sowie die rasche und richtige Ausführung der sich als notwendig zeigenden Repa-

raturen, wodurch der Seite 123 sub B und einem grossen Theile der sub A angeführten Fälle begegnet wird.

2. Eine einsichtsvolle, von richtigen Principien geführte Betriebsleitung, welche eine zweckmässige Verwendung und aufmerksame Bedienung der Kessel durch eine entsprechende Ueberwachung und durch g e e i g n e t e Instructionen sichert.

3. Ein tüchtiges eifriges Bedienungspersonale, welches für seinen Beruf die nötige Handfertigkeit besitzt, mit dem Dienste vertraut gemacht und mit Eifer fortgebildet wird.

Diese Erfordernisse bürgen für den sichern und wirkungsvollen Betrieb eines Kesselsatzes, für eine ökonomische Gebahrung mit den Betriebsmaterialien und für die Dauerhaftigkeit des wertvollen Kesselmateriales.

Zweiter Abschnitt.

Behandlung der Maschinen.

Untersuchung der Maschinen.

Eine Maschine, welche nach längerem Stillstande oder nach vorgenommenen Reparaturen wieder unter Dampf verwendet werden soll, muss in allen Theilen genau untersucht werden. Alle Armaturstheile und Hilfsapparate sind sorgfältig zu probiren und deren zweckentsprechender Zustand zu constatiren.

Damit eine Maschine in vollkommen brauchbarem Zustande sei, muss der Kolben dampfdicht an die Wände des Arbeitscylinders schliessen, die Kolbenstangen müssen sicher und dicht im Kolbenkörper sitzen und deren Befestigungsmuttern, sowie die Schraubenbolzen des Dampf-Kolbendeckels und des Pressringes der Luftpumpen-Kolben fest angezogen und gegen Loswerden gesichert sein. Die Sicherheitsventile der Cylinder sollen sich öffnen können und die Schutzplatte oder der Stellring zum Spannen der Federn muss gut und sicher befestiget sein. Mutter und Gegenmuttern der Befestigungsbolzen müssen sich leicht an den Spindeln bewegen

Die Wasserablass-Hähne und die Schmiervasen des Cylinders und Schieberkastens dürfen nicht verstopft sein und müssen im kalten Zustande sehr leicht spielen, damit sie sich warm nicht festsetzen. Die Hahnkegel sollen gegen Herausfallen gesichert sein. Die Luftklappen der Wasserablass-Hähne müssen auf den Aufgussmündungen aufliegen und leicht spielen. Die Hebelvorrichtungen zum Entlasten der Sicherheitsventile, zum Stellen der Drosselklappe, sowie zum Oeffnen der Wasserablass-Hähne sollen sich leicht bewegen lassen und keinen todten Gang zeigen. Alle Gelenke müssen durch Gegenmuttern oder sichere Splinten festgehalten werden. Krumme Zugstangen sind gerade zu richten, lockere Gelenke auszureiben und auszubüchsen.

Sind die Cylinder mit Dampfjacken versehen, so müssen deren Dampfeinlass- und Wasserablass-Hähne sich leicht öffnen lassen und nicht verstopft sein. Sind die Cylinderdeckel und Böden mit solchen Dampfjacken versehen, so muss das condensirte Wasser abgelassen und die Communication dieser Deckelräume mit dem Dampfmantel hergestellt werden. Die Stopfbüchsen der Schieber- und Kolbenstangen müssen luftdicht verpackt sein, die Vertheilungs- schieber dampfdicht auf den Schieberspiegeln aufliegen und sich mittelst der Umsteuerungs-Vorrichtung anstandslos bewegen lassen. Die Entlastungsrahmen der Vertheilungsschieber sind entsprechend zu spannen. Das Entlasten der Schieber hat den Vortheil, dass die Reibung und Abnützung geringer wird und die Schieber leichter gehandhabt werden können. Die Expansions-Vorrichtung soll leicht ein- und ausgeschaltet und für alle zulässigen Füllungs- grade bewegt werden können.

Luftpumpen-Kolben und die Stopfbüchsen der Speise- und Soodpumpen-Plunger müssen dicht verpackt sein, die Kautschuk- klappen der Fuss- und Ueberlieferungs-Ventile eben aufliegen und sich leicht drehen lassen. Die Ventile der Speise- und Soodpumpen dürfen nicht verlegt sein und sollen leicht spielen, die Ausguss- ventile müssen dicht aufsitzen, um das Eindringen von Seewasser zu verhüten. Eine Hauptbedingung der richtigen Functionirung von Oberflächen-Condensatoren ist, dass die Kühlrohre luftdicht in den Rohrplatten sitzen. Sind zum Heben der Coulisse und für die Circulation des Kühlwassers eigene Dampfmaschinen bei- gestellt, so sind deren Cylinder und bewegliche Theile auf die gleiche Weise zu untersuchen.

Sämmtliche Hebel für die Umsteuerung, für die Injection und Notinjection sollen sich leicht bewegen lassen und keinen todten Gang zeigen.

Die Lager der Kurbel- und Transmissionswellen müssen entsprechend angezogen und deren Befestigungsmuttern mit Stell- schrauben festgestellt sein. Die Aufklotzung des Thrustlagers der Propeller- oder die Hauptlager der Radwelle müssen sicher befestigt sein, wovon man sich bei der nächsten Fahrt zu überzeugen hat; dabei muss vorausgesetzt werden, dass alle beweglichen Theile richtig und fest mit einander verbunden seien und deren Spiel nicht durch fremde Körper gehindert werde. An der Welle müssen Zeichen eingeschlagen sein, welche jene Stellung des Schrauben- propellers anzeigen, in welcher der Bewegung des Schiffes der geringste Widerstand entgegengesetzt wird oder bei welcher die Propellerwelle ein- oder ausgekuppelt oder gehisst werden kann. Bei Keilkupplungen ist die breitere Oeffnung der Keilnut durch eine deutliche Marke ersichtlich zu machen. Von der Richtigkeit der Zeichen muss man ehethunlichst Ueberzeugung gewinnen. Es ist zeitweise zu beobachten, ob die Welle keine Sprünge zeigt und es ist da besonders jene Kröpfung der Kurbelschenkel zu beachten, wo dieselben an den Kurbelzapfen und an die Welle anstossen, kurz dort, wo das Materiale bei der Erzeugung am meisten angestrengt, respective dessen Form verändert wurde.

Alle Hähne und Ventile, welche an der Maschine angebracht sind, müssen dicht sein und dürfen nicht feststecken. Hähne und Ventile werden eingeschliffen und die Dichtungsflächen mit Unschlitt gefettet. Die Verkleidungen, welche Cylindermäntel, Schieberkasten und das Hauptdampfrohr gegen Abkühlung schützen, müssen sorgfältig ergänzt oder erneuert werden, wenn sie Reparaturen halber losgenommen wurden. Diese Verkleidungen sind gewöhnlich doppelte Filzlagen, welche durch eine mit Metallbändern versehene Holzverschallung festgehalten werden.

Man untersucht, ob der Kolben dampfdicht im Arbeitscylinder sitzt, indem man die Maschine bei in's Mittel gestelltem Schieber dreht, nachdem der Cylinder vorher gut geölt wurde. Ist der Kolben dicht, so muss an den Cylinderablasshähnen ein Ansaugen und Ausblasen der Luft bemerkbar sein. Wenn die Zeit es gestattet, so kann der Mannloch-Deckel geöffnet und der Cylinder von innen untersucht werden. Dabei ist die Befestigung der Kolbenstangen zu visitiren und der Schutzring, welcher die Pressschrauben des Kolbendeckels gegen Losprellen sichert, zu untersuchen. Die Dampfeinströmungs-Kanäle werden, soweit man in dieselben gelangen kann, gereiniget und der Cylinder mittelst eines Pinsels gut gefettet und geschlossen. Mannloch- und Schieberkasten-Deckel werden mit entsprechend starken in warmen Talg getränkten Hanfzöpfen gedichtet. Dieselben müssen auf die genaue Länge scharf abgeschnitten und die Enden zusammengenäht werden. Der Zopf wird um so schwächer gewählt, je reiner sich die dichtenden Flächen zeigen. Diese sind mit dem Schaber rein abzukratzen und mit Terpentinöl zu waschen. Miniumkitt ist nur dort anzuwenden, wo sich Gussfehler zeigen, die dichtenden Flächen nicht bearbeitet oder derartig verschlagen sind, dass ein Lecken zu befürchten wäre. Man muss vermeiden den Miniumkitt, wo er notwendig sein sollte, in zu dicken Streifen anzuwenden, weil derselbe nach innen gedrückt wird, losbröckelt und die gleitenden Flächen abnützt.

Bei genau bearbeiteten Flächen wird eine gute Dichtung erzielt, wenn man Segelleinwand genau nach den dichtenden Flächen so zuschneidet, dass die Stösse ganz gut passen. Diese

Flecke werden in Unschlitt getränkt und zusammengefügt und die Flächen am Cylinder mit Bleiweiss bestrichen, damit der Hanfzopf oder die Leinwandfläche an demselben haften bleibe. Bei mit Dampfjacken versehenen Cylinderdeckeln ist zu beachten, dass das Dampfcirculationsrohr nicht beschädigt und verstopft werde. Gestattet es die Zeit und rathen es die Umstände an, so sind die Schieberkasten zu öffnen und die Schieber abzuheben. Die Dampfeinlass-Kanäle werden gereinigt und der Schieberspiegel mit Oel angestrichen. Die Schrauben des Entlastungsrahmens sind leicht gangbar zu machen, um beim Anziehen derselben die Spannung fühlen zu können. Zum Einspritzen von Oel auf die Schieberspiegel ist ein passendes Rohr herzustellen. Auf die genaue Stellung der Dampfvertheilungs-Organe ist acht zu haben, und man thut wohl, sich deren Stellung vor dem Abmontiren genau zu verzeichnen, um sie in derselben Lage wieder auflegen zu können. Der Entlastungsrahmen wird gestellt, wenn der Schieberdeckel bereits geschlossen wurde, falls er nicht mit selbstthätigen Federn versehen ist.

Undichte Stopfbüchsen, welche nicht mehr nachgezogen werden können, müssen frisch verpackt werden. Bei Hanftressen-Packungen müssen die ganzen Dichtungsringe herausgezogen werden und es dürfen nur jene wieder Verwendung finden, welche nicht verbrannt und noch genügend elastisch sind. Die Tressenringe müssen auf die genaue Länge abgeschnitten und in sehr heissem Talg getränkt werden. Es ist von besonderer Wichtigkeit, dass der Hanfzopf entsprechend dick sei und die Stopfbüchse vollständig ausfülle. Die Tressen sollen stumpf an einander stossen und eine reine Schnittfläche zeigen, sie müssen getränkt, um die Kolbenstange angelegt genau schliessen. Zu kurze Tressen werden mit dem Hammer gestreckt und zu lange nachgeschnitten. Bei Verwendung von Tucks Patent-Packung werden nur frische Ringe gefettet und zugelegt, dann kalter Talg in die Stopfbüchse gedrückt, ohne die alte Packung herauszunehmen. Der Pressring der Stopfbüchse wird gleichmässig angezogen, so dass die Hanfzöpfe gleich gedrückt werden und die Kolbenstange an der Brille sich nicht reibt. Man beachte, dass der Pressring um die Kolbenstange herum gleichförmig Luft habe. Die Befestigungsschrauben der Stopfbüchsen bei den Schwungzapfen oscillirender Maschinen und bei Trunkkolben müssen leicht gangbar gemacht werden, um die Packung gleichmässig zu pressen und deren Widerstand fühlen zu können. Die Vorrichtung zum Anziehen der Stopfbüchsen während der Fahrt wird erst dann wieder aufmontirt, wenn der Pressring gleichmässig und fest angezogen ist.

Wenn eine Stopfbüchse frisch verpackt werden soll, so muss die Maschine so gedreht werden, dass der Kolben zunächst der Stopfbüchse sich befinde, damit die Kolbenstange möglichst central in der Stopfbüchse liege. Die Kolbenstange ist, so weit als man reichen kann, blank zu putzen und mit reinem Oel einzureiben. Nach jeder frischen Verpackung einer Stopfbüchse muss deren Schmiervase vollkommen gereinigt und mit einem frischen Docht versehen werden. Beim Verpacken ist darauf Rücksicht zu nehmen, dass die Stopfbüchse, sobald die Packungsringe warm und in Folge dessen weich werden, noch bedeutend nachgezogen werden muss, um dicht zu sein und dass bei ganz frischen Dichtungszöpfen die Brille bald auf der Stopfbüchse aufsitzt, wenn nicht vorher darauf Rücksicht genommen und die Stopfbüchse ganz vollgepackt wurde.

Es ist anzurathen, jeden einzelnen Tressen- oder Packungsring, nachdem er mit einem Holzkeil an seinen Platz geschoben wurde, fest hineinzupressen, wobei die Ringe alle gleichmässig gedrückt werden. Nachdem der Pressring fest angezogen wurde, ist zu untersuchen, ob kein beweglicher Theil denselben oder die Druckschrauben streift oder berührt. Dies gilt besonders von der Kolbenstangen-Führung bei oscillirenden Maschinen und von den Stopfbüchsen der Schieberstangen im Allgemeinen. Bei kleinen Stopfbüchsen muss darauf geachtet werden, dass die Schmieröffnung am richtigen Platz sei.

Als beste Dichtung der Kühlrohre haben sich kleine Stopfbüchsen mit Baumwoll-Ringen erwiesen, welche in die Rohrplatten verschraubt werden. Die Baumwoll-Ringe werden passend beigestellt, trocken eingelegt und etwas Unschlitt hineingedrückt, bevor der Pressring verschraubt wird. Bei Lokomotiven wurde mit Vortheil die sogenannte Asbest- oder Federweiss-Packung angewendet. Diese besteht aus einem lockern Baumwoll-Gespinnst, welches mit fein gemahlener Talkerde oder Federweiss bestreut, gerollt und aussen mit Paraffin gefettet ist. Diese Packung bedarf keiner Schmierung und ist dort vortheilhaft zu verwenden, wo eine Packung durch grosse Dampfspannung und durch grosse Kolbengeschwindigkeit sehr in Anspruch genommen wird. Diese Packung dürfte bei den Einströmungs-Muffen der oscillirenden Maschinen und bei Trunkkolben mit Vortheil verwendet werden. Luftpumpenkolben und die Stopfbüchsen der Speise- und Soodpumpen werden mit Baumwoll-Tressen verpackt.

Kautschukventile, die nicht mehr auf dem Sitze aufliegen, müssen umgekehrt werden, die Kautschukplatten sollen auf
der Führung lose sein und dürfen von der Anschlagschale nicht
gepresst werden, weil die Ventile sonst schlecht aufliegen würden.
Gesprungene Kautschukplatten müssen gewechselt werden. Wenn
sich der äussere Umfang eines Kautschukventiles so ausgedehnt
hat, dass das Ventil hohl aufliegt, so muss man es umwenden.
Die Befestigung der Anschlagschale ist zu untersuchen und zu
sichern. Die Kautschukklappen müssen sich mit der Hand leicht
drehen lassen, damit sie während der Function leicht eine andere
Stellung annehmen und sich der Sitz nicht in dem Kautschuk
festschlage.

Man hat sich zu überzeugen, ob für den Betrieb genügend
Materialien, sowie alle erforderlichen Werkzeuge, Hilfsapparate und
Reservetheile an Bord sind um die im Bedarfsfalle notwendig
werdenden Reparaturen vornehmen zu können.

Vorbereitung zur Fahrt.

Maschinen klar machen.

Wenn die Maschinen für eine Fahrt unter Dampf hergerichtet werden sollen, so ist bei allen beweglichen Theilen nachzusehen, dass deren Bewegung keine Hindernisse, als Holzklötze,
Werkzeuge, Handlampen etc. entgegenstehen. Die Schlittenlager
des Kreutzkopfes müssen frei sein, von Rost gereinigt und mit
Oel gefettet werden. Bei oscillirenden Maschinen muss unter
den Cylindern nachgesehen werden, dass dieselben frei schwingen
können, sowie dass die Schieberkasten und die Armaturstheile
nirgends streifen. Auch dürfen keine Werkzeuge, Reservetheile
oder andere Gegenstände in solcher Weise über der Maschine
befestigt sein, dass zu befürchten wäre, dieselben könnten in die
Maschine fallen und das Spiel der beweglichen Theile beeinträchtigen.

An Schaufelrädern soll nachgesehen werden, ob die
Befestigungsschrauben der Schaufeln fest angezogen ; bei Patent-

rädern, ob nicht die Splinte der Drehzapfen herausgefallen sind. Die Einhängung der Strahleisen am Excenter ist zu untersuchen.

Die Befestigungsschrauben des Gleitstückes oder Zapfens der Coulisse dürfen nicht locker sein, damit die Coulisse frei gehoben oder gesenkt werden kann. Deren Gegengewicht soll sich bewegen können und darf nirgends streifen. Die Geradführung der Vertheilungs- und Expansionsschieber-Stangen müssen auf die gleiche Weise untersucht und die Schmiervasen an diesen Theilen fest angeschraubt werden.

Die Stellschrauben an den Befestigungs-Muttern der Lagerdeckel sollen alle fest angezogen werden. Bremsvorrichtung und Keilkupplung sind zu untersuchen, dass sie bei der Bewegung der Welle kein Hinderniss bieten und fest sind, d. h. während der Fahrt nicht lose werden können. Die Gehäuse über denselben müssen richtig gestellt und befestigt werden.

Lose Schleifringe des Thrustlagers müssen festgestellt und deren Schmierkanäle mit einem Draht gereinigt werden. Schmutziges Oel, welches in den Schmiervasen vorgefunden wird, ist mit der Oelspritze auszuziehen. Verschmutzte Dochte sind durch neue zu ersetzen, weil sie das Oel schlecht anziehen und ungenügend schmieren würden. Die Anzahl der Schafwollgarn-Fäden sind für jede Schmiervase entsprechend zu wählen und es ist der Docht genügend lang zu machen, damit er leicht und reichlich Oel ziehe.

Ist der Docht zu kurz, so reicht er nicht in's Oel hinab oder es läuft das Oel nicht in die Lagerschale, sondern zwischen Lagerschale und Lagerdeckel hinein. Die Rohre, welche das Oel zu den Lagerschalen führen, sollen gereinigt und es muss untersucht werden, ob dieselben festgelöthet sind.

Der Maschinen- und Steuertelegraph, die Signal- und Antwortglocke sind zu probiren und die gleiche Stellung der Zeiger herzustellen, indem man die Drahtleitung entsprechend spannt oder die Zeiger anpassend stellt. Die Wasserleitung zum Abkühlen der Lager ist zu versuchen. Die Expansions- und Umsteuerungsvorrichtung, die Auxiliar-Maschinen zum Umsteuern, sowie jene für die Circulation des Kühlwassers und zur Speisung der Kessel müssen geschmiert, von Hand gedreht und auf die gleiche Weise untersucht werden. Die Expansions-Vorrichtung muss vollkommen ausgerückt, d. h. auf den höchsten zulässigen Füllungsgrad gestellt werden. Wenn die Maschine für eine längere Fahrt vorbereitet werden soll und zu befürchten ist, dass wegen des schlechten und unsicheren Ganges der Maschine oder des zweifelhaften Zustandes der Lager dieselben mit Wasser abgekühlt werden müssen, so ist es gebräuchlich, alle blanken Maschinentheile mit Unschlitt und Bleiweiss anzustreichen, um ein Festsetzen von Rostflecken hintanzuhalten.

Sind die Feuer angezündet und es soll die Maschine klar gemacht werden, so sind die Deckel der grossen Schmiervasen bei allen Achsenlagern abzunehmen und die Vasen mit reinem Oel zu füllen. Die Schutzbleche, Holzkeile oder Werg, welche das Eindringen von Schmutz, Putzstein, Sand u. s. w. zwischen die Lagerschalen verhindern, sind herauszunehmen, die Schmierdochte herzurichten und einzuziehen. Bremsvorrichtungen und Keilkupplungen werden visitirt und deren Gehäuse festgestellt. Die Stopfbüchse des Stevenrohres ist gleichmässig nachzulassen, der Hahn der Wasserleitung zum Abkühlen ·der Lager zu öffnen und dieselbe zu probiren. Wenn Kautschuckschläuche zum Abkühlen erforderlich sind, so sind dieselben vorzubereiten. ·Um während der Fahrt zu erkennen, ob sich ein Lager oder Excenter erhitzt, wird ein Stück Talg auf jede Lagerschale gegeben und mit warmen Unschlitt begossen, damit es fest haftet. — Wenn sich die Lagerschale erwärmt, so schmilzt das Unschlitt.

Die Schnecke zum Drehen der Maschinen von Hand wird ausgerückt oder der Flaschenzug zum Drehen der Räder abgenommen.

Die Injections-Kingston's und bei Oberflächen-Condensatoren die Kühlwasser-Einströmungs- und Ausgussventile werden geöffnet und letztere festgestellt. Um die Cylinder beim Beginne der Fahrt schmieren zu können, muss ein genügendes Quantum Unschlitt flüssig gemacht werden. Alle Drehzapfen und das Gleitstück der Coulisse, sowie das Gelenk der Schieberstange müssen geölt und die ·Dochte der Schmiervasen eingezogen werden, damit diese Theile sich ölen, bevor die Maschine vorgewärmt wird. Alle Gelenke zum Bewegen der Cylinderhähne, zum Reguliren der Drosselklappe und der Injection sind zu schmieren, damit sie sich leicht bewegen lassen.

Die Drosselklappe wird geöffnet und festgeklemmt, um sicher zu sein, dass sie dann beim Zulassen des Dampfes sich durch die Ausdehnung nicht festsetzt. Der Schutzhahn· des Injections-Kingston's wird aufgemacht und das Ausgussventil zum Heben vorbereitet. Oelkannen zum Schmieren der Lager, die Steckschlüssel zum Nachziehen der Stopfbüchsen, Schraubenzieher, Kupferhammer, Dochte und Handlampen, ein englischer Schraubenschlüssel und die sonst am meisten gebrauchten Werkzeuge und Materialien werden vorgerichtet, um dieselben im Falle des Bedarfes bei der Hand zu haben.

Maschinen vorwärmen.

Zeigen die Manometer an den Kesseln die normale Spannung, mit welcher die Kessel betrieben werden können, so werden die Absperrventile langsam geöffnet und der Dampf in die Maschine gelassen. Ist ein Hauptabsperrventil an der Maschine angebracht, so wird dasselbe jetzt ein wenig geöffnet. Die Wasserablass-Hähne der Dampfjacke und Dampfleitung, sowie die der Cylinder und Schieberkasten, ferner der Dampfhahn der Circulationspumpe, der Umsteuerungs-Maschine und deren Exhaustrohr, sowie die Kingstonventile der Injectionen oder jene für das Kühlwasser sind zu öffnen.

Bei Oberflächen-Condensatoren werden die Circulationspumpen in. Gang gebracht, deren beweglichen Theile geschmiert, das Wasser aus den Cylindern und den Schieberkästen abgelassen und die Maschine mit offenen Cylinderhähnen langsam angesetzt. Diese letzteren werden, wenn schon alles Condensationswasser abgelaufen ist, geschlossen. Die Circulationspumpen bleiben fortwährend in Thätigkeit und werden nur während des Stillstehens, langsam laufen gelassen.

Die Umsteuerungsmaschinen werden auf die gleiche Weise in Gang gesetzt, wodurch die Coulisse abwechselnd gesenkt und gehoben wird. Der Dampf tritt dabei vor und hinter den Kolben und die Cylinder werden langsam vorgewärmt.

Wurden die Stopfbüchsen im Hafen nachgelassen, was gewöhnlich geschieht, um die Packungen vor dem Austrocknen und vor Abnützung zu schützen und das Maschinendrehen von Hand zu erleichtern, so müssen dieselben jetzt wieder nachgezogen werden, bevor man die Maschine in Bewegung setzt, weil sonst leicht Dampf und heisses Wasser durch die losen Packungsringe dringt und das Fett herausdrückt. Eine solche Packung wäre dann verdorben, weil sie schwer dicht anzuziehen ist, bald verbrennt und Luft zieht.

Der condensirte Dampf wird bei den Wasserablass-Hähnen entweichen und es wird so lange Dampf in die Cylinder geleitet, bis den Wasserablass-Hähnen Dampf entströmt. Es sind dann Luft und Wasser entwichen und die Cylinderwände so weit genügend erwärmt, dass ferner keine bedeutende Condensation des Dampfes stattfinden wird. Nachdem man sich überzeugt hat, dass der Propeller klar oder in den Radkästen kein fremder Körper ist — dass sich in der Maschine kein Mann oder sonst ein Hinderniss befindet, kann das Hauptabsperrventil ganz geöffnet und die Drosselklappe fest geschlossen werden. Wenn nun die Coulisse gesenkt wird, so macht die Maschine eine Viertelrotation nach vorwärts, wenn man mit der Drosselklappe entsprechend Dampf giebt. Hat der eine Kolben nicht genügende Kraft gewonnen, um den todten Punkt der anderen Maschine zu überwinden, so wird die Coulisse gehoben, worauf der Kolben eine Bewegung nach rückwärts machen wird. Hiebei wird nach wiederholtem Umsteuern das im Condensator befindliche Wasser und die im Condensationsraume befindliche Luft beim Durchblasventile hinausgedrückt. Wird nun frisches Wasser in den Condensator eingespritzt, so condensirt sich der Dampf und entwickelt Vacuum. Nach mehrmaligem Umsteuern der Maschine, wobei dieselbe abwechselnd einen Viertelgang nach vor- und rückwärts macht, wird man es dahin bringen, dass die Maschine angesetzt werden kann. Sollte bei einer Maschine dieses nicht möglich sein, so ist es notwendig, den Condensationsraum von Luft zu entleeren, d. h. durchzublasen. Zu diesem Behufe werden die Drosselklappe und die Durchblaswechsel oder Ventile am Cylinder geöffnet, wobei der Dampf directe in die Exhaustionsrohre überströmt und den Condensationsraum erfüllt. Nachdem sich der Dampf einige Zeit condensirt hat, wird endlich das Wasser und die Luft beim Durchblasventil entleert. Die Durchblaswechsel werden sodann geschlossen und frisches Wasser eingespritzt, wobei sich Luftleere oder Vacuum bilden wird. Man kann sich überzeugen, ob das Durchblasventil richtig eingefallen ist. Wenn zum Ansetzen die normale Dampfspannung gehalten wird, wie anzurathen ist, so wird ein Durchblasen des Condensators bei allen Maschinensystemen überflüssig sein. Bei oscillirenden Maschinen wird der Schieber durch einen Handhebel oder eine Zahnstange mit Getriebe directe bewegt und das Heben und Senken der Coulisse ersetzt. Das Umsteuern der Maschinen muss mit Handkraft bewirkt werden, wenn keine Umsteuerungsmaschinen angebracht sind.

Maschinen mit grossem Kolbendurchmesser und hohem Expansionsgrad, welche mit höher gespannten Dämpfen betrieben werden und deren Schieber gut entlastet sind, kann man leichter ansetzen und sie werden sich in Bewegung setzen, sobald die Umsteuerung eingelegt wird. Es wird eine solche Maschine nicht ruckweise bewegt werden müssen, bevor eine Rotation vollbracht wird, sondern sie wird gleich in Bewegung übergehen.

Bei Oberflächen-Condensatoren hat man sich zu überzeugen, dass dieselben mit Wasser gefüllt sind, bevor der Dampf zugelassen wird, weil sonst die Dichtung der Kühlrohre Schaden leiden würde. Es müssen daher die Circulationspumpen vorher angesetzt werden.

Man macht hierauf einige Rotationen nach vorwärts und rückwärts, wobei entsprechend eingespritzt wird. Bei Oberflächen-Condensatoren entfällt das Einspritzen, weil der abströmende Dampf an den Kühlrohren condensirt, nachdem die Circulations-pumpen andauerd einen Strom kalten Wassers durch dieselben treiben. Beim Probiren der Maschine sind alle Theile aufmerksam zu beobachten, um etwaige Mängel aufzufinden und noch verbessern zu können. Es darf keine grosse Anzahl von Rotationen im gleichen Sinne gemacht werden, weil das Schiff sonst Fahrt gewinnen und hiedurch Schaden verursachen würde. Hat man mit der Maschine einige Rotationen gemacht, haben sich keine Uebelstände gezeigt und wurde dabei ein genügendes Vacuum erzielt, so wird die Drosselklappe und der Injectionshahn oder Schieber geschlossen. Die Maschine ist nun klar, wovon dem Schiffs-Commandanten die Meldung zu machen ist.

Der Wasserablashahn des Hauptdampfrohres und die Ablass-hähne der Schieberkasten werden theilweise geöffnet, um das con-densirte Wasser andauernd abzulassen. Ist der Cylinder, wie es auch immer sein sollte, durch frischen Dampf vor Abkühlung geschützt und strömt dieser durch einen Kühltopf in den Conden-sator, so muss der Wasserablashahn der Dampfjacke ganz geschlossen werden, weil der Condensationstopf selbstthätig ist.

Wurden an den Maschinen früher grössere Reparaturen vorgenommen und keine Stehprobe abgehalten, so ist es anzurathen, die Maschine erst klar zu machen und zu sehen, ob die vorge-nommenen Arbeiten gut vollendet sind, um kleine Mängel, welche sich etwa zeigen, noch beheben zu können. Stopfbüchsen, welche frisch verpackt oder nachgelegt wurden, müssen jetzt, nachdem sie warm sind, nachgezogen werden.

Nachdem die Maschine klar ist und in Bereitschaft gemeldet wurde, — worunter verstanden wird, dass dieselbe ohne

jede weitere Vorbereitung in Bewegung gesetzt werden kann, —
dürfen an der Maschine ohne Aviso keine Veränderungen, keine
Reparaturen vorgenommen werden, da sonst eine prompte Ausführung anbefohlener Manöver unmöglich oder fraglich wäre.
Sollten solche Arbeiten unabweislich erscheinen, so ist hievon
gleich die Meldung zu erstatten. Wenn die Maschine durch längere
Zeit in Bereitschaft gestanden hat, so sind unmittelbar vor Ausführung eines Commando die Einspritzcondensatoren durchzublasen,
was auch für den Fall empfohlen wird, wenn überhaupt die
Maschine durch kurze Zeit „klar zum Manöver" gehalten werden muss.

Manövriren.

Jedes Manöver an der Maschine hat, sobald der Condensator nicht mehr genügendes Vacuum zeigt, b e i o f f e n e n
C y l i n d e r h ä h n e n und· allmählig zu geschehen, damit Kolben
und Kurbeln nicht plötzlichen Stössen ausgesetzt werden. Haben
die Cylinderhähne keine Schutzklappen, welche das Einsaugen
von Luft verhindern, so müssen, besonders wenn dieselben in den
Soodraum münden und derselbe voll Wasser ist, oder wenn das
abrinnende Wasser in den Condensator überströmt, die Cylinderhähne unmittelbar nach dem Ansetzen der Maschine geschlossen
werden, weil sich sonst schwer Vacuum entwickeln oder Soodwasser angesaugt werden würde. Die Cylinder sind sodann gut
zu erwärmen und die Wasserablasshähne des Hauptdampfrohres
und Schieberkastens noch so lange offen zu halten, bis alles condensirte Wasser abgelaufen ist. Wurde die Maschine unmittelbar
vorher abgestellt, so dass sich im Condensationsraum noch ein
nennenswerthes Vacuum zeigt, so kann das Oeffnen der Cylinderhähne unterbleiben, weil sich in so kurzer Zeit nicht viel Dampf
condensiren konnte und dieser bei gutem Vacuum leicht aus dem
Cylinder in den Condensator überströmt.

Bei s t e h e n d e n C y l i n d e r n soll man den Wasserablass-
Hahn des oberen Cylinderdeckels durch längere Zeit offen lassen,
weil das Wasser sich mit dem Kolben hebt und senkt. Vom
unteren Ende läuft dasselbe bald vollständig ab. Sobald ein Commando durch die Signalglocke und den Maschinentelegraph angezeigt wurde, ist dasselbe durch die Antwortglocke und den
Telegraphen oder durch das Sprachrohr zu wiederholen und es
sind rasch das Hauptabsperr-Ventil und der Schutzhahn der

Injection bei Einspritz-Condensatoren zu öffnen, wenn dieselben noch geschlossen sein sollten. Die Coulisse wird dem Commando entsprechend gehoben oder gesenkt, die Cylinderhähne aufgemacht und das Drosselventil so weit geöffnet, dass sich die Maschine langsam zu bewegen anfängt. Maschinen, welche mit je zwei Excentern umzusteuern sind, können leicht manövrirt werden, indem man eine Maschine nach vorwärts und die andere nach rückwärts anstellt, so dass die Kolben am Dampf balanciren. Um dieses zu erreichen, hat man eine Coulisse zu heben und die andere zu senken, wenn die Construction solches gestattet. Um nun auf ein Commando in Bewegung zu setzen, braucht man nur eine Maschine umzusteuern, nachdem die andere Coulisse bereits entsprechend gestellt ist. Diese Art der Bereitschaft ist bei Oberflächen-Condensationsmaschinen besonders bei schnell aufeinanderfolgenden, rasch auszuführenden Manövern zu empfehlen.

Falls die Kolben sich nicht bewegen sollten und entströmt den Cylindern frischer Dampf, so sind die Cylinderhähne zu schliessen und Wasser einzuspritzen, worauf bei eintretendem Vacuum die Kolben sich in Bewegung setzen werden. Wollten die Kolben sich noch nicht bewegen und hat man sich überzeugt, dass die Expansionsvorrichtung wirklich ausgehängt oder wenigstens bis auf einen dem Vertheilungsschieber entsprechenden Füllungsgrad ausgerückt ist, so steuert man die Maschinen um, öffnet die Drosselklappe etwas mehr und lässt einen halben Gang nach rückwärts erfolgen. Hierauf steuert man die Maschine wieder für die verlangte Bewegung um, gibt Volldampf und spritzt ein. Ist die gewünschte Drehung eingeleitet, so schliesst man die Drosselklappe und Einspritzung dem langsamen Gange der Maschinen entsprechend und öffnet die Cylinderhähne, um das Wasser, welches vielleicht die Bewegung gehemmt hat, abzulassen.

Nun sollen alle Dochte nachgesehen, fehlende hineingesteckt und auf die Lager und Excenter einige Tropfen Oel an der Seite zwischen die Lagerschalen gegeben, sowie auf die Dochte aufgegossen werden, damit dieselben anzusaugen beginnen.

Oscillirende Maschinen mit je einem Excenter werden auf gleiche Weise angesetzt. Der Schieber wird von der Excenterstange ausgehängt und durch Hand so gestellt, dass die gewünschte Drehung eingeleitet wird. Es ist zu beobachten, ob die Steuerungshebel mit der Kurbel oder gegen die Kurbel gehen, um entscheiden zu können, wie der Schieber gestellt werden muss. Die Drosselklappe wird geöffnet und die Maschine durch Umsteuern mit der Hand so lange bewegt, bis die Mitnehmer aufsitzen und die Schieberstangen eingehängt werden können. Sollten sich die Kolben nicht bewegen wollen, so ist umzusteuern und nachdem sich der Kolben bewegt hat, wieder umzulegen, damit die gewünschte Bewegung erfolge. Sind die Maschinen bereits in Bewegung gewesen, so kann, wenn im gleichen Sinne wie vor dem Anhalten angesetzt werden soll, eine Maschine sogleich eingehängt und nur mit einer Maschine umgesteuert werden. Der eingehängten Maschine muss Volldampf gegeben werden. Die Einspritzung muss nun entsprechend erfolgen, wenn die Kolben ihr Spiel beginnen und es mag im Allgemeinen bemerkt werden, dass bei oscillirenden Maschinen sogleich eingespritzt werden soll, da hier der Condensationsraum gewöhnlich verhältnissmässig kleiner ist.

Bei Oberflächen-Condensatoren lässt man nach dem Ansetzen die Circulationspumpen rascher laufen, um die zur vollkommenen Condensation des Dampfes erforderliche Menge Kühlwassers zu befördern. Derlei Maschinen manövrirt man leichter, weil in den Condensatoren ein constantes Vacuum erhalten bleibt und die Sorge für die Einspritzung vollkommen entfällt.

Die einzelnen Commanden sind pünktlich und rasch auszuführen; dabei ist stets das Commando „Langsam" so aufzufassen, dass die Maschinen nicht über $^1/_3$ der normalen Rotationszahl zu machen haben. Es wäre für die Führung des Schiffes hinderlich, wenn hiebei $^3/_4$ statt $^1/_3$ Rotationen gemacht werden würden. Die nachfolgenden Aviso werden nach und nach den Gang der Maschine auf deren volle Nutzleistung entwickeln. Die Dampfmaschinen dürfen nur allmählig angesetzt und eben so allmählig der vollen Wirkung des Dampfes ausgesetzt werden. Das Drosselventil ist daher nicht plötzlich zu öffnen, wenn Vollkraft angeordnet wurde. Der Maschine muss langsam mehr Dampf gegeben werden, so dass sich ihr Gang nur nach und nach beschleunigt. Plötzliches Aufreissen der Drosselklappe gefährdet die Befestigungen des Kolbens und strengt alle Maschinentheile übermässig an. Das Drosselventil soll also nur ruckweise geöffnet werden, bis endlich der volle Dampf zuströmt. Die Kessel überkochen leicht, wenn rasch die Dampfentwickelung erfolgen sollte.

Die Injection hat dem Gange der Maschine entsprechend geöffnet zu werden, um stets diejenige Menge Wassers einzuspritzen, welche für eine vollständige Condensation des Dampfes also zur Bildung eines guten Vacuums erforderlich ist. Das Vacuummeter ist besonders bei Beginn der Vollwirkung zu beobachten, weil jetzt das Geräusch des überströmenden Dampfes keinen sichern Aufschluss über den Grad des Vacuums gibt. Ist das Commando „volle Kraft" erfolgt, so sind nun alle jene Massregeln zu ergreifen, welche bei gegebener Kesselkraft die grösstmöglichste Rotationszahl sichern, ohne den guten Zustand der Maschinentheile zu gefährden.

Hindernisse der Kolbenbewegung.

E i n c y l i n d r i g e   M a s c h i n e n ,   w e l c h e   n i c h t   u m g e s t e u e r t   w e r d e n   k ö n n e n , müssen, nachdem der Dampf zugelassen wurde, von Hand gedreht werden; dieses hat auch ohne weiteres zu geschehen, wenn man die Maschine am Schwungrade mit der Hand drehen kann, ohne andere Vorrichtungen zu Hilfe zu nehmen. Die Maschine mit offenen Cylinderhähnen wird in Bewegung gesetzt, indem man der Kurbel mehrere Male am Schwungrad über den todten Punkt weghilft, bis das Wasser entleert und der Cylinder genügend erwärmt ist, wonach die Maschine ohne weiters benützt werden kann. Ist es jedoch notwendig, mit Handspacken oder gar Flaschenzügen zu wirken, um das Schwungrad zu drehen oder wird durch einen Handhebel an einer Kupplungsscheibe oder durch das Schneckenrad der Maschine gedreht, so muss hiebei das Absperrventil geschlossen werden, bis die Kurbel über den todten Punkt hinaus ist und den ganzen Kolbenlauf vor sich hat. Das Absperrventil muss hiebei geschlossen werden, weil sonst zu befürchten wäre, dass die Maschine, sobald sie über den todten Punkt gedreht wurde, sich bewegt und das Personale oder Maschinentheile durch die Handhebel beschädigt. Ist die Vorrichtung zum Maschinendrehen ausgelöst, so kann das Absperrventil wieder geöffnet werden, wodurch der Kolben bei genügendem linearen Voreilen den todten Punkt überwinden und in Bewegung übergehen wird. Wenn dies nicht geschieht, so muss der Kurbel bei geschlossenem Dampfventil abermals am Schwungrad geholfen werden.

Im Allgemeinen wird sich ein Kolben nicht bewegen:

1. Wenn das Dampf-Zu- oder Abströmungsrohr geschlossen oder verstopft, die Dampfspannung zu gering ist, oder wenn die Cylinder nicht gehörig vorgewärmt und voll Wasser sind.

2. Wenn der Schieber auf der Schieberstange oder ein anderes Gelenk lose ist, so dass der Hub des Excenters nicht auf

den Schieber ·übertragen wird, oder wenn der Schieber vom Schieberspiegel abgedrückt wurde und nicht aufliegt, so dass auf beiden Seiten stets Dampf zutreten kann.

3. Wenn äussere Hindernisse die Bewegung des Kolbens. des Kreuzkopfes, der Kurbel oder der Steuerungstheile hemmen.

4. Wenn der Kolben oder andere Maschinentheile festgerostet sind.

Maschinen mit Expansionsvorrichtungen können nicht in Bewegung gesetzt werden, wenn letztere für einen geringeren Füllungsgrad gestellt sind.

Dampfpumpen mit geringem linearen Voreilen, der constanten Last am Pumpenkolben und dem häufig ungünstigen Kolbenverhältniss werden sich schwerer in Bewegung setzen lassen; daher wird man vortheilhafter solche Maschinen leer ansetzen, indem man die Probirhähne zwischen den Ventilen offen hält. Erst wenn das Schwungrad lebendige Kraft gewonnen hat, schliesst man die Probirhähne, wobei die Pumpe ansaugen wird.

Wenn sich ein Dampfkolben nicht bewegen lässt und man hört den Dampf nicht ausblasen, so muss zuerst das Dampfrohr des Cylinders verfolgt und alle Wechsel an demselben controllirt werden, ob sie richtig gestellt sind und der Dampf nicht abgeleitet wird. Das Exhaustrohr für den abströmenden Dampf muss gleichfalls untersucht werden. Wurde der Fehler behoben, so muss man sich hierauf überzeugen, dass kein Hinderniss die Bewegung des Kreuzkopfes oder die Drehung der Kurbel oder des Schwungrades hemmt.

Das condensirte Wasser muss abgelassen, alle beweglichen Theile geölt und der Cylinder genügend vorgewärmt werden. Hierauf stellt man die Maschine von Hand auf vollen Hub und öffnet das Drosselventil, wobei sich der Kolben bei genügendem Dampfdrücke bewegen muss. Sollte der Kolben sich noch nicht über einen gewissen Punkt hinausbewegen, so hat man sich zu überzeugen, dass die Schieberstange eingehängt ist. Ist dieselbe an der Excenterstange oder am Schieber lose, so bleibt der Kolben auf jenem todten Punkte stehen, für welchen die Einströmung geschlossen ist. Wenn eine Expansionsvorrichtung bei Maschinen mit hohen Expansionsgraden nicht ausgelöst ist, so kann nicht genügend Dampf zutreten, um die Maschinen zu bewegen. Man hat daher stets bedacht zu sein, die Expansion auszurücken. Auch die äussere Umsteuerung ist zu untersuchen, ob nicht ein Versagen derselben die Schuld der Unbeweglichkeit bildet.

Wenn ein Dampfkolben sich nach allen getroffenen Massregeln nicht von der Stelle bewegen sollte, so ist er im Arbeit-
cylinder fest gerostet. Man hat sodann die Cylinder genügend zu
schmieren, gut vorzuwärmen und, nachdem alle Hindernisse
beseitigt sind, die Kurbel von Hand zu drehen. Zu diesem Behufe
wird am Schwungrad ein Flaschenzug angebracht, mit welchem
dasselbe gedreht und der Kolben von der verrosteten Stelle los-
gebracht wird, oder es wird die Vorrichtung zum Maschinendrehen
eingelöst und mittelst derselben gewirkt.

Ist eine Kolbenreparatur vorangegangen und der Dampfkolben will nach keiner Richtung über einen gewissen Punkt
hinweg, so liegt die Vermuthung nahe, dass sich im Cylinder ein
Hinderniss befinde. Dergleichen Vorfälle lassen sich nicht in
bestimmten Formen abhandeln und es muss in solchen Fällen dem
eigenen Scharfsinn überlassen bleiben, Proben vorzunehmen, um
den eigentlichen Verhinderungsgrund festzustellen, bevor man
daran geht, den Cylinder oder Schieberkasten zu öffnen.

Der häufigst vorkommende Grund, dass Kolben stecken
bleiben, ist geringer Dampfdruck, Nachlässigkeit im Vorwärmen
und Feststecken des Kolbens durch Verrosten. Wenn eine
Maschine einige Rotationen macht und sodann stehen bleibt, so
ist dies ein Zeichen, dass das Dampf-Ausströmungsrohr abgesperrt
ist. Je weiter eine Maschine von den Kesseln entfernt ist, welche
den Dampf liefern, desto sorgfältiger müssen die Cylinder vorgewärmt werden. Bei kalter Witterung wird es notwendig sein,
längere Zeit vorzuwärmen.

Eincylinderige Maschinen mit Umsteuerung
werden auf die gleiche Weise vorgewärmt und in Bewegung
gesetzt. Wurde damit bereits manövrirt, so wird es bei einiger
Uebung immer möglich sein, die Maschine anzusetzen, ohne von
Hand zu drehen, weil eincylindrige Maschinen beim Abstellen
gewöhnlich nicht am todten Punkt stehen bleiben, sondern erst
durch ungeschicktes Ansetzen in diese Stellung gebracht werden.
Die Maschine muss so angesetzt werden, dass der Kolben den
grösseren Weg zu durchlaufen hat, wobei er den todten Punkt
stets überwindet. Wird das grössere Cylindervolumen mit Dampf
gefüllt, so kann der Kolben im kurzen Lauf der Kurbel keine
lebendige Kraft ertheilen, um den todten Punkt zu überwinden
und die Kurbel wird an demselben stehen bleiben. (Wenn eine
eincylindrige Maschine mit Umsteuerung sich nicht bewegen lassen
will, so kann der Schleifklotz nicht im Schlitz der Coulisse oder

die Schieberstange am Schleifklotz nicht fest sein). Es muss also stets so angesetzt werden, dass der Kolben den längeren Weg vor sich hat; ist dies nicht die geforderte Bewegung, so wird nach einer Rotation umgesteuert und die Maschine wird nicht versagen, sondern folgsam den gewünschten Lauf beginnen. Beim Abstellen eincylindriger Maschinen soll man bedacht sein, die Maschine auszurücken, bevor die Kurbel wechselt, damit der Kolben nicht im todten Punkt stehen bleibt; auch schliesst man die Drosselklappe bei derlei Maschinen nicht, weil sodann durch die Bewegung des Schiffskörpers die Kurbel nicht an den todten Punkt geführt werden kann.

Bei gekuppelten Maschinen wird immer eine Maschine den todten Punkt der anderen überwinden, weil die Kurbeln im Winkel stehen und es genügt die Cylinder gehörig vorzuwärmen, damit keine Condensation des Dampfes an den Cylinderwänden mehr stattfinde.

Ist an der Maschine ein Speisewasser-Vorwärmer angebracht, so ist darauf zu sehen, dass er mit Wasser gefüllt und alle Hähne an demselben bis auf jenen geöffnet seien, mit dem der Kasten gefüllt wird, welcher nur von Zeit zu Zeit nach Bedarf zu öffnen ist.

Sind die Maschinen mit Watt's Claviatur versehen, so können die Cylinder mit Leichtigkeit vorgewärmt und die Maschine angesetzt werden, ohne die Coulisse mehr als zur Probe zu bewegen. Man bedient sich dabei der separaten Dampfeinströmungshähne um die Kolben in Bewegung zu setzen. Ein Durchblasen des Condensators ist vollkommen überflüssig. Bei Maschinen mit Geradführung ist es allgemein gebräuchlich dieselben durchzublasen, obwohl dies nicht eben notwendig ist, weil sie sich gleich den oscillirenden Maschinen ohne Durchblasen ansetzen lassen.

Hindernisse beim Ansetzen.

Bei Betrachtung der Hindernisse der Kolbenbewegung wurde als häufigster Grund, dass eine Maschine sich nicht bewegen lässt, angeführt, dass die Dampfspannung zu gering sei. Dies gilt auch hier. Es muss die Dampfspannung genügend gross sein, um die Maschinen und in erster Linie die Umsteuerungsmaschinen bewegen zu können. Sind letztere wegen noch zu geringer Dampfspannung nicht im Stande, die Coulisse zu manövriren, so müssen die Umsteuerungswellen von Hand gedreht werden. Gleichzeitig sucht man den Schieber zu entlasten, indem man das Vacuum zerstört. Wenn die Einspritzung versagt, so muss nachgesehen werden, ob das Injectionskingston' und die Schutzhähne geöffnet und ob die Gestänge derselben nicht etwa lose sind. Sind die Injectionen offen und ist man überzeugt, dass nicht Eis das Einströmen des Wassers verhindert, so ist die Einspritzöffnung verstopft oder verlegt; dann ist es notwendig, die Durchblas- und Ausgussventile zu schliessen, zu belasten oder zu verkeilen und mit Dampfdruck durchzublasen, wobei der Dampf sich durch das offene Einspritzrohr einen Ausweg schaffen und die Verunreinigungen beseitigen wird. Der Hahn vom Vacuummeter kommt hiebei zu schliessen, weil das Instrument durch Dampfdruck leidet. Es ist zu bedenken, dass der Condensator im Maximum nur einer Probebelastung von einer Atmosphäre Ueberdruck unterzogen wurde, dass daher nie ein Dampfdruck von mehr als einer Atmosphäre im Condensator herrschen darf.

Man wird erkennen, ob die Oeffnung des Einspritzrohres nun frei ist, indem man das Durchblasen unterbricht und das Injectionskingston' oder das Rohr in der Nähe befühlt. Dasselbe wird sich rasch abkühlen, weil das frische Wasser eindringt. Hat die Einspritzöffnung sich gereinigt, so wird es dann notwendig sein, den Condensator zu erfrischen, indem man den Condensationsraum mit frischem Wasser füllt und dasselbe beim Durchblasventile ablaufen lässt, ohne durchzublasen, indem man das Ventil mit der Hand hebt. Sowohl das Durchblasen, als das Abkühlen haben langsam zu geschehen, damit keine zu rasche Ausdehnung oder Contraction erfolgt, durch welche der Condensator leiden würde. Hat das Durchblasen mit Dampf nicht die gewünschte Wirkung gezeigt, so kann von aussen ein Versuch gemacht werden, die Schichte von Seegras oder Fetzen, welche vielleicht wie ein Klappenventil die Oeffnung bedeckt und kein Eindringen des Wassers gestattet, obwohl der Dampf heraustreten konnte, auf dieselbe Weise zu reinigen, wie das Kupfer unter Wasser geputzt wird. Sollte auch dieses nicht gelingen, so wird es erforderlich sein, die Injectionsöffnung mittelst eines Taucherapparates zu untersuchen. Ist dies sogleich nicht möglich, so muss man die Einspritzung von einer anderen Seite besorgen.

Wenn man sich der Notinjection bedienen will, so muss das Sieb des Soodrohres blossgelegt und gereiniget werden. Möglichst nahe dem Siebe wird durch eine Pumpe oder durch ein disponibles Kingstonrohr Wasser in den Soodraum gelassen, damit das Injectionssieb stets genügend unter Wasser liege und nicht Luft ansauge. Dann bedient man sich des Notinjections-Hahnes, um Wasser einzuspritzen.

Kleine Condensatoren bei oscillirenden Maschinen oder bei Maschinen mit direct wirkenden Triebstangen können auch mit Fussmatten oder Leinwandfetzen bedeckt und mit dem Schlauch der Feuerspritze von aussen abgekühlt werden, bis man Gelegenheit hat, die Injectionsöffnung zu reinigen, das Kingstonventil zu schliessen und das Einspritzrohr zum Behufe der Reinigung loszunehmen. Sind die Cylinder mit Wasser gefüllt, so müssen die Cylinder-Sicherheitsventile entlastet oder deren Feder nachgelassen und mit Dampf ausgeblasen werden, wenn man das Wasser rasch entfernen will, weil die Cylinder-Ablasshähne eine nur sehr enge Ausflussöffnung haben. Die Federn sind, nachdem alles Wasser abgelaufen ist, wieder normal zu spannen und die Cylinder frisch zu schmieren.

Wenn das Durchblasventil zu klein ist, oder dessen Führungsrippen im Sitze strenge gehen, so kann es bei zu heftigem Durchblasen herausgeschleudert werden. Das Durchblasen ist in diesem Falle schleunigst einzustellen, das Ventil wieder an seinen Platz zu geben und zu sehen, dass es gut aufsitze. Erlaubt es die Zeit, so ist es leicht gangbar zu machen.

Wenn die Drosselklappe feststeckt und selbst bei Anwendung von Gewalt am Ansatzhebel nicht geöffnet werden kann, so versuche man dieselbe an der Spindel der Klappe direct dadurch zu öffnen, dass man eine Verlängerung an deren Hebel anbringt. Gelingt auch hierbei das Oeffnen nicht, so ist das Vacuum zu zerstören, das Hauptabsperrventil oder, wo kein solches sein sollte, die Absperrventile an den Kesseln zu schliessen und der Dampf vom Hauptdampfrohre auszulassen, das Gestänge zum Manövriren der Klappe loszunehmen und eine Verlängerung herzustellen, welche genau auf den Hebel passt. Am leichtesten dürfte es gelingen, ein Rohr oder einen Verlängerungsschlüssel mit Holz auf dem Hebel zu verkeilen. Mit einem $1^1/_2$ bis 2 Fuss langen Hebel muss sich nun die Klappe öffnen lassen, wenn man das Loswerden derselben durch Hammerschläge auf das Gehäuse unterstützt.

Sind die Schieber schwer zu bewegen, und ist die Entlastung nicht sehr vollkommen, so müssen die Cylinderhähne geöffnet werden, um das Vacuum zu zerstören, weil sich dann der Schieber leichter bewegen wird. Ist dies fruchtlos, so wird die

Drosselklappe geschlossen und der Schieberkasten-Ablasshahn geöffnet, worauf der Schieber vom Dampf geringeren Druck erfährt und sich bewegen lassen wird. Um der schweren Bewegung der Schieber vorzubeugen, müssen sie im Hafen häufig bewegt und gut geölt werden. Man wird durch das Geräusch des Ansaugens und Abblasens gewahr, wenn das Sicherheitsventil des Cylinders nicht gut eingefallen ist und Luft zieht. In diesem Falle dreht man das Ventil auf seinem Sitze und lässt, wenn das Blasen nicht aufhören sollte, die Belastungsfeder nach, wodurch das Ventil spielen und bei Nachhilfe mit einem Hammerstiel oder durch Drehen auf dem Ventilsitze richtig einfallen wird. Die Feder wird sodann wieder gespannt. Wurde beim heftigen Ueberkochen ein Cylinder-Sicherheitsventil herausgeschleudert, so muss die Maschine abgestellt werden, um dasselbe wieder hineinzugeben; doch rechtfertigt dieser Unfall ein momentanes Abstellen der Maschine nicht, wenn zu besorgen wäre, dass hiedurch ein Unfall herbeigeführt werden könnte, der Befehl zum Anhalten muss vielmehr eingeholt werden. Inzwischen wird der betreffenden Maschine durch Expandiren mit der Coulisse oder durch die Expansionsvorrichtung so wenig als thunlich Dampf zugeführt. Hat die Maschine eine eigene Drosselklappe, so kann der Dampf von dieser Maschine vollkommen abgesperrt werden, dann gelingt es vielleicht, das Sicherheitsventil ohne Abstellung der Maschine wieder einzusetzen. Kann man der Maschine den Dampf nicht ganz entziehen, so werden einige aufgeworfene Arbeitskleider das lästige Ausströmen des Dampfes mildern und es kann das Aviso zum Abstellen der Maschine abgewartet werden. Um das Ventil einzusetzen wird das Hauptabsperrventil geschlossen, um gegen Abbrühen gesichert zu sein. Zeigt sich ein Theil des Ventils beschädigt, so dass selbes nicht sogleich eingesetzt werden kann, so ist die Oeffnung mit einer blinden Flansche zu verschrauben, oder durch einen Holzstoppel zu verkeilen, wobei dieser gegen den Dampfdruck durch eine Schraubenzwinge gesichert werden kann. Dieser Cylinder muss sodann besonders beobachtet und dessen Wasserablasshahn beim Ansetzen so lange offen gelassen werden, bis ein gutes Vacuum erzielt wurde.

War die Gegenmutter eines Cylinderhahnes los, so kann derselbe aus dem Gehäuse fallen; es wird nun Dampf ausgeblasen und Luft angesaugt, wodurch das Vacuum bald zerstört wird. Der Kegel muss deshalb wieder an seinen Platz gegeben werden. Auch dieser Unfall rechtfertigt kein momentanes Abstellen, sondern es muss das Aviso zum Stoppen der Maschine eingeholt werden, wenn es nicht gelingen sollte, den Kegel während des Ganges einzusetzen. Ist der Kegel wieder an seinem Platze, so wird das Gestänge untersucht und die Maschine wieder in Bewegung gesetzt. Wird ein Cylinderhahn vom Gestänge los und öffnet sich derselbe von selbst, ohne dass man ihn wieder schliessen könnte, so müssen die Flurplatten abgehoben, derselbe von Hand geschlossen und das Gestänge eingehängt. werden.

Dampfbereit liegen.

Wenn die Maschine geraume Zeit dampfbereit stehen soll, ohne in Bewegung gesetzt zu werden, so werden die Ausgussventile geschlossen, damit das Seewasser nicht durch undichte Ueberlieferungs- und Fussventile in den Condensationsraum dringe. Der Condensator könnte sich auf diese Weise mit Wasser füllen und dieses durch das Ausströmungsrohr selbst in die Cylinder übertreten. Es würden sich die ganzen Kanäle und in längerer Zeit selbst die Cylinder mit Wasser anfüllen und die Maschine sich nicht ansetzen lassen, bis der Condensator nicht neuerdings durchgeblasen, das Wasser der Cylinder abgelassen und dieselben wieder vorgewärmt werden würden. Bevor das Wasser in die Cylinder überfliesst, wird sich jedoch das Durchblasventil heben und das Wasser durch dasselbe in den Soodraum abfliessen. Dies soll aufmerksam machen, dass der Condensator sich mit Wasser fülle. Durch Befühlen der Ausströmungsrohre (Exhaustrohre) kann man sich überzeugen, ob schon Wasser zu den Cylindern strömt, dieselben würden sich in diesem Falle am Boden kalt anfühlen. Der Condensator kann sich auch noch mit Wasser füllen, wenn die Injectionshähne oder Schieber nicht dicht aufliegen und nicht gut abschliessen. Es wird sich hiebei der Condensationsraum direct durch das Einspritzrohr füllen. Wenn man durch häufiges Abblasen der Durchblasventile auf diesen Uebelstand aufmerksam gemacht, sich überzeugt hat, dass kaltes Wasser abgelassen wird, so ist bei längerem Stehen unter stillen Dampf vorzuziehen, den Schutzhahn des Injectionskingston's immer zu schliessen, bis die Injectionsschieber aufgepasst oder die Injectionshähne eingeschliffen werden können.

Der Condensator wird ferner häufig abblasen, wenn die Drosselklappe nicht dicht abschliesst, wodurch continuirlich Dampf durch die hohlliegenden Stellen des Schiebers in den Condensator überströmen wird. Dieser Dampf wird sich condensiren und den Condensator bald erwärmen. Nach einiger Zeit wird im Condensationsraum ein Druck Platz greifen, der das Durchblasventil hebt und condensirtes Wasser und Dampf werden aus demselben ausströmen. In diesem Falle ist es, wenn längere Zeit unter Dampf gestanden werden soll, notwendig, zeitweise einzuspritzen, damit die Kautschukklappen durch den heissen Dampf nicht leiden. Die Notwendigkeit der Einspritzung ergiebt sich, wenn der Dampf durch ein rasselndes Geräusch anzeigt, dass er zeitweise durch die Saugventile in den Raum der Luftpumpe streicht, wobei die Fussventile plätschern. Um diesem Uebelstande abzuhelfen, muss das Hauptabsperrventil oder die Absperrventile an den Kesseln geschlossen werden, wenn einige Zeit in Bereitschaft geblieben werden soll. Dieses ist beim Stehen unter stillem Dampf auch immer anzurathen, weil grosse Drosselklappen nie vollkommen dicht schliessen. In diesem Falle wirkt das Durchblasventil als Sicherheitsventil des Condensators, indem selbes keine Spannung gestattet, welche grösser als die der äusseren Luft wäre und für welche der Condensator nicht berechnet ist. Es ist daher selbst einleuchtend, dass dieses Durchblasventil auf keinen Fall belastet werden darf, indem dessen häufiges Abblasen durch den abnormalen Zustand anderer Theile hervorgerufen wird und nicht dem Durchblasventile anhaftet. Hat man sich überzeugt, dass das Durchblasventil gut geschlossen und dicht ist, so deutet ein häufiges Dampfabblasen des Condensators auf einen undichten Zustand des betreffenden Schiebers, wenn man den Uebelstand durch sorgfältiges Stellen der Coulisse in's Mittel und Verstellen der Maschinen nicht behelfen kann; denn der Dampf kann nur durch hohle Stellen des Schiebers auf die Exhaustseite und in den Condensator überströmen. Dieses Plätschern der Ventile kann ferner vernommen werden, wenn der Condensator zu viel durchgeblasen wird, weil er sich dadurch erwärmt und dann das Einspritzwasser nur langsam eindringen und die Luftpumpe nicht arbeiten kann, somit kein gutes Vacuum erzielt wird.

Die Dochte der grossen Schmiervasen werden herausgenommen und in die Vasen gelegt, wenn für eine unbestimmte Zeit unter stillem Dampf gelegen werden soll. Wenn aber die Maschinen für einige Stunden in Bereitschaft gehalten werden müssen, so sind alle Dochte herauszuziehen.

Während der Fahrt.

Behandlung der Maschinen.

Um die Maximalleistung einer Maschine zu sichern, darf der Dampf nicht gedrosselt werden, weil er an Spannung und Wärme, somit an Leistungsfähigkeit verliert, wenn er gezwungen ist, durch eine enge Oeffnung zu strömen. Nachdem jedoch häufig nicht die Vollkraft des Kesselcomplexes entwickelt, sondern mit halber Kesselanzahl gefahren werden soll, so wird die Notwendigkeit eintreten, den Dampfweg zu verengen; und zwar soll dies stets durch die Absperrventile an den Kesseln und durch die Expansionsvorrichtung geschehen. Nie soll für längeren Betrieb hiezu das Hauptabsperrventil und die Drosselklappe der Maschine verwendet werden.

Wenn Manöver mit der Maschine ausgeführt werden sollen, so hat man hiebei den Dampfzufluss blos mit der Drosselklappe zu reguliren und die Expansionsvorrichtung ganz auszuschalten, beziehungsweise auf jenen Füllungsgrad zu stellen, bei welchem die rasche Ausführung der Umsteuerung noch vollkommen gesichert ist. Das Hauptabsperrventil der Maschine bleibt ganz offen, um nach Bedarf sogleich über den Volldampf der Kessel gebieten zu können.

Alle Veränderungen im Gange der Maschinen sind allmählig vorzunehmen. Soll eine bestimmte Rotationszahl eingehalten werden, so hat man sich ausschliesslich der Expansionsvorrichtung zu bedienen und die Dampfentwickelung durch Oeffnen und Schliessen der Aschenfallthüren nach Bedarf einzuleiten. Wenn eine genügende Kesselkraft geboten ist, kann bei entsprechender Aufmerksamkeit und gutem Maschinensysteme die gegebene Rotationszahl stets und genau eingehalten werden. Jede Maschine hat eine von der Construction und dem jeweiligen Zustande abhängige Minimalrotationszahl, unter welcher die Maschinen nicht mehr verlässlich arbeiten und nachfolgend sicher umsteuern.

Sind die Maschinen durch längere Zeit mit Vollkraft zu betreiben, so muss ein Drosseln des Dampfes ganz vermieden werden, weil hiebei ein künstlicher Widerstand geschaffen und ein Arbeitsverlust bedingt wäre. Man hat daher Drosselklappe,

Hauptabsperrventil, sowie die Kesselabsperrventile vollkommen geöffnet zu halten und man suche einen solchen Expansionsgrad anzuwenden, dass in den Kesseln die normale Betriebsspannung erhalten bleibe. Auf diese Weise sichert man sich für längere Zeit die Maximalleistung einer geheizten Anzahl von Kesseln ohne ökonomische Nachtheile.

Ist jedoch nicht eine genügende Kesselkraft angewendet, so dass bei dem zulässig geringsten Füllungsgrad, bei welchem die Maschinen noch gleichmässig arbeiten, die normale Betriebsspannung nur durch unwirthschaftliches Forciren der Feuer erhalten werden könnte, so sichert man sich den wirksamsten, ökonomischen Betrieb, indem man die Kessel-Absperrventile nur so wenig offen hält, dass in den Kesseln die Maximalspannung des practischen Betriebes nicht überschritten werde und bei ganz geöffnetem Hauptabsperrventil und Drosselklappe jenen geringsten Füllungsgrad anwendet, bei welchem ein gleichmässiger ruhiger Gang der Maschinen erfolgt. Die Anwendung des geringsten Füllungsgrades hat für einen vortheilhaften Betrieb bei Anwendung niedrig gespannter Dämpfe ihre untere Grenze, und zwar wird durch den Umstand, dass bei weitgehender Expansion nach kurzem Kolbenlauf eine Spannung herbeigeführt wird, welche geringer als die der äusseren Luft ist, mancher Nachtheil hervorgerufen. Die Kurbel wird sehr ungleichmässig gedrückt und der Gang unruhig sein, der Cylinder entbehrt im Dampf das beste Schmiermateriale, Kolben und die Schieber werden besonders bei jacketirten Cylindern trocken arbeiten und sich mehr abnützen oder unverhältnissmässig viel Schmiermateriale notwendig machen. Nachdem im Cylinder während des grössten Theils des Kolbenlaufs Vacuum herrscht, werden die Stopfbüchsenpackungen binnen kurzer Zeit ausgetrocknet und dann abgenützt, so dass sie dann gewechselt werden müssen. Die Maschine kann mit geringem Dampfdruck nicht verlässlich umgesteuert werden und befindet sich nach einer Weile in einem solchen undichten Zustande, dass sie selbst mit genügender Kesselkraft nicht mehr vortheilhaft betrieben werden kann. Das „Fahren mit Vacuum" kann daher und besonders bei den heutigen Maschinensystemen nur als dem Zustande der Maschinen und der ökonomischen Materialgebahrung abträglich bezeichnet werden.

Bei der Wahl der Betriebsintensität eines Maschinencomplexes ist für eine beabsichtigte Rotationszahl vor allem diejenige Anzahl von Kesseltheilen festzustellen, welche eine genügende

Rostfläche darbieten, um eine ausreichende Menge Brennmateriale ruhig und ohne Forciren zu verbrennen. Versuche und eine aufmerksame Betriebsleitung werden sodann die günstigste Kohlenmenge festsetzen, welche bei der gegebenen Kesselzahl die relativ grösste Menge Wassers verdampfen. Dass diese günstigste Menge nicht mit dem Maximalquantum Kohle übereinstimmt, welche auf den Rosten verbrannt werden kann, ist selbst evident. Nicht die geringste Kesselzahl sichert einen ökonomischen Betrieb bei gegebener Rotationszahl, doch muss bei günstig gewählter Kesselzahl darauf gesehen werden, dass nicht mehr als erforderlich Kohle verwendet nnd die vorgeschriebene Betriebsintensität eingehalten werde.

Die Kraftäusserung von Maschinen wird durch jenen Theil der auf die Kolben übertragenen Arbeitsleistung des Dampfes beeinträchtigt, welche zur Bewegung der Maschinentheile und zur Ueberwindung des beträchtlichen Reibungswiderstandes erforderlich ist oder durch Spannungsverluste entsteht, welche durch Undichtheiten, durch Abkühlung etc., unausweichlich verursacht werden. Diese Effectverluste, sowie auch der bei verschiedenem Gang der Maschinen wenig abweichende Verbrauch an Schmiermaterialien, nehmen bei geringerer Rotationszahl relativ zu und müssen bei der Wahl der Betriebsintensität Berücksichtigung finden.

Ein Expandiren mit der Coulisse, um Dampf zu ersparen, wobei man den Schieberweg durch das Verstellen des Schleifklotzes verkürzt, soll bei Schiffsmaschinen nicht angewendet werden, weil hiedurch die Dampfvertheilung auf eine ungünstigere Weise besorgt, der Gegendampf vergrössert und überhaupt die Wirkung des Dampfes beeinträchtigt wird, weil bei diesem Vorgange die Dampfkanäle im Allgemeinen verengt werden.

Häufig wird der Gang der Maschinen durch einen automatischen Regulator geregelt, welcher mit der Drosselklappe in Verbindung steht und den Dampfzufluss derart regulirt, dass eine bestimmte Rotationszahl eingehalten werden kann.

Als Kugel-Regulatoren sind derlei Vorrichtungen genügend bekannt. Es genügt alle an demselben befindlichen Gelenke zeitweise zu ölen und die Befestigung der Schubstange an der Drosselklappe zu sichern. Eine Aenderung dieser Befestigung sowie des Gewichtes der Kugeln ändert die Tourenzahl.

Auf ähnlichem Principe beruht Silver's Regulator für Schiffsmaschinen. Zwei Flügel an einer rotirenden Scheibe setzen der Drehung einen constanten Widerstand entgegen. Die Einhängung der Zugstange an dem Hebel der Drosselklappe und die Stellung der Windflügel gegen die Rotationsaxe bedingen die Function des Apparates und bestimmen die Rotationszahl der Maschinen. Dieselben sind daher den Umständen entsprechend durch Versuche festzustellen. Silver's Regulator dient dazu, um den Gang der Maschinen auf eine bestimmte Rotationszahl zu reguliren, indem die Drosselklappe durch denselben je nach dem variablen Widerstand und der variablen Spannung in eine solche Stellung geführt wird, dass die normale Rotationszahl aufrecht erhalten bleibt. Der Regulator wird erst eingehängt, nachdem der Beharrungszustand des Betriebes eingetreten ist und für eine lange Dauer erhalten werden soll. Zu diesem Zwecke wird die Zugstange am Hebel der Drosselklappe befestiget, nachdem die Scheibe mit den Flügeln durch den Schnurtrieb in drehende Bewegung versetzt wurde. Das Gelenk, mit welchem die Zugstange und der Hebel der Drosselklappe verbunden sind, ist auf letzterem verschiebbar und dessen entsprechendste Stellung durch Versuche zu ermitteln. Steigt der Dampf ohne Forciren der Feuer, so schiebt man das Gelenk heraus, um die Drosselklappe mehr zu öffnen. Die Stellung der Windflügel wird ein für allemal festgesetzt, um eine bestimmte Rotationszahl zu erreichen.

Die **Kamm-Expansion** regulirt den Dampfverbrauch gleichfalls vermittelst der Drosselklappe, welche von den Kämmen zeitweise ganz geschlossen wird, bevor der Vertheilungsschieber den Dampf am Einströmungskanal abgeschnitten hat. Dadurch ist eine Expansion erreicht, welche bei dem Umstande, als der Dampf ziemlich ferne dem Schieberspiegel abgeschnitten wird, kein besonderes nennenswerthes Ersparniss an Dampf oder Brennmateriale erzielt; doch wird es leichter möglich sein, den Dampf normal zu halten, ohne an Rotationszahl einzubüssen, wenn die Feuer zu putzen sind oder aus einem anderen Grunde die Dampfentwickelung gehemmt wurde.

Das Ziel einer ausgedehnteren Expansion ist, einen hohen mittleren Druck mit Aufwand von wenig Dampf zu erreichen, um Dampf, beziehungsweise Kohle zu ersparen. Eine weitere Anforderung, welche an eine Expansionsvorrichtung gestellt werden muss, ist, dass die Kanten, welche den Dampf abschneiden, sich relativ mit grosser Geschwindigkeit gegen einander bewegen und den Dampfzufluss rasch und scharf abschneiden und ein Drosseln zu vermeiden.

Es darf nur jene Expansionsvorrichtung benützt werden, welche die Dampfeinströmung früher als der Vertheilungsschieber unterbricht, ohne die Ausströmung zu beeinträchtigen und die Ausströmungkanäle zu verengen. Zu dieser Gattung von Expansionsvorrichtungen gehören: die Meyer'sche Expansion, die Humphrey'schen Gitterschieber und die Maudslay'schen rotirenden Klappen.

Die Humphrey'sche und Whitehouse'sche Expansionsvorrichtung mit Gitterschiebern leidet an dem grossen Nachtheil, dass die Kanten, welche den Dampf abschneiden, bei höheren Expansionsgraden sich langsam gegen einander bewegen, den Dampf drosseln und den Dampfweg im Allgemeinen verengen.

Die Meyer'sche Expansionsteuerung gilt mit Recht als die vortheilhafteste, nachdem dieselbe von Null bis zur Vollfüllung variabel ist und weil das Abschneiden am Schieberspiegel erfolgt, somit das Volumen des Dampfes zwischen Vertheilungs- und Expansionsschieber, welches noch nachströmt, ein sehr geringes ist, mithin keine zu grosse Nachfüllung im Gefolge hat. Bei allen Vorzügen hat die Meyer'sche Expansionsvorrichtung nach der bis jetzt gebräuchlichen Ausrückung durch ein Handrad den Nachtheil, dass bei grossen Dimensionen der Schieber zu ihrer gänzlichen Ausschaltung viel Zeit erforderlich ist und somit die Maschine nicht genügend rasch manövrirt werden kann. Daher darf diese Expansionsvorrichtung erst dann eingehängt werden, wenn die Maschine voraussichtlich längere Zeit mit Vollkraft betrieben wird, und nicht die Notwendigkeit vorauszusehen ist, die Maschine plötzlich umsteuern zu müssen. Das Gleiche gilt für alle übrigen Expansionsvorrichtungen in dem Masse, als sie längerer oder kürzerer Zeit bedürfen, um ausgelöst zu werden.

Bei zu weit getriebener Expansion wird die Maschine ungleichmässig arbeiten. Dieser Umstand bestimmt die untere Grenze eines günstigen Füllungsgrades und rechtfertigt die Anwendung von zwei Cylindern, wie bei dem Compound-System, bei welchem auf einander folgend in zwei Cylindern eine hohe Expansion hochgespannter Dämpf möglich wird, wofür ein einziger Cylinder nicht ausreichen würde. Die Vortheile, welche durch die Anwendung des Woolf's Systemes erreicht wird, sind: Die Druck- und Temperatur-Differenz zwischen dem Kessel und dem zum Condensator überströmenden Dampf wird auf zwei Cylinder vertheilt, es ist daher diese Druck-Differenz für jeden einzelnen Cylinder kleiner; die wirksamen Kräfte nehmen die Maschine gleichmässiger in Anspruch und verursachen einen geringern Materialverbrauch und Abnützung. Der Hochdruck-Cylinder ist nie mit dem Condensator und der Niederdruck-Cylinder nie mit dem Kessel in Verbindung; weshalb der Verlust durch Condensation und Wiederverdampfen ein geringerer sein wird und doppelte Schieber und Kolben ein Ueberströmen des Dampfes in den Condensator verhüten, ohne seine Wirkung abgegeben zu haben. Derlei Maschinen gestatten jedoch nur innerhalb engerer Grenzen die Intensität des Betriebes zu ändern, wie aus dem weitern ersichtlich wird.

Können die Expansions-Vorrichtungen zweier gekuppelter Maschinen einzeln gehandhabt, d. h. für jede Maschine gesondert gestellt werden, so muss man trachten, beiden Cylindern gleiche Dampffüllung zu geben, so dass die beiden Maschinen im gleichen Masse an der gemeinsamen Arbeitsleistung theilnehmen. Es darf kein Kolben vom andern geschleppt werden, was dann stattfände, wenn ein Cylinder mit einem viel grössern Füllungsgrad arbeiten würde, als der andere.

Bei Woolf's Maschinen wird die Arbeitsleistung bei der normalen Betriebsspannung zwischen beiden Cylindern gleichmässig vertheilt und dabei der Gang ein gleichförmiger sein. Werden derlei Maschinen mit geringerem Dampfdruck betrieben, so wird der Niederdruck-Cylinder eine verhältnissmässig geringere Leistung aufweisen und der Gang der Maschinen ungleichfmässig sein. Wird die Betriebsspannung immer geringer gewählt, so erreicht man endlich eine untere Grenze der Wirkung des Niederdruck-Cylinders, bei welcher dessen Leistung eben genügt, die Bewegungshindernisse zu überwinden. Bei geringer Intensität des Betriebes wird der Hochdruck-Cylinder die ganze Arbeit verrichten, weil der Niederdruck-Cylinder zu wenig Dampf erhält, um an der Arbeitsleistung theilzunehmen. Ist der Hochdruck-Cylinder mit einer Expansionsvorrichtung ausgerüstet, so hat man dieselbe nur insoweit zu benützen, als der oberwähnte Uebelstand des ungleichmässigen Arbeitens nicht auftritt. Ist der Niederdruck-Cylinder mit einem Expansionsschieber versehen, so kann durch Expandiren im Niederdruck-Cylinder der Gang der Maschinen stets so regulirt werden, dass beide Kolben gleichmässig arbeiten. Es wird dadurch die Spannung in dem Dampfkasten vergrössert und es arbeitet der kleine Cylinder mit grösserem Gegendampf, der grössere mit höherer Spannung des Arbeitsdampfes. In einem gewissen Masse kann das Gleiche durch ein Expandiren mit der Coulisse des Niederdruck-Cylinders erzielt werden. Woolf's Maschinen verlangen

11

eine aufmerksame Beobachtung und eine auf Versuche basirte Betriebsleitung. Für Kriegsschiffe ist der Uebelstand massgebend, dass die Intensität des Betriebes nicht ohne Nachtheil geändert und die Maschine mit Vacuum schlecht betrieben werden kann, weil die mit dem Condensator in Verbindung stehende Kolbenfläche zu klein ist und der Hochdruckcylinder mit dem Condensator nicht verbunden werden kann.

Behandlung der Maschinentheile.

Wurde ein r e g e l m ä s s i g e r G a n g der M a s c h i n e n erzielt und werden dieselben voraussichtlich nicht binnen kurzer Zeit werden umgesteuert, so hat man wieder alle Theile der Maschine aufmerksam zu durchsuchen, ob dieselben in der richtigen Weise functioniren. Bei oscillirenden Maschinen werden die Steuerungshebel häufig abgenommen und erst wieder beim Manövriren mit der Maschine aufgesteckt oder das Steuerungsrad wird ohne weiters festgeklemmt. Es ist zu beobachten, ob b e i d e r U m s t e u e r u n g m i t e i n e m l o s e n E x c e n t e r die Knagge den Excenter in der richtigen Stellung mitnimmt. Stosst dieselbe nicht an den Ansatz des Excenters an, so wird die Dampfvertheilung an diesem Cylinder in sehr ungünstiger Weise besorgt und ein Stoppen der Maschinen muss angesucht werden, um den Excenter in die richtige Stellung bringen zu können, wenn es nicht gelingen sollte, denselben dadurch in die richtige Lage zu führen, dass man die Excenterscheibe mit einem Hammerstiel gleichsam festzuhalten sucht. Bei Umsteuerung mit S t e p h e n s o n's C o u l i s s e n ist, nachdem dieselben so gestellt wurden, dass ein richtiger Gang der Maschinen stattfindet, die Axe der Umsteuerungsmaschine oder der Handräder festzuklemmen.

Die H a n d h e b e l d e r I n j e c t i o n u n d d e r D r o s s e l k l a p p e müssen festgeklemmt werden, damit sie nicht von selbst aus der ihnen gegebenen Lage treten. Beide Vorfälle würden sich durch ein schweres Arbeiten der Maschine kundgeben, wobei im letzteren Falle das Abschneiden des Dampfes aufhören, das Vacuum fallen und vielleicht auch gar bald der Dampf beim Durchblasventile entweichen würde. Ferner werden alle Gelenke der Coulisse und Schieberstangen untersucht. Die Befestigung der Ausgussventilstangen ist nachzusehen; ferner ist nach Bedarf eine Speisepumpe auszuhängen, deren Umkehrhahn zu öffnen oder das Ueberdruckventil zu entlasten, damit die Pumpe nicht arbeitet oder das angesaugte Wasser wieder in die Cysterne zurückstosst. In vielen Fällen genügt es, die Lufthähne in den Saugstiefeln der Speisepumpen zu öffnen, um letztere ausser Thätigkeit zu setzen. Die Expansionsvorrichtung ist ebenfalls zu sichern, dass sie sich nicht von selbst verstelle. Besonders bei Kammexpansionen muss hierauf Acht gegeben werden. Wenn beide Speisepumpen benötigt werden, so ist an denselben, so wie an den Soodpumpen zu untersuchen, ob die Ventile und das Ueberdruckventil spielen. Bei Einspritz-Condensatoren ist die Injection und bei Oberflächen-Condensatoren der Gang der Circulationspumpen so zu reguliren, dass das Speisewasser warm sei. Kaltes Speisewasser hemmt die Dampfentwickelung und erhöht den Kohlenverbrauch, ohne einen nennenswerthen Vortheil an Intensität des Vacuums zu erzielen. Man wird leichter und gleichförmiger Dampf erzeugen, wenn das Speisewasser vorgewärmt ist. Man soll daher nicht zu kalt condensiren und folglich nicht zu viel einspritzen, anderseits soll man wieder nicht heiss condensiren, weil abgesehen davon, dass der Dampf dann nicht vollkommen condensirt wird, die Kautschukventile der Luftpumpe bald weich werden und sich leicht durchdrücken. Die Luftpumpe wird bei heisserem Condensator schlechter ziehen und das Vacuum ein unvollkommenes sein.

Die Temperatur des Speisewassers wird durch die Einspritzung regulirt; die günstigste Temperatur im Condensator hängt von zu vielen Nebenumständen ab, um dieselbe bestimmen zu können. Man soll trachten, derart zu condensiren, dass sich das Rohr der Speiseleitung warm anfühlt und die Luftpumpe nicht schwer arbeitet. Wenn die Maschinen ungleichmässig arbeiten, so muss man zeitweise bedacht sein, die Einspritzung richtig zu stellen.

Ist es möglich, bei Oberflächen-Condensatoren das condensirte Wasser zur Vorwärmung nochmals einzuspritzen, so sind die Hähne entsprechend zu stellen, wobei die Injectionsschieber gut geschlossen bleiben müssen. Sollte kein Wasser zum Speisen der Kessel in der Cysterne vorhanden sein, so ist Seewasser einzuspritzen, wie überhaupt bei Oberflächen-Condensatoren in der Cysterne immer genügend Wasser gehalten werden muss, damit die Speisepumpen nicht von der Oberfläche saugen, wo sich die Fette mehr oder weniger ansammeln.

Beim Ein- und Aushängen von Speise- und Soodpumpen bei oscillirenden Maschinen ist darauf zu achten, dass die Stellschrauben ganz zurückgedreht werden und sich nicht an

11*

den Spindeln reiben. Ferner muss man genau Acht haben, nicht fest zu klemmen, bevor der Kolben am tiefsten Punkt des Hubes steht. Man lässt den Kolben herausziehen, indem man provisorisch festklemmt, lässt sodann etwas nach und zieht die Stellschraube erst definitiv fest, während der Kolben hineingedrückt wird. Am Schieberkasten hat man den Hahn, der an der Entlastungsvorrichtung sitzt, so zu stellen, dass die Communication mit dem Condensator hergestellt ist und hierauf alle Oeffnungen zu controlliren, ob dieselben nicht etwa Luft ziehen. Der Dampfhahn zum Talgkasten muss nach Bedarf geöffnet werden, um eine genügende Menge Talg flüssig zu halten. Der Wasserablasshahn der Dampfjacken muss zeitweise geöffnet und das darin enthaltene Wasser abgelassen werden, weil Wasser ein guter Wärmeleiter ist und eine Abkühlung des Cylinders herbeiführen würde, wenn kein Condensationstopf angebracht ist. Arbeitscylinder und Schieberspiegel müssen, trotzdem sie vom Dampf gefeuchtet sind, doch mit Unschlitt geschmiert werden. Dampf (und besonders überhitzter Dampf) wäre für sich allein nicht genügend, ein trockenes Arbeiten der gleitenden Theile zu verhindern. Das Schmieren wird am Zweckdienlichsten durch Lubricatoren bewerkstelliget, welche am Hauptdampfrohr angebracht sind. Dieselben tropfen andauernd Unschlitt in das Hauptdampfrohr und der durchströmende Dampf reisst das Schmiermaterial mechanisch mit sich und führt es den gleitenden Flächen zu. Dieser Apparat ist also stets mit reinem Talg gefüllt zu halten, der am Boden befindliche Schmutz abzulassen und der Hahn an demselben nach Bedarf zu stellen. Ist kein Patent-Schmierapparat angebracht oder dessen Wirkung nicht ausreichend, so werden die Cylinder und Schieberflächen von Zeit zu Zeit direct aus den Schmiervasen gefettet. Bei Oberflächen-Condensatoren ist das Schmieren der Cylinder auf das Allernotwendigste zu beschränken, weil ein grosser Theil des Schmiermaterials durch das Speisewasser in die Kessel übergeführt wird. Man hat daher ein Hineinschütten von Unschlitt zu vermeiden und dies umsomehr, als der Dampf bei solcher Speisung keine so ausgiebige Schmierung verlangt.

Nach dem jedesmaligen Ueberkochen der Kessel sind Cylinder und Schieber zu schmieren. Bestehen die Cylinderschmiervasen blos aus einer offenen Schale mit Hahn, so darf dieser nur geöffnet werden, wenn der Kolben sich gegen die Schmiervase bewegt und Vacuum vor dem Kolben herrscht. Die Schmiervasen oder Stopfbüchsen am Dampfcylinder werden mit

Unschlitt und Oel geschmiert und das Oel ist beim Beginn der Fahrt auf die Kolbenstange mit einem Pinsel aufzutragen oder vorsichtig aufzugiessen, bis das Unschlitt in den Vasen sich erwärmt hat. Besondere Aufmerksamkeit muss beim Beginn der Fahrt den Lagerschalen gewidmet werden. Sie erhitzen sich am leichtesten, so lange sich noch Schmutz darin befindet, bis dieser später mit dem Oel herausgewaschen wird. Ist das abtropfende oder zwischen den Lagerschalen herausgedrückte Oel rein, so sind die Lagerschalen nicht mehr verschmutzt und es genügt, die Schmierung mit dem Dochte. Alle Schmiervasen sollen stets gefüllt erhalten werden, so dass nie Oel zur Schmierung mangelt. Im Allgemeinen sind Oelvasen um so günstiger, je flacher sie sind und je mehr Oel in denselben enthalten ist. Oelvasen mit kleiner Basis erfordern grössere Aufmerksamkeit, weil sie sich rascher entleeren. Ein Docht zieht im Allgemeinen um so mehr Oel, je länger das Schmierrohr und je grösser der Dochtdurchmesser ist. Alle Gelenke oder Drehzapfen, welche nicht mit Schmiervasen versehen sind, erhalten zeitweise einige Tropfen Oel mit der Patent-Schmierkanne, um das Trockenlaufen zu verhindern Die Lecker der beweglichen Lager müssen auf die richtige Länge herausgezogen werden, damit die Zungen der Lagerschalen genügend Oel erhalten, ohne viel zu verspritzen. Bei rasch gehenden Maschinen müssen die Dochte besonders gut gegen Herausschleudern sichergestellt werden, indem man den auf die richtige Länge abgeschnittenen Docht an seinem Ende mit einem Bleiklumpen versieht, welcher das Herausziehen des Leckers bei rascher Bewegung verhindert. Wird der Docht umhergeschleudert, so muss man eine Weissblechhülse anbringen, welche den Docht umgiebt oder es müssen zum gleichen Zwecke auf einander folgend 2 oder 3 Zungen angebracht werden. Man hat darauf zu sehen, dass für die Schmierung der beweglichen Maschinentheile nicht überflüssig viel Oel gebraucht und nicht nutzlos Schmiermateriale verschwendet werde. Die Erfahrung wird der beste Lehrmeister sein, die Maschinenschmierung mit grösster Oekonomie des Materiales ausgiebig zu besorgen. Aufmerksamkeit und der Gebrauch kleinerer Gefässe, ein häufiges sparsames Eingiessen und die Anwendung eines Pinsels oder Oellöffels wird zu erhöhtem Ersparniss führen.

Man muss bei ungeübterem Wartungspersonale weiterhin bedacht sein, jeden Einzelnen zu instruiren, in welcher Zeit es im Allgemeinen erforderlich ist, jeden beweglichen Theil nachzu-

sehen, wann und wie derselbe zu schmieren, die Oelgefässe nach-
zufüllen seien, wie man die Lagerschalen beweglicher Theile oder
Drehzapfen und Gelenke befühlt, ohne selbst zu Schaden zu kommen.
Man verliert keine nutzlose Zeit, wenn man sich der Mühe unter-
zieht, das Bedienungspersonale in allen selbst kleinlichen Handgriffen und wiederholt zu unterweisen. Man bildet dadurch das
Bedienungspersonale zu grossem Vortheile des Maschinenbetriebes
und noch mehr zu seinem eigenen Vortheile heran.

Befindet sich im Soodraum kein Wasser, so muss
durch ein Pumpenrohr oder an einer passenden Stelle der Wasserleitung Seewasser in den Soodraum gelassen werden und diess
um so mehr beim Beginne der Fahrt, als Dampf zwischen den
Spanten des Schiffes emporsteigt, wodurch besonders Holzwerk
durch die hervorgerufene Feuchtigkeit sehr leiden würde. Wenn
die Kessel überkocht haben und viel Wasser aus den Cylindern
in den Soodraum gelangte, ist letzterer zu erfrischen. Diese Notwendigkeit gibt sich zuweilen durch den Geruch kund, der dem
Sood entströmt, wenn warmes Wasser in denselben enthalten ist
und der Soodraum nicht eben frisch gereinigt und mit Kalkmilch
angestrichen oder desinficirt wurde.

Ist ein Soodwasser-Ejector angebracht, so kann man
ihn im Beginne der Fahrt oder des Manövers mit der Maschine
vortheilhaft in Gang setzen, wenn der Dampfdruck es gestattet,
um das beim Durchwärmen der Maschine in den Soodraum
gelangte Wasser zu entfernen.

Der Ejector wird wie der Injector warmes Wasser nur
schlecht ansaugen, weshalb es hiebei vorkommen kann, dass der
Apparat zu mehreren Malen versagt.

Man kann während der Fahrt durch ein continuirliches Wassereinlassen in den vordern Soodraum sehr viel zur Reinlichkeit
desselben beitragen. Dies setzt jedoch voraus, dass beim Kessel-
manöver keine Asche und bei der Maschine kein Werg in den
Soodraum fällt, weil sonst die Säuger der Pumpenrohre oder deren
Ventile leicht verlegt werden.

Es ist hiebei auch noch erforderlich, dass die Soodpumpen
im guten Zustande sind, um das Wasser eben so andauernd ausser
Bord zu schaffen. Man hat sich daher von der richtigen Function
der Soodpumpen, so wie auch der Speisepumpen zu überzeugen,
bevor man den Soodraum mit Wasser anlaufen lässt.

Man untersucht ob eine Pumpe zieht, indem man
den Probirhahn zwischen den Ventilen öffnet und beobachtet, ob

Wasser ausgeworfen wird. Häufig vernimmt man die Bewegung des Wassers oder den Schlag der Ventile oder erkennt das Ansaugen der Pumpe am Sieb des Soodrohres oder am Ausgussventil.

Die Pumpe beginnt häufig anzusaugen, wenn man Wasser zwischen die Ventile leitet. Dieses geschieht, indem man einen Kautschukschlauch an dem nächsten Ausgusshahn der Wasserleitung festbindet und denselben am Probirhahn der Pumpe befestigt. Oeffnet man den Hahn der Wasserleitung, so tritt das Wasser zwischen die Ventile, reinigt sie und ruft ein Ansaugen der Pumpe hervor.

Eine Pumpe saugt nicht:

1. Wenn eines der Ventile unklar ist oder nicht dicht aufsitzt. Kegelventile können ausser dem Sitze aufgefallen sein oder sich in den Führungsstiften spiessen. Kautschukventile können durchgeschlagen oder mit dem Sitz herausgeworfen oder die Anschlagschale weggerissen sein.

2. Wenn das Saugrohr verstopft oder dieses und der Pumpenstiefel leck ist, wodurch Luft angesaugt wird.

3. Wenn der Pumpenkolben undicht ist oder die Stopfbüchse eines Plungerkolbens Luft zieht oder letzterer Gussfehler hat, so dass die Pumpe aus dem hohlen Plunger saugt.

4. Wenn sich aus der angesaugten Flüssigkeit Dämpfe entwickeln, welche die Bildung der Luftleere und in Folge dessen das Ansaugen verhindern. Es wird daher eine Pumpe warmes Wasser, Ammoniak etc. schlecht ansaugen.

Hat man gefunden, dass eine Pumpe nicht zieht, so müssen vorerst deren Ventile gereinigt werden. Man öffnet den Probirhahn und schliesst das Ausgussventil der Pumpe, damit das Seewasser nicht zurückdringe. Sodann hat man jenen Deckel abzunehmen, wo man zu dem Ventil gelangt. Sind die Ventile ausgehoben und gereinigt, so kann man sich durch Eingiessen von Wasser überzeugen, ob das Saugrohr verstopft ist und die Unreinlichkeiten wegschwemmen. Sind die Ventile eingesetzt, so kann man sehen, ob dieselben dicht aufliegen, indem man Wasser eingiesst, dies darf jetzt nicht verschwinden, wenn die Pumpe ausgehängt wurde und das Ventil dicht ist. Sodann wird der Deckel des Gehäuses bei offenem Probirhahne rasch geschlossen. Ist das Saugrohr verstopft, so wird dasselbe, sobald es die Zeit gestattet, losgenommen und gereinigt. Hat man den Windkessel oder Deckel eingesetzt, so muss die Pumpe ziehen, wenn dies nicht durch Lecke verhindert wird. Auf die gleiche Weise wird mit Speise-

pumpen vorgegangen, wobei vorher das Druckrohr von der Speiserohrleitung abgesperrt wird.

Für die Reinlichkeit und eine angemessene Beleuchtung des Maschinenraumes ist stets Sorge zu tragen und alle
gebrauchten Werkzeuge, Materialien etc. sind nach dem Gebrauche
an ihren Platz zurückzulegen, damit im Maschinenraume stets die
grösste Ordnung herrsche. Die für eine angemessene Beleuchtung des
Maschinenraums und aller Instrumente erforderlichen Lampen sind
hellbrennend und die Oelkannen und Oelvasen gefüllt zu erhalten.
Ferner soll nach Thunlichkeit auch die Reinlichkeit der Unter-
gebenen gefördert werden, indem eine angemessene reine Kleidung
von ihnen verlangt und das Schlafen und Umherliegen in
den Maschinenräumlichkeiten untersagt wird.

Wir bestehen wiederholt darauf, dass Reinlichkeit, Ordnung
und Beleuchtung stets im Auge behalten bleiben muss. Wir rathen
jedem, der nicht durch eigene Praxis dazu geführt wurde, dieses
Trifolium als Regulator der Wachsamkeit zu betrachten, diese
drei Punkte, so wenig sie auf den ersten Anschein mit dem
ruhigen und ökonomischen Gang der Maschine zusammenhängen,
nicht zu vernachlässigen. Reinlichkeit erheitert den Sinn und lässt
jeden Einzelnen ein Interesse an der Maschine und Liebe für
seinen Dienst gewinnen. Ordnung erfreut das Auge und lässt im
richtigen Momente rasch das richtige Werkzeug oder Materiale
finden und erleichtert den Dienst. Angemessene Beleuchtung
gewährt richtige Uebersicht zur Leitung der Maschinen, bewahrt
vor Schaden und verhindert eine masslose Verschwendung von
Schmiermateriale.

Behandlung der Lager.

Ein Lager kann sich erwärmen:

1. Wenn die Lagerschalen oder Drehzapfen keine
glatte Oberfläche besitzen.

Die Reibung ist sodann eine vermehrte und die Gefahr des
Warmlaufens verdoppelt. Erhitzt sich das Lager in diesem Fall,
so ist es gerechtfertigt, gepulverten Schwefel oder fein gemahlenen
Grafit mit Oel zu mengen und in der Anhoffnung einzuspritzen,
dass diese fremden Bestandtheile sich in die Risse verschmieren
und die Reibung vermindern würden. In allen anderen Fällen soll
man trachten das Oel so rein als möglich zu verwenden, weil

alle fremden Bestandtheile die Schmiernuten der Lagerschalen
verlegen.

2. Wenn das Lager zu fest angezogen ist. In
diesem Falle ist es notwendig die Maschine langsam gehen zu
lassen, bis der Lagerdeckel nachgelassen und das Lager abgekühlt
wurde. Hat das Lager sich stark erhitzt, so ist der Befehl zum
Abstellen der Maschine nachzusuchen, oder dieselbe momentan
abzustellen, wenn zu befürchten wäre, dass das Lagermetall flüssig
geworden sein sollte.

Excenterringe, welche zu fest angezogen wurden, werden
sich erwärmen und müssen nachgelassen werden. Von den
Excentern wird jener für die Vorwärtsbewegung am meisten
angestrengt und daher am ehesten warm laufen.

3. Wenn Schmutz zwischen die Lagerschalen tritt.
Dies zu verhindern, sind beim Stillstand der Maschinen die
Schutzbleche, welche die Spalten zwischen den Lagerschalen aus-
füllen, sorgfältig aufzupassen und um die Anläufe der Welle
Tressengarn umzuwickeln, damit auch von der Seite kein Schmutz
zwischen die Lagerschalen trete. Die Röhrchen für die Dochte der
Schmiervasen sind beim Stillstande oben mit Holzstoppeln zu versehen und deren Deckel immer geschlossen zu halten. Während
der Fahrt ist acht zu geben, dass kein Schmutz (als Tabaks-
asche, verkohlter Lampendocht etc.) in die Schmiervasen oder
zwischen die Lagerschalen fällt. Letztere, sowie Glassplitter, sind
besonders schädlich und ist es daher gerechtfertigt, eine Maschine
momentan abzustellen und von Glassplittern zu reinigen, wenn
ein Lampenglas oder eine zerbrochene Scheibe der Oberlichte auf
die Lager gefallen ist.

4. Wenn das Lager trocken läuft, wobei die Reibung
eine vermehrte sein wird. Um zu verhindern, dass die Lagerschalen sich aus Mangel an Schmierung erhitzen, muss regelmässig geschmiert werden. Eine je kleinere Basis eine Schmiervase hat, desto mehr Aufmerksamkeit erfordert dieselbe, weil das
Oel dann bald ausgesaugt ist, grosse flache Vasen sind, wie
bereits erwähnt, am Zweckmässigsten. Zur Schmierung der Lager
darf nur reines Oel verwendet werden und die Dochte dürfen
nicht verschmutzt sein, weil sie sonst das Oel schlecht ansaugen.
Schmutziges Oel wird sich nach längerem Stehen klären und kann
abgegossen wieder verwendet werden. Das Schmierrohr, in welchem
der Docht hängt, darf weder verstopft noch lose sein, weil sonst
das Oel nicht durchfliesst oder daneben abläuft. Der Docht darf

nicht zu dick sein, damit er im Röhrchen nicht eingeklemmt ist, sonst würde er nicht Oel ziehen. Der Docht darf auch nicht zu kurz sein, damit er in das Oel taucht, dasselbe bis in die Lagerschale führt und nicht ausserhalb derselben ablaufen lässt. Die Schmiervasen dürfen ebenfalls nicht lose sein oder wackeln, weil sonst das Oel ausgeschüttet wird. Nasse Dochte sind vollkommen unbrauchbar, weil sie das Oel nicht anziehen, dieselben sind zu wechseln. Die Schmierrohre sollen im Hafen nicht mit Talg verstopft werden, weil derselbe, wenn er tiefer eindringt, das Röhrchen verlegt.

5. Wenn der gelagerte Zapfen oder der Lagerhals konisch ist, oder überhaupt schlecht liegt, so dass das Lager „übers Eck" arbeitet. Dies erkennt man daran, dass das Oel stets nur auf einer Seite herausgedrückt und das Lager nur auf einer Seite geschmiert wird. Auf der andern Seite wird vielleicht der Anlauf der Welle oder des Zapfens auf der Schale arbeiten. Ein solcher Uebelstand, welcher durch Ausdehnung der Cylinder, Setzen der Lagerständer etc. hervorgerufen wurde, kann während der Fahrt nicht behoben werden, wird aber bei genügender Vorsicht auch keinen bedeutenden Uebelstand hervorrufen.

Excenterscheiben sitzen zuweilen durch das Aufkeilen schief auf der Welle, wie eine starke seitliche Abnützung des Ringes zeigt. Dann würde der Excenterring auch locker warm laufen und ein Nachlassen desselben wäre schädlich. Wie bereits erwähnt, ist beim Beginn der Fahrt besonders auf die Lager acht zu haben. Auf die Dochte und Lecker derselben sind einige Tropfen Oel aufzugiessen, damit dieselben rascher zu schmieren beginnen. Alle grossen Zapfen und Hälse bekommen auf beiden Seiten zwischen den Lagerschalen Oel aufgegossen, weil es geraume Zeit braucht, bis das Oel sich über die ganzen Lagerschalen verbreitet. Das Thrustlager muss sorgfältig beobachtet werden, ob die einzelnen Ringe fest stehen, schmieren und kalt laufen.

Beginnt ein Lager lau zu werden, so wird in das Schmierrohr directe Oel gegossen, bis man bemerkt, dass das Lager durchschmiert. Kommt das Oel dunkelbraun an den Lagerschalen zum Vorschein, so ist kein Tropfen Oel verloren, wenn noch so fleissig geschmiert wird, bis das Oel sich reiner zeigt und der Schmutz herausgewaschen ist. -

Wird das Lager wärmer, so ist dasselbe um etwa eine Zeichenpapierdicke nachzulassen, damit es sich leichter und ausgiebiger schmiert und weil durch die Wärme sich der Zapfen mehr als die Lagerschale ausdehnt; dabei ist die vorige Stellung der Schraubenmuttern durch Zeichen mit dem Körner oder der Reissnadel zu kennzeichnen, um das Lager später wieder richtig nachziehen zu können. Wird nun nach eifrigem Schmieren das Lager noch immer wärmer nnd lässt die Temperatur befürchten, dass das Lagermetall, (mit welchem alle reibenden Lagerflächen der Maschinen der k. k. österr. Kriegsmarine ausgegossen sind) ausfliessen oder sich die Schmierkanäle verlegen könnten, so muss das Lager abgekühlt werden. Besitzt die Lagerschale aussen schon die Temperatur des Speisewassers, so ist es auch schon notwendig, den Gang der Maschine zu hemmen und Wasser in hinreichender Menge laufen zu lassen. Das Oelgefäss des warmlaufenden Lagers wird dann ausgehoben, Wasser in die Schmiervase selbst geleitet und das Lager ganz mit Wasser übergossen, wobei die Deckel der zunächst liegenden Schmiervasen aufzustecken sind. Das Schmieren mit Oel ist einzustellen und das Lager läuft nun geraume Zeit nur mit Wasser, bis es vollkommen abgekühlt ist. Will sich das Lager nicht abkühlen, so ist die Maschine abzustellen und so lange Wasser auf das Lager laufen zu lassen, bis dasselbe kalt wird. Wenn es sich aussen bereits kalt anfühlt, kann man wieder langsam in Bewegung setzen und dann den Gang der Maschine nach und nach auf Vollkraft beschleunigen. Nur muss noch immer fort der ganze Wasserstrahl auf das Lager geführt werden, weil es sich erst aussen abgekühlt hat und innen noch warm sein dürfte. So lange das Lager mit Wasser läuft, wäre es zwecklos zu schmieren, weil das Oel vom Wasser getragen und weggeschwemmt werden würde. Wurde das Lager nun durch so geraume Zeit abgekühlt, dass man vermuthen kann, es sei auch im Innern kalt, so wird das Wasser ganz abgestellt und die Schmierung wieder mit Oel aufgenommen. Es ist am Vortheilhaftesten, zuerst mit der Oelspritze in das Schmierrohr und zwischen die Lagerschalen kräftig einzuspritzen, dann mit der Kanne Oel in das Rohr einzugiessen und die Vase mit Oel zu füllen oder das Oelgefäss einzusetzen. Man hat jedenfalls auf diese, wie auch auf die umgebenden Oelvasen acht zu haben, dass sie jetzt nicht mit Wasser gefüllt und die Dochte nicht nass seien. Zuweilen schwimmt in den Vasen oben ein Häutchen Oel und der Rest ist Wasser. Der Docht wird eingezogen, wenn das Oel zwischen den Lagerschalen zum Vorschein kommt, wodurch man versichert ist, dass die Schalen durchgeschmiert haben; dann wird der Docht in reinem Oel gut ausgedrückt und eingezogen. Ein continuirliches Aufgiessen von Wasser ist nicht zu rechtfertigen und deutet, wenn es notwendig sein sollte, auf einen fehlerhaften Zustand der gleitenden Theile.

Wenn eine Maschine eine grosse Tourenzahl erreicht, so ist es durchaus nicht notwendige Folge, dass die Lager warm laufen sollten. Es treten bei grossen Tourenzahlen nur alle Fehler in der Lagerbehandlung und Schmierung viel rascher zu Tage und es ist daher bei rasch gehenden Maschinen den Lagern verdoppelte Aufmerksamkeit in der Behandlung und Schmierung zuzuwenden. Wie bereits erwähnt, ist ein gleichzeitiges Schmieren mit Wasser und Oel und ein continuirlicher Wasserstrahl auf die Lagerschalen, so dass die Maschine einem Wasserkunstwerke gleicht, vollkommen unstatthaft und deutet auf nicht genügende Wachsamkeit und geringen Willenseifer.

Ist ein Lager durch Schmieren mit Oel nicht kühl zu erhalten, so wird es mit Wasser geschmiert uud muss bei nächster Gelegenheit regulirt werden. Sollte die Zeit es nicht gestatten, eine gründliche Regulirung des Lagers vorzunehmen, so muss die Wasserleitung womöglich derartig eingerichtet werden, dass das Wasser die Lagerschalen nur umgiebt und eine gleichzeitige Schmierung mit Oel möglich ist.

Normale Geräusche bei der Maschine.

Jede Maschine verursacht im Beharrungszustande eine regelmässige Reihenfolge von Geräuschen und Schlägen, welche sich entweder bei jedem Kolbenhube wiederholen oder zum Theile nur zeitweise auftreten. An die verschiedenen Arten dieser Geräusche muss sich das Ohr gewöhnen, um alsobald unterscheiden zu können, ob die Maschine normal arbeitet oder ob Fehler einzelner Theile den regelmässigen Gang stören oder gefährden. Den Grundton einer gut arbeitenden Maschine bildet das zischende Geräusch, welches der in den Condensator überströmende Dampf durch seine rasche Condensation in dem Ausströmungsrohre (Exhaustrohre) hervorruft. Das sogenannte „Abschneiden" des Dampfes zeigt ein sehr gutes Vacuum an, wenn es besonders intensiv ist und giebt bei aufmerksamer Beobachtung zugleich Aufschluss über die Dampfvertheilung. Gerade wie bei einer Hochdruckmaschine das gleichförmige Auspuffen des Arbeitsdampfes zeigt, dass der Kolben zu beiden Seiten gleichmässig Dampf erhält, giebt das Abschneiden des Dampfes bei Schiffs-Maschinen

Aufschluss über die Dampfvertheilung. Ist das Abschneiden besonders lebhaft und scharf markirt, so wird möglicher Weise zu kalt condensirt und es ist die Einspritzung zu schmälern, damit das Speisewasser warm in die Kessel geführt werde. Wird das Geräusch dumpfer und verschwommener, so arbeitet die Maschine mit feuchtem Dampf und die Condensation ist trotz der richtigen Menge Einspritzwasser unvollkommen. Ueberkochen die Kessel, so wird das Abschneiden ganz aufhören oder sich wenig hören lassen. Das Abschneiden wird auch dann verschwommen sein, wenn der Condensationsraum mit Wasser gefüllt ist, was meistens beim Ansetzen der Maschine der Fall sein dürfte. Man beginnt daher, wenn die Condensatoren kühl sind, nicht gleich einzuspritzen, sondern beobachtet die Vacuummeter, bis die Zeiger derselben nach einigen Rotationen selbst zu spielen beginnen: dann ist der Condensationsraum vom Wasser entleert und der Zeitpunkt gekommen, wo Wasser eingespritzt werden muss. Ein gutes Vacuum und ein markirtes Abschneiden wird die unmittelbare Folge des Einspritzens sein.

Bei raschem Gange der Maschinen und wenn die Soodpumpen gut ziehen, wird das Wasser in den Pumpenrohren, (weil es nur stossweise bewegt wird) und zwar in den Rohrbiegungen Stösse ausüben, welche durch das ganze Rohr fortgepflanzt werden: die Soodpumpen-Ventile bringen den gleichen Schlag hervor. Diese Schläge werden besonders dann heftig, wenn die Säuger verlegt sind und das Wasser nur mit Gewalt angesaugt werden kann. Will man diese Schläge, um ein anderes aussergewöhnliches Geräusch zu verfolgen, unterbrechen, so öffnet man theilweise die Probirhähne zwischen den Ventilen, wodurch mehr Luft in den Windkessel tritt und für die bewegte Masse des Wassers ein mehr elastisches Kissen bildet als vorher.

Wenn die Siebe der Soodpumpenrohre nahe dem Wasserniveau ist, so werden dieselben Luft einziehen und dadurch ein eigenthümliches gurgelndes Geräusch hervorrufen. Ist der Luftpumpenkolben einer oscillirenden Maschine mit Metallventilen ausgerüstet, so verursachen dieselben bei etwas rascherem Gang lebhafte Schläge. Maschinen, deren Kurbeln nicht direct durch Gegengewichte equilibrirt sind, schlagen leicht in der ersten Kuppelung am Schneckenrad, besonders bei unregelmässigem Gange der Maschinen, z. B. bei schwerem Seegange oder beim Ueberkochen und überhaupt beim Ansetzen der Maschine, bevor das Schiff in Fahrt kommt. Die Kuppelungsbolzen müssen dann bei nächster Gelegenheit nachgezogen oder die Lederringe gewechselt werden.

Beim starken Drosseln des Dampfes wird zuweilen der Dampfstrahl, wenn er auf eine scharfe Kante oder Ecke trifft, getheilt und ähnlich, wie bei einer Dampfpfeife in eine schwingende Bewegung versetzt. Der hiedurch hervorgerufene Ton „das Singen des Dampfes" ist jenem ähnlich, welchen ein trockener Zapfen bisweilen hervorruft. Aendert man die Stellung der Drosselklappe und des Hauptabsperrventils, so kann man sich überzeugen, ob dieser Ton nicht etwa von gleitenden Theilen herrühre.

Betriebsstörungen.

Unvollkommene Condensation.

Es mag vorkommen, dass die Condensatoren nicht alsobald oder nur unvollkommenes Vacuum entwickeln, und zwar kann dies eintreten :

1. Wenn der Condensator durch übertriebenes Durchblasen sehr warm wurde, so dass der überströmende Dampf trotz des reichlich eingespritzten Wassers nicht niedergeschlagen werden kann, weil die warmen Wände des Condensationsraumes keine Abkühlung des Dampfes gestatten. In diesem Falle soll der betreffenden Maschine nur sehr wenig Dampf gegeben und so viel Seewasser eingespritzt werden, als die Luftpumpe befördern kann, bis der Condensator abgekühlt ist. Bei oscillirenden Maschinen war es auch gebräuchlich, den Condensator durch Anschütten von Aussen abzukühlen. Bei Oberflächen-Condensatoren ist es möglich, ein grösseres Quantum Kühlwasser durch den Condensator zu befördern, indem man die Circulationspumpen rascher laufen lässt, dadurch wird der Condensator abgekühlt und der Dampf kann sich niederschlagen.

2. Wenn beim Ueberkochen der Kessel durch den Dampf ein grosses Quantum warmes Wasser in Staubform aus den Kesseln in die Cylinder und in den Condensator mitgerissen wird. Nach einiger Erfahrung wird dieser Uebelstand gleich an dem schweren Arbeiten der Maschine erkannt werden, bevor die Sicherheitsventile der Cylinder zu schlagen beginnen. Das Ueberkochen der Kessel muss an diesen behoben werden und es ist indessen mehr einzuspritzen, damit der Condensator nicht zu warm wird. Hat das Ueberkochen aufgehört, so wird sich besseres Vacuum entwickeln. Die Ueberhitzung oder Trocknung des Dampfes bietet die beste

Garantie gegen diesen Uebelstand; überhitzter Dampf wird selbst
bei rasch gehenden Maschinen bei der gehörigen Menge Einspritz-
oder Kühlwassers vollkommen condensiren und ein verhältnissmässig gutes Vacuum hervorrufen. Es wird sich ferner kein gutes
Vacuum entwickeln, wenn kein oder zu wenig Wasser eingespritzt
wird. Man wird dessen sogleich am heissen Ausgussrohr gewahr.

3. Wenn der Injectionshahn oder Schieber von
selbst zugefallen oder die Injectionsöffnung verstopft ist. Dieser
Uebelstand musste bereits beim Durchblasen bemerkt und wo
möglich behoben worden sein. Während der Fahrt ist ein solcher
Zufall nur in Lagunen oder in Flussmündungen zu befürchten. Das
Einspritzwasser wird auch sch   nd langsamer eindringen,
wenn im Condensator kein Vacuum entwickelt werden kann, weil
derselbe zu heiss ist.

4. Wenn am Condensator oder an der Maschine
Luft eingesaugt wird.

Das Durchblasventil ist auf seinem Sitze zu drehen, wenn
es nicht gut aufsitzen sollte und das Schnuffelventil festzuschrauben.
Ob der Entlastungshahn am Schieberdeckel Luft zieht, kann mit
der Flamme einer Kerze beobachtet werden. Alle Hähne am
Cylinder sind nachzusehen und zu schliessen, wie z. B. jene für
die Indicatoren, die Schmiervasen, die Wasserablasshähne, Cylindersicherheitsventile etc., damit keiner derselben Luft zieht. Findet
man, dass die Verschraubung irgend eines Armaturtheiles Luft
ansaugt, so sucht man den Uebelstand durch Umwickeln desselben
mit Hanffäden, welche mit Bleiweiss eingeschmiert sind, zu beheben.
Das Vacuummeter könnte nur schlecht anzeigen, wenn das Rohr
etwas Luft zieht. Dies wird erkannt, indem man den Hahn abschliesst. Ist das Vacuummeter dicht und gut verschraubt, so muss
der Zeiger auf der Marke stehen bleiben. Der Durchblaswechsel
soll gut geschlossen sein oder die Durchblasventile dicht aufsitzen,
sonst geht ein continuirlicher Strom Dampfes in den Condensator
über und verhindert die Bildung eines vollkommenen Vacuums.

Alle Stopfbüchsen der Cylinder und der Luftpumpen sind
nachzuziehen und die Kolbenstangen gut mit Unschlitt zu schmieren,
damit die Packung sich fetten und das Ansaugen von Luft verhindern kann. Vermuthet man, dass der Condensator selbst Luft
ziehe, so kann erst eine aufmerksame Untersuchung desselben zur
lecken Stelle führen. Dabei können mit der Flamme eines Lichtes
oder durch Aufgiessen von Wasser, welches am Leck hineingezogen
wird, alle verdächtigen Stellen untersucht werden. Wurde eine

solche lecke Stelle gefunden, so wird es in der kürzesten Zeit möglich sein, über selbe Wasser laufen zu lassen, so dass nicht Luft sondern Wasser hineingezogen wird, welches die Bildung von Luftleere nicht beeinträchtigt. Man verkittet die Stelle mit Minium oder man sucht sich durch mit Ballasteisen beschwerte Leinwandflecken, Bleiweiss und Minium zu behelfen. Wurde bei einem frisch geheizten Kessel die Luft nicht genügend ausgeblasen, so wird die Maschine beim Ansetzen desselben das Vacuum mehr oder weniger verlieren, je nachdem mit weniger oder mehr Eile das Sicherheitsventil geschlossen wurde. War der ganze Dampfraum des Kessels mit erwärmter Luft gefüllt, so wird das Vacuum vollkommen zerstört und es kann die Maschine sogar stehen bleiben.

Wenn die Kühlrohre eines Oberflächen-Condensators eine Kruste von Salzniederschlägen oder in Folge der, durch den Dampf übergeführten Schmiermaterialien einen schlammigen Ueberzug zeigen, so wird die Condensation dadurch beeinträchtigt, weil die Kühlrohre schon bei einem geringen Häutchen bedeutend an Wärmeleitungsvermögen einbüssen und die Kühlfläche durch die schlechtere Qualität derselben nicht mehr die ganze Wärme des Dampfes aufnehmen und eine vollkommene Condensation einleiten kann. Das Ablagern von solchen Niederschlägen wird durch sehr warmes Condensiren begünstigt, weil warmes Wasser eine geringere Fähigkeit zeigt, einige Salze in Lösung zu halten. Man vermeide daher um so mehr heiss zu condensiren, weil dadurch die Bildung eines Salzhäutchens begünstigt und die Dichtung der Kühlrohre gefährdet wird. Rasches Erwärmen und Abkühlen des Condensators ist wegen der dabei eintretenden raschen Ausdehnung und Contraction der Kühlrohre schädlich, weil sich dadurch die Dichtung in den Rohrplatten lockert. Man soll daher den Gang der Circulationspumpen stets so reguliren, dass die Temperatur des Condensators eine gleichmässige sei. Man sucht die Kühlflächen dadurch zu reinigen, dass man nachfolgend (im Hafen) den Condensationsraum mit einer Lösung von Pottasche füllt oder die Kühlrohre, wenn der Dampf in den Rohren circulirt, mit einer in eine solche Lösung getauchten Bürste reinigt.

Zur vollkommenen Condensation ist nicht nur notwendig, dass ein bestimmtes Quantum Kühlwasser in der Zeiteinheit circulire, sondern es ist auch erforderlich, dass die einzelnen Wassertheilchen möglichst dauernd mit der Kühlfläche in Berührung bleiben, damit das Wasser Zeit hat, die Wärme aufzusaugen. Es muss also das Wasser einen genügend langen Weg durch den

Condensator zurücklegen. Ferner ist ersichtlich, dass es eine günstigste Geschwindigkeit des Kühlwassers giebt, über welche hinauszugehen überflüssig wäre, weil zwar wohl eine grössere Menge Kühlwassers durch den Condensator getrieben wird, dasselbe jedoch wegen seiner raschen Bewegung nicht genügende Zeit mit der Kühlfläche in Berührung bleibt, um weitere Wärme aufzunehmen.

Man vermeide daher die Circulationspumpen zu rasch laufen zu lassen, weil der Widerstand des Kühlwassers in grösserem Masse wächst, als die Wirksamkeit einer lebhafteren Circulation. Man soll auch stets trachten das Speisewasser in der Cisterne warm zu halten; es ist also wiederholt einzuspritzen, wenn die Rohrleitung es gestattet.

Sind die Kühlröhrchen in den Rohrplatten nicht gut abgedichtet, so wird das Kühlwasser in den Condensationsraum eindringen und das Speisewasser verunreinigen. Man erkennt den dichten Zustand der Kühlrohre durch den mehr oder weniger salzigen Geschmack oder am Salzgehalt des Speisewassers. (Als vortheilhafteste Dichtung der Kühlrohre gilt Hall's Dichtung mit Stopfbüchsen und Baumwollringen. Dieselbe ist leicht dicht und billig herzustellen und leicht zu repariren, wenn die hiefür nötigen Werkzeuge und Reservetheile vorgesehen sind. Dem Rohr ist gestattet sich auszudehnen und es kann jedes einzelne Rohr leicht gewechselt werden. Kautschuk ist nicht günstig zu verwenden, weil derselbe in der Wärme leidet und die Dichtung dabei beeinträchtigt wird). Sind die Lecke so bedeutend, dass hiedurch mehr Wasser einströmt, als zur Condensirung durch Einspritzen erforderlich wäre, so wird die Luftpumpe schwerer arbeiten und es ist sodann mit Einspritzcondensation zu fahren. Wenn es thunlich ist, soll im Hafen die Cisterne entleert und vom Schlamm gereinigt werden.

Durch die Anwendung der Oberflächencondensatoren wird der Vortheil erreicht, dass das Manöver der Maschine und deren Gang erleichtert werden, weil die Luftpumpe gleichförmiger arbeitet. Der Betrieb der Kessel wird regelmässiger, weil das Abschäumen vollkommen entfällt und auch die Speisung sehr gleichmässig vorgenommen werden kann. Als bedeutendster Vortheil ist das Kohlenersparniss anzuführen, welches daraus resultirt, dass die Kessel nur mit Süsswasser gespeist werden und ein Abschäumen überflüssig ist. Die Wärme, welche vorher durch das abgeschäumte Wasser verloren wurde, ist hier gewonnen. Ferner wird die Einführung hoch gespannter Dämpfe und höherer Expansionsgrade erleichtert und dadurch alle hiebei auftretenden bekannten Vortheile erreicht.

Nasser Dampf.

Durch das Ueberkochen der Kessel wird Wasser in feinen Bläschen und selbst in grösseren Quantitäten in die Maschine übergeführt; dieses Wasser kann gegen das Ende des Kolbenhubes, nachdem der Ausströmungskanal bereits geschlossen ist, nicht entweichen und wird vom Kolben an den Cylinderboden oder Deckel gepresst. Nachdem das Wasser unzusammendrückbar ist, muss es einen andern Ausweg suchen, welchen es bei den Sicherheitsventilen des Cylinders findet. Am Ende des Kolbenhubes wird dabei ein Schlag ausgeübt und Wasser bei den Ventilen herausgespritzt. Wenn möglich sind beim Ueberkochen der Kessel die Federn der Cylindersicherheitsventile zu entlasten, sonst nachzulassen. Die Cylinder- und Schieberkastenhähne, sowie der Wasserablasshahn des Hauptdampfrohres müssen geöffnet werden, um das Wasser aus denselben zu entfernen, bevor es in die Cylinder tritt. Wenn die Kessel heftig überkochen, so müssen deren Absperrventile theilweise geschlossen und mit der Maschine langsam gefahren werden, weil bei Ueberhandnehmen von Wasser in den Cylindern dieses selbst bei den Packungen der Stopfbüchsen herausgetrieben wird, wodurch dieselben leiden und nicht mehr dicht angezogen werden können. Es steht jedoch nicht sobald zu befürchten, dass das Wasser den Cylinderdeckel zum Bruche bringen würde, da so viele Wege offen stehen, bei denen es entweichen kann.

Wurde das Ueberkochen des Kesselwassers endlich behoben und hat das Schlagen des Cylinders aufgehört, so werden die Sicherheitsventile wieder nachgespannt, wenn dieselben früher nachgelassen wurden.

Die Schieberkasten- und Cylinderhähne werden geschlossen und die Maschine durch langsames Oeffnen der Absperrventile und der Drosselklappe auf den normalen Gang angelassen. Hierauf sind die Cylinder und Schieber ausgiebig zu schmieren, weil das mitgerissene Wasser alles Fett von denselben weggeschwemmt haben wird. Die Kolbenstangen sind gut mit Unschlitt zu schmieren, um die Packung zu fetten und deren trockenes Arbeiten zu hindern.

Wenn die Kesselkraft durch einen frisch angeheizten Kessel vermehrt wird, so sind an der Maschine die Cylinderhähne zu öffnen um dem Wasser, welches beim Ansetzen des Kessels mitgebracht werden könnte, einen Ausweg zu gestatten. Wird ein grösseres Wasserquantum mitgerissen, so dass die Maschine schwer zu arbeiten beginnt, so sind auch die Schieberhähne und der Wasserablasshahn des Hauptdampfrohres offen zu halten, bis das Wasser entfernt ist.

Aussergewöhnliche Stösse der Maschine.

Aussergewöhnliche Schläge und Stösse, welche den normalen Gang der Maschinen unterbrechen, deuten auf den fehlerhaften Zustand einzelner Theile und sollen alsobald bis an die Quelle ihres Entstehens verfolgt werden, um die Ursache der Stösse zu erkennen und womöglich zu beheben oder grösseren Havarien vorzubeugen.

Gelangt aus dem Hauptdampfrohre condensirter Dampf in die Maschine oder überkochen die Kessel, so werden in den Cylindern mehr oder weniger lebhafte Schläge wahrgenommen, welche nicht zu missdeuten sind, weil das Abschneiden gleichzeitig sich·vermindert und die Cylindersicherheitsventile zu schlagen beginnen.

Läuft der Kolben in seinem Arbeitscylinder trocken und ohne Schmierung, so wird durch die Reibung an den Cylinderwänden ein Brummen hervorgerufen, welches mit Mühe an seinen Ursprungsort verfolgt werden kann, weil das Ausströmungsrohr und der Schieberkasten mittönen. Man muss den Cylinder schmieren, damit das Brummen endet.

Wenn die Luftpumpe schlägt, so kann dies die Folge einer zu grossen Menge Einspritzwasser sein, was man am kalten Speisewasser erkennt. Es wird also weniger Einspritzung gegeben und die Schläge werden sich vermindern und nach einiger Zeit aufhören. Zeigt sich das Speisewasser handwarm, so dass das eingespritzte Quantum unmöglich das Schlagen hervorrufen konnte, so wird bei gutem Vacuum die Luftpumpe deswegen schwer arbeiten, weil sie gegen eine vollkommene Luftleere ansaugen soll. Um anzusaugen, muss vor dem Luftpumpenkolben eine geringere Spannung erzeugt werden, als im Condensationsraum, worauf das angesaugte Wasser mit grosser Vehemenz in den Luftpumpenstiefel stürzt, weil es durch die gering gespannten Dämpfe keinen

Widerstand findet, dies ruft den Schlag hervor. In diesem Falle behebt man den Schlag, indem man das Schnuffelventil am Luftpumpendeckel etwas lüftet, wodurch das Ansaugen nicht mehr so plötzlich erfolgen und das Schlagen aufhören wird, indem die angesaugte Luft als elastisches Kissen den Stoss des eingesaugten Wassers mildert.

Bei Stössen im Cylinder, welche nicht durch Wasser hervorgerufen werden, hat man sich zuerst zu überzeugen, ob der Stoss am Hubwechsel eintritt. Wird der Schlag in der Mitte des Kolbenlaufes wahrgenommen, so ist er im Schieberkasten zu suchen, weil Stösse, welche durch die Schieberbewegung hervorgerufen werden, im Cylinder ebenso genau vernommen werden können. Finden die Schläge beim Hubwechsel eines Schiebers statt, so sucht man durch Aenderung der Schieberbewegung zu behelfen. Für den Vertheilungsschieber wird man das Schleifstück in der Coulisse verschieben, respective mit dieser expandiren; für den Expansionsschieber ist ein anderer Füllungsgrad zu versuchen. Erfolgt der Stoss beim Hubwechsel des Kolbens, so kann er davon herrühren, dass die Befestigung einer der Kolbenstangen im Kolbenkörper lose ist und schlägt. Es ist sodann an jener Maschine mit der Coulisse so lange zu expandiren, bis der Stoss nachlässt und man hat dabei dem Cylinder weniger Dampf zu geben. Hört der Stoss in Folge dieser Massregel nicht ganz auf, oder wird derselbe nicht bedeutend schwächer, so liegt die Vermuthung nahe, dass eine der Schraubenmuttern oder eine der Pressschrauben des Kolbendeckels, oder ein Metallstück von den Cylinderarmaturstheilen lose geworden sei und diese Theile durch den Kolben an den Cylinderdeckel gedrückt werden. Ist man zu dieser Ueberzeugung gelangt, so ist die Maschine abzustellen und die Erlaubniss einzuholen, den Cylinder und Kolben durch Oeffnen des Mannloch- oder Cylinderdeckels untersuchen zu dürfen. Ebenso muss ein Abstellen der Maschine nachgesucht werden, wenn eine Kolbenstange am Kreuzkopf lose ist, wodurch gleichfalls ein Stoss beim Hubwechsel verursacht wird. Der gleiche Stoss wird hervorgerufen, wenn ein Lager der Triebstange zu viel Luft hat und es wird von dessen Zustande abhängen, ob es gerathen ist, anzuhalten und nachzuziehen.

Bei forcirtem Betriebe werden Maschinen mehr stossen, da der Kolben im Anlauf durch den Dampfdruck mehr lebendige Kraft gewinnt und sie gegen das Hubende an die Kurbel abgiebt. Ein Theil dieser lebendigen Kraft des Kolbens wird, wenn die

Maschinen über den Beharrungszustand angestrengt werden, auf Kreuzkopf, Kurbelzapfen und Achsenlager als Stoss übertragen. Dieser Uebelstand tritt bei geringer innerer Ueberdeckung des Schiebers oder bei zu kleinem Voreilungswinkel des Vertheilungs-schieberexcenters auf, kurz wenn die Compression im Verhältnisse zum Füllungsgrade zu geringe ist; solche Stösse werden nur bei forcirtem Betriebe auftreten und involviren keinen fehlerhaften Zustand der Maschinen, sondern zeigen an, dass dieselben über ihre normale Leistungsfähigkeit angestrengt wurden. Wenn die Stösse behoben werden sollen, so geschieht es in diesem Falle nur auf Kosten der Rotationszahl, indem der Betrieb geschmälert oder mit der Coulisse expandirt, geringere Füllung und vermehrter Gegendampf gegeben wird.

Haben der Kolbenring oder die Kolbenfedern zwischen Kolben und Kolbendeckel Luft, so giebt sich dies durch einen metallischen Schlag beim Hubwechsel kund und es werden eingeschlagene glänzende Stellen am Kolbendeckel bei nachfolgender Untersuchung des Kolbens auf die fehlerhafte Stelle leiten.

Wurde der Entlastungsrahmen zu fest gespannt so giebt sich dies durch ein Brummen im Schieberkasten und durch ein Stossen in der Coulisse kund. Die Schieberflächen sind sofort reichlich zu schmieren, und wenn diese Theile sodann nicht leichter arbeiten, so ist ein Stillstand mit der Maschine nachzu-suchen und die Stellschrauben des Entlastungsrahmens nachzu-lassen. Dies ist notwendig, weil die Schieberstangen sonst zu stark angestrengt werden und man Gefahr läuft, dieselben ab-zureissen.

Ist ein Lager zu wenig angezogen, so dass der reibende Zapfen in den Schalen zu viel Luft hat, so wird das Lager stossen. Ein derartiger Schlag kann directe beurtheilt, und wenn erforder-lich, durch Anziehen behoben werden. Ein solches Lager ist sodann durch einige Zeit reichlich zu schmieren und eifrig zu beobachten. Stosst ein Lager der Triebstange, so kann der Schlag vermindert werden, indem man bei dieser Maschine mit der Coulisse expandirt oder diesem Cylinder weniger Dampf giebt.

Wird in den Radkästen plötzlich ein starkes Gerumpel ver-nommen, so ist eine der Radschaufeln losgerissen, ein Straleisen lose geworden oder ein fremder Körper in das Spiel der Räder gezogen worden. Die Maschine ist so rasch als möglich abzu-stellen, weil sonst der Radkasten gefährdet ist. Lose Schaufeln oder Straleisen werden je nach Umständen befestigt oder abgenommen. Hört der Schlag auf, bevor man die Maschine stoppen konnte, so wurde der Theil bereits verloren. Man lässt die Maschine in Bewegung und besichtigt den Ort des Schadens in den Rad-kästen.

Bei schwerem Seegange werden Stösse des Propellers gegen das Wasser durch die ganze Maschine hindurch wahr-genommen. Ein Propeller wird unruhig arbeiten und Stösse hervorrufen, wenn er zu wenig taucht, weil der auf seinen Flügeln lastende Gegendruck dann sehr ungleich ist und Luft in das Spiel der Flügel mitgerissen wird. Stösse im Tunnel können durch den Keil der Kupplung oder durch den Bremshebel ver-ursacht werden. Bei diesen sowie anderen aussergewöhnlichen Geräuschen in der Maschine wird wohl der Augenschein die Grösse des Mangels erkennen lassen und dieser darnach behoben werden können. Bewegliche Theile, welche nahe an einander vorüber-gleiten, geben häufig Veranlassung zu Stössen. So z. B. kann die Kurbel an losgewordenen Armaturstheilen des Cylinders und Condensators streifen, durch Rollen kann ein Gegenstand an das Schneckenrad oder an die Bolzen einer Scheibenkupplung gerutscht sein u. s. w.; Vorfälle, welche nicht vorausgesehen und je nach den Umständen behoben werden können.

Betriebsänderungen.

Propeller-Hissen und Auskuppeln.

Die Schraube hindert die Bewegung des Schiffes bei der Fahrt unter Segel. Der Widerstand zweiflügeliger Propeller wird geringer, wenn die beiden Flügel senkrecht stehen und durch den Hintersteven gedeckt werden. Sind also keine eigenen Vor-richtungen zum Hissen der Schraube angebracht, so soll der Pro-peller beim Segeln immer in die besagte Stellung gebracht werden. Eigene Vorrichtungen gestatten den Propeller aus dem Wasser zu ziehen, damit der Schiffskörper keinen Widerstand durch die Schraube erfahre.

Soll der Propeller gehisst werden, so ist die Schnecke einzulösen, wobei zu beobachten ist, dass das Schiff die Maschine nicht mitnehmen darf, weil sonst die Zähne des Schneckenrades gefährdet sind. Ist dies der Fall, so muss mit dem Einlösen der Schnecke so lange gewartet werden, bis beigedreht wurde und der Propeller die Maschine nicht dreht. Am besten wird es sein, die Schnecke unmittelbar nach dem Abstellen der Maschine einzulösen, sobald es die Umstände gestatten und die Maschine von Hand so zu drehen, dass der Propeller zum Hissen bereit sei. Es muss eine deutliche verlässliche Marke an einem stabilen Maschinentheile (nicht an der Stopfbüchse) angebracht sein, welche diese Stellung kennzeichnet. Der Propeller ist vor Allem in seinem Rahmen festzuklemmen, indem man den Bügel, welcher einen Keil in die entsprechende Nut des Flügels führt, niederschraubt. Die beiden Streben, welche die Lager des Propellers in dem Rahmen festhalten, sind abzuschrauben und auszuheben. Nun ruht der Rahmen nur mit seinem Eigengewicht in den Schalen und kann ausgehoben werden. Die Arbeit des Hissens ist zu überwachen, die Fangdaumen oder Stopper dürfen dabei nicht von der Zahnstange abgehoben werden und es sind alle Vorkehrungen zu treffen, um Schäden hintanzuhalten. Der Bock wird untersucht und die Einhängung der Leitrolle, wie des Schwerblockes, der zur Leitung des Seiles dient, geprüft. Es müssen genügend Leute an dem Flaschenzuge oder dem Gangspill zum Einwinden des Taues angestellt werden, damit dieselben continuirlich und nicht ruckweise arbeiten können. Der Rahmen wird gehisst, bis er vollkommen aus dem Wasser ist und dann so lange gestrichen, bis die Stopper auf den Zähnen aufruhen.

Um den Propeller zu streichen müssen vor allem die Fangdaumen oder Stopper untersucht werden, dass sie leicht spielen und durch ihr eigenes Gewicht in die Zähne einfallen. Die Befestigung des Flaschenzuges und der Rollen ist nachzusehen und der Propeller soweit zu hissen, bis die Stopper durch Leinen abgehoben werden können. Sodann kann man den Propeller langsam streichen, wobei die Stopper stets frei von der Zahnstange gehalten werden müssen. Es wird vorausgesetzt, dass die Maschine nicht gedreht wurde und die Schraubenaxe gut liegt, damit der Zahn des Rahmen in die Nut der Propelleraxe einfällt. Ist der Propeller in seiner Führung so weit gestrichen, dass er auf den Lagerschalen aufruht, so werden die Streben eingeführt und die Stützplatte eingeklampt. Die Streben werden nun niedergeschraubt, der Bügel zum Klemmen des Flügels gehoben und der Flaschenzug ausgehängt, worauf alles fest gemacht werden kann

Das Hissen, sowie das Streichen des Propellers soll nur bei einer Fahrt des Schiffes unter 4 Meilen vorgenommen werden und man hat daher nach dem Anluven so lange zu warten, bis das Schiff an Fahrt verloren hat.

Treten während des Streichens des Propellerrahmens Stockungen ein und zeigt es sich, dass der Rahmen fest stecke und nicht weiter sinken wolle, so werden Rahmen, Fangdaumen und Streichvorrichtung genau untersucht, um das Hinderniss gewahr zu werden. Der Mangel muss gefunden werden, um nicht zum allerletzten gefährlichen Mittel greifen zu müssen, welches darin besteht, den Propeller theilweise zu hissen und fallen zu lassen, zu welchem Mittel man sich erst herbeilassen dürfte, wenn man das wirkliche Hinderniss erkannt und sich überzeugt hat, dass es nur auf diese Weise behoben werden kann. Will der Rahmen sich nicht auf seine normale Marke streichen lassen und die Maschinenaxe steht auf derselben Marke wie beim Hissen, so ist zu vermuthen, dass irgend ein fremder Körper in der Schale liege. Der Rahmen ist angemessen zu hissen und zu versuchen, mit Stangen die Schalen zu klaren. Im Falle dies nicht gelingt, muss durch einen Taucher der Uebelstand untersucht und das Hinderniss behoben werden. Wenn sich ein Propeller nicht hissen lässt, so muss man versuchen, die Stellung der Schraubenaxe zu verändern, indem man die Maschine versuchsweise nach vor- und nach rückwärts dreht, wobei man andauernd am Flaschenzuge arbeiten lässt. Die Stellung, bei welcher der Rahmen sich aus den Lagern hebt, ist genau zu markiren und dient weiterhin als Anhaltspunkt.

Sind keine Vorrichtungen angebracht, um den Propeller zu hissen, so müssen die Lager und beweglichen Theile geschmiert werden, wenn durch die Fahrt des Schiffes die Maschine gedreht wird. Häufig gestattet es die Construction, die Maschine- und Propelleraxe auszukuppeln, welche Operation nur dann mit Sicherheit vorgenommen werden kann, wenn das Schiff wenig Fahrt hat, weshalb mit dem Auskuppeln gewartet werden muss, bis das Schiff beigedreht wurde und an Fahrt verloren hat. Die Auskupplung geschieht, indem vor allem die Bremsvorrichtung untersucht wird, ob die Gelenke des Bremshebels und die Einhängung des Bremsbandes sicher sind. Die Schraube zum Anziehen des Bremshebels oder Bandes wird geölt und das Bremsband an die Scheibe angepresst, so dass der Propeller sich nur ruckweise bewegen kann. Nun wird beobachtet, in welcher Stellung der Keil herausgehoben werden kann, und in dieser Stellung wird das Bremsband fest angezogen, um die Axe festzuhalten. Gelingt dies nicht genau, so wird das Bremsband wieder losgelassen, bis die Welle nach einer Rotation wieder in die verlangte Stellung gelangt und dann versucht man zu bremsen. Gelingt dies nicht gut, so löst man die Schnecke ein und dreht die Axe von Hand in die verlangte Stellung. (Die Schnecke muss auf jeden Fall eingelöst werden, wenn es auch gelingen sollte günstig zu bremsen.)

Wurde die Welle endlich in die verlangte Stellung gebracht, so wird das Bremsband so fest angezogen, als es die Vorrichtung erlaubt. Ist die Propelleraxe durch die Bremse nicht genügend festgehalten, so übt sie vermöge der Bewegung des Schiffes einen Druck auf den Keil aus, welcher letztere sodann nicht ausgehoben werden könnte. Sollte die Bremsvorrichtung nicht verlässlich sein, z. B. wenn Oel oder Fette zwischen Bremsring und Band gelangt sind, so wird zur grösseren Versicherung Sand oder Schmiergel in selbe gestreut, wodurch die Reibung vermehrt wird. Zuweilen sind auch Stellschrauben vorgesehen, mittelst welcher man die Maschinenaxe feststellen kann, wenn die Propelleraxe durch die Bremse zum Stillstand gebracht wurde. Die Befestigungsmuttern des Keiles werden abgenommen und der Keil mittelst eines Flaschenzuges herausgehoben oder mit dem Kupferhammer nach abwärts geschlagen, so dass der Keil in den Soodraum fällt, je nachdem es das Manöver verlangt. Der Keil wird gereinigt, geölt und die Muttern leicht gangbar gemacht. Wurden alle Werkzeuge, welche ein Hinderniss bieten könnten, hinweggeräumt, so wird das Bremsband gelöst und das letzte Axenlager geschmiert.

Die Stopfbüchse des Propellers soll ebenfalls nachgelassen sein. Wurde der Keil nach unten hinausgeschlagen, so muss die Maschine jetzt eine halbe Rotation von Hand gedreht werden, um zum Einkuppeln bereit zu sein; denn es muss das breitere Ende des Keiles nach oben kommen. Diese Arbeit des Maschinendrehens ist sehr langwierig, deswegen ist es besser, den Keil wenn möglich mittelst des Flaschenzuges nach oben auszuheben.

Hat das Schiff noch Fahrt, wenn der Propeller wieder eingelöst werden soll, so ist das Manöver ein sehr einfaches. Die Drehung der Propelleraxe wird durch das Bremsband verlangsamt und sodann ein Holzkeil, der sogenannte Fangkeil, zwischen die Kupplungsscheiben eingeschoben, wodurch beide Axentheile in die richtige Lage kommen, um den Schlusskeil einsetzen zu können. Auf der Propelleraxe müssen bei der breiteren

Oeffnung des Keiles Zeichen eingeschlagen sein. Das Bremsband wird so fest als möglich angezogen, um gegen ein erneuertes Drehen der Axe sicher zu sein und mit der Maschine von Hand ein Ruck nach vorwärts gedreht, wodurch der Fangkeil los wird. Derselbe wird dann herausgenommen und der Kupplungskeil eingesetzt, Vorlagsscheibe, Mutter und Gegenmutter angebracht, fest angezogen und die Schnecke ausgelöst. Sollte der Fangkeil sich nicht ausheben lassen, so hat das Schiff noch zu viel Fahrt und das Bremsband hält nicht genügend; man hat daher zu warten, bis das Schiff beigedreht ist und an Fahrt verliert.

Umständlicher ist das Einkuppeln der Welle, wenn das Schiff nicht mehr Fahrt hat. Es wird die Propelleraxe gebremst und die Maschinenaxe so lange gedreht, bis die beiden breiten Enden der Keilnuten zusammentreffen. Der Fangkeil wird eingeschoben, das Bremsband gelöst und die Maschinenaxe in jene Lage zurückgedreht, dass man den Kupplungskeil einschieben kann. Sodann wird die Axe wieder gebremst, der Fangkeil herausgenommen, der Kupplungskeil eingesetzt und das Bremsband gelöst. Im ungünstigsten Falle wird man mit der Maschine fast eine ganze Umdrehung machen müssen, was namentlich bei einer grossen Maschine eine geraume Zeit in Anspruch nimmt.

Wachendienst.

Bei Uebernahme der Maschinenwache ist zu beachten:

1. Der Gang der Maschinen, wobei Rotationszahl, Dampfspannung, Vacuum, Temperatur des Speisewassers, Stellung der Expansion und Drosselklappe beobachtet werden müssen.

2. Der Zustand aller Lager, Geradführungen und Gelenke. Dieselben dürfen nicht lose sein, müssen ruhig und kalt arbeiten und gut geschmiert sein. Das Thrustlager, die Stopfbüchse des Stevenrohres oder die Axenlager der Radwelle sind besonders nachzusehen. Alle Schmiervasen und Dochte müssen rein, mit Oel gefüllt sein und dürfen kein Wasser enthalten.

3. Der Stand des Soodwassers und ob die Speise- und Soodpumpen ziehen, ist zu beobachten, Reinlichkeit und Beleuchtung des Maschinenraumes müssen den Umständen angemessen sein.

4. Alle Befehle sind zu übernehmen und der Zustand der Maschine bei der Wacheübernahme zu notiren.

Die übernommene Wache verpflichtet:

1. Zur steten Anwesenheit im Maschinenraum.

2. An den Maschinen ohne vorhergehendes Aviso nichts zu unternehmen, was die prompte Ausführung der Befehle unmöglich machen könnte.

3. Die übergebenen und erhaltenen Befehle pünktlich auszuführen, z. B. Manöver, Rotationszahl, Füllungsgrad etc. genau einzuhalten.

4. Den regelmässigen Gang der Maschinen darnach zu erhalten, die Schmierung der beweglichen Theile mit Oekonomie zu besorgen und für die Reinlichkeit und Beleuchtung des Maschinenraumes Sorge zu tragen, um die Wache nach denselben Regeln in Ordnung übergeben zu können.

5. Alle sich zeigenden Mängel zu beheben oder die erforderlichen Massregeln einzuleiten, um grössere Havarien hintanzuhalten, ausserordentliche Vorfälle, welche den regelmässigen Betrieb zu stören drohen, alsogleich dem Maschinenleiter, eventuell dem Wachofficier, zu melden.

6. Das untergebene Personale zu beaufsichtigen und in seinen Arbeiten zu leiten. Den Materialverbrauch und die Daten über den Gang der Maschinen während der letzten Wache zu verzeichnen.

Die Maschine darf augenblicklich abgestellt werden:

1. Wenn ein Mann in die Maschine gefallen ist.

2. Wenn fremde Körper in die Maschine gefallen sind, die das Spiel der beweglichen Theile, der Räder oder des Propellers hemmen, oder wenn ein Lager auszufliessen droht.

3. Wenn heftige Stösse im Cylinder anzeigen, dass der Kolbendeckel oder die Kolbenstange lose sind und somit ein Kolbenbruch zu befürchten wäre.

4. Wenn Theile der Schaufelräder lose geworden sind und den Radkasten zu zertrümmern drohen oder wenn der Keil einer Kupplung herauszufallen droht.

5. Wenn das Schiff aufgefahren ist oder bei einem Zusammenstoss (in diesem Falle kann ohne weiteren Befehl zurückgeschlagen werden).

Ein Abstellen der Maschine muss nachgesucht werden:

1. Wenn ein Lager sich erhitzt hat, ein Lager der Triebstange oder ein Excenterring lose geworden ist oder nachgelassen werden muss.

2. Wenn Armaturstheile des Cylinders, als: Sicherheitsventil, Schmiervasen, Ablasshahn herausgeschleudert wurden.

3. Wenn kleinere Gegenstände in die Maschine gefallen sind und zertrümmert wurden.

4. Wenn andere Vorfälle eintreten, zu deren Behebung ein Abstellen der Maschine notwendig wäre, um grössere Havarien hintanzuhalten.

Der Gang der Maschinen wird abnehmen:

1. Wenn die Dampfspannung gefallen ist, dies kann beim Feuerputzen oder Rohrkehren statthaben oder, wie bei den Kesseln besprochen wurde, durch andere Umstände hervorgerufen werden.

2. Wenn die Drosselklappe von selbst zugefallen ist, die Expansionsvorrichtung sich von selbst auf geringeren Füllungsgrad gestellt hat oder die Umsteuerungswelle sich von selbst dreht und die Maschine somit umsteuert. Alle benannten beweglichen Theile sollen daher entsprechend versichert werden.

3. Wenn sich die Injectionsöffnung verstopft haben sollte oder der Injectionsschieber von selbst zugefallen ist.

4. Wenn in Folge Ueberkochens der Kessel feuchter Dampf oder Wasser in die Maschine gelangt und die Condensation beeinträchtiget oder die Luft eines frisch angesetzten Kessels nicht gut abgeblasen und das Vacuum dadurch ganz oder theilweise zerstört wurde.

5. Wenn Fuss- oder Ueberlieferungsventile durchgeschlagen sind, die Luftpumpe schlecht arbeitet oder wenn die Stopfbüchsen oder andere lecke Stellen Luft ansaugen und das Vacuum verderben.

Bei schwerem Seegange und heftigem Rollen des Schiffes soll im Allgemeinen ein höherer Füllungsgrad angewendet werden, um den Gang der Maschinen, wenn es erforderlich sein sollte, mit der Drosselklappe reguliren und notwendig werdende Manöver rascher ausführen zu können. Das bedienende Personale ist auf gefährliche Stellen der Maschine, welche besondere Aufmerksamkeit beim Befühlen erheischen, aufmerksam zu machen und zu instruiren, auf welche Weise man sich vor Schaden bewahrt und wie geschmiert werden soll.

Die Maschinen werden bei schwerem Seegange ungleichmässig arbeiten, weil die wirksamen Schaufeln oder Flügel theilweise aus dem Wasser auftauchen und geringen Widerstand erfahren, wobei der Gang der Maschine intermittirend beschleunigt oder verzögert wird. Taucht der Treibapparat nachfolgend tiefer als gewöhnlich ein, so gehen die Maschinen langsamer, weil der Widerstand durch ein tiefes Tauchen der Schaufelräder ein grösserer wird. Für die ruhige, gleichförmige Wirkung eines Schraubenpropellers ist ein gleichmässiges continuirliches Zuströmen des

Wassers nach der Kielrichtung bedingt, welches bei schwerem
Seegange durch den Wellenschlag zeitweise gehemmt und zeitweise
befördert wird. Hiedurch hat die Schraube einen variablen Widerstand zu überwinden und verursacht einen ungleichmässigen Gang
der Maschinen. Mühevoll und nur bei langer See notwendig ist
es, den Gang der Maschinen mit der Drosselklappe zu reguliren.

Bei Raddampfern kann bei besonders heftigem Rollen die
Maschinenaxe dadurch vor einer grossen Anstrengung geschützt
werden, dass jener Maschine, deren Rad aus dem Wasser aufsteigt,
der Dampf mit der Drosselklappe ganz oder theilweise abgesperrt
wird. Bei schwerem Seegange muss den Lagern besondere Aufmerksamkeit geschenkt werden, und es ist dann gerechtfertigt,
auf Lager, welche nur mit Gefahr befühlt werden könnten, Wasser
laufen zu lassen, um des Kühllaufens derselben sicher zu sein.
Bei heftigem Rollen des Schiffes müssen alle Schutzgehäuse und
Stiegen festgebunden, alle Werkzeuge, Oelvasen, Schlüssel etc.
seefest gemacht werden, damit dieselben nicht in das Spiel der
beweglichen Theile fallen. Die Reservetheile, welche im Tunnel, an
den Wänden der Magazine oder des Maschinenraums angebracht
sind, müssen ebenfalls seefest gemacht, beziehungsweise deren
Befestigungen untersucht werden.

Bei Feuerallarm sind sogleich alle in den Magazinen
befindlichen Schläuche, Mundstücke, sowie alle Werkzeuge und
Materialien, welche für die Pumpen gebraucht werden könnten,
bereit zu legen und einige Laternen klar zu halten. Die Soodpumpen sind sodann zu untersuchen und das Wassereinlassen zu
unterbrechen. Es werden alle Seehähne der Aussenbordstutzen,
welche zur Bedienung der Pumpen notwendig sind, geöffnet und
die Kingstonventile der Pulverkammern, wo dieselben zum Maschinendetail gehören, beleuchtet und klar gelegt, indem man die Flurhölzer abhebt. Haben die Röhre zum Unterwassersetzen der Pulverkammer keine eigenen Kingstonrohre, so muss die Wasserleitung,
mit welcher dieselbe in Verbindung steht, mit Wasser versorgt
werden.

Beim Klarschiff zum Gefechte werden alle Utensilien,
welche zur Bedienung der Maschinen oder eventuell für Reparaturen
benötigt werden, bereit gelegt; alle erforderlichen Seehähne für
die Function der Pumpen als Feuerspritzen geöffnet. Weiters ist
nach den Bestimmungen der Gefechtsrollen vorzugehen, wobei festzuhalten ist, dass Niemand von der Maschinenwache sich auf einen
andern als auf jenen Posten begeben darf, der ihm in der

Gefechtsrolle bestimmt ist, bevor dessen Ablösung angekommen ist oder die Erlaubniss des Vorgesetzten zum Verlassen eines Postens eingeholt wurde.

Ist die Maschine plötzlich zu halten, so werden das Drosselventil und der Injectionshahn geschlossen und die Coulisse in's Mittel gestellt, nachdem vorher die Steuerungswelle losgeklemmt wurde; dann soll es die erste Sorge sein, die Expansionsvorrichtung wenigstens einer Maschine ganz auszuhängen oder bis zum Füllungsgrad des Vertheilungsschiebers auszuwinden, um mit den Maschinen manövriren zu können.

Eine Maschine nach rückwärts anzusetzen versuchen, wenn beide Cylinder nur $^1/_8$ oder $^3/_{10}$ Füllung haben, wäre in vielen Fällen zwecklos, ja schlecht, weil hiedurch Zeit und Vacuum verloren wird. Sollte man aus irgend einem Grunde gezwungen sein, die Maschine dennoch anzusetzen zu versuchen, so muss abwechselnd nach vor- und rückwärts umgesteuert werden, bis endlich im verlangten Sinne ein Kolben Kraft gewinnt, den anderen todten Punkt zu überwinden. Wurde die Expansionsvorrichtung einer Maschine ausgehängt. oder auf volle Füllung ausgewunden, so können die Maschinen schon nach rückwärts in Bewegung gesetzt werden, während die zweite Expansionsvorrichtung ausgerückt wird. Bei Oberflächen-Condensatoren muss der Injectionshahn zum wiederholten Einspritzen des Speisewassers geschlossen werden, weil sonst während des Manövers das ganze Wasser der Cisterne sich in den Condensationsraum entleert.

Bei Maschinen mit einem losen Excenter wird die Schieberstange ausgehängt, die Handhebel aufgesteckt oder das Steuerrad losgeklemmt und der Maschine durch Handsteuerung Gegendampf gegeben. Sollte der Schieber schwer oder gar nicht zu bewegen sein, so werden die Schieberkastenhähne oder auch die Cylinderentwässerungshähne geöffnet, um das Vacuum zu zerstören. Es muss einige Rotationen mit der Hand gesteuert werden, bevor man beide Schieberstangen einhängt, was nicht zu bald erfolgen soll, wenn der Vertheilungsschieber geringe Füllung gestattet. Sollen Maschinen plötzlich umgesteuert werden, so wird die Injection und Drosselklappe geschlossen und gleich nach rückwärts anzusetzen versucht, indem man die Coulisse umstellt oder mittelst der Handhebel Gegendampf gibt. Ist die Expansion genügend ausgerückt, so wird die Maschine umsteuern, wenn man Volldampf giebt und das Schiff keine grosse Fahrt besitzt.

Maschinen ausser Betrieb stellen.

Maschinen abstellen.

Es wird bekannt gegeben, wenn das Schiff bald in einen Hafen einlaufen und die Maschinen für eine längere Zeit ausser Betrieb gestellt werden sollen. Alle Pumpenhähne, welche geöffnet wurden, um den Soodraum zu erfrischen, müssen geschlossen und nachgesehen werden, ob die Soodpumpen gut ziehen. Der Soodraum soll möglichst trocken sein, wenn das Schiff vor Anker geht. Alle Mängel und Schäden, sowie alle notwendig werdenden Reparaturen werden nun wiederholt besichtigt und überhaupt die Maschine aufmerksam beobachtet, um die notwendigen Arbeiten zu erkennen. Bei allen Lagern und Excenterringen ist das Wasser zum Abkühlen derselben vollkommen abzustellen und ausgiebig mit Oel zu schmieren, damit der Zapfen beim Abstellen von einer Schichte Oel umgeben sei; denn das Seewasser würde während des Stillstandes den Zapfen angreifen. Wird mit den Maschinen bereits langsam gefahren, so giebt man den Unschlitthähnen der Selbstschmierer auf den Cylindern und Schieberkasten die ganze Oeffnung, damit sich die gleitenden Flächen mit einem Fetthäutchen bedecken und während des Stillstandes vor dem Verrosten geschützt werden. Wurden früher die Umsteuerungswellen festgeklemmt, die Schleifklötze eingehängt oder die Coulissen gebunden, so müssen diese Theile jetzt alle frei gemacht werden. Bei oscillirenden Maschinen mit losen Excenter sind die Handhebel aufzustecken.

Die Veränderungen des Ganges der Maschine werden mit der Drosselklappe besorgt und sollen allmählig vorgenommen werden. Beim Commando „Langsam" wird die Expansionsvorrichtung ganz ausgehängt oder bis zum Füllungsgrad des Vertheilungsschiebers ausgewunden und die Drosselklappe entsprechend geschlossen. Ist kein Selbstschmierer angebracht, so werden die Cylinderschmiervasen mit Unschlitt gefüllt und beim Commando „Halt" in die Cylinder entleert. Um die Maschine abzustellen, wird der Dampf- und Injectionshahn geschlossen und die Coulisse oder der Schieber in's Mittel gestellt. Jede Maschine wird, wenn sie in Bewegung war, stets in einer bestimmten Stellung zur Ruhe gelangen, und zwar dürfte stets jene Stellung sein, bei welcher die Flügel des Propellers den geringsten Widerstand im Wasser begegnen, also in der Richtung des Hinterstevens stehen.

Bei oscillirenden Maschinen ist diese Stellung durch die Gewichte der schwingenden Theile bedingt. Bei Radmaschinen, welche im Allgemeinen im Verhältniss zum Schiffskörper ein grösseres Moment haben, muss häufig durch Verstellen des Schiebers von Hand Gegendampf gegeben werden, um die Maschinen zum Stillstande zu bringen. Man muss dem Manöver eine um so grössere Aufmerksamkeit widmen, je grössere Fahrgeschwindigkeit das Schiff hat und je rascher die Commanden erfolgen. Das Vacuum soll wo möglich erhalten werden, um Manöver mit der Maschine, welche beim Verankern besonders prompt ausgeführt werden sollen, rasch vornehmen zu können. Ist der Befehl ertheilt, dass die Maschinen für einige Zeit nicht benützt werden, so müssen sie durch Dampf zuerst in jene Stellung gebracht werden, welche für ein günstiges Manöver unter Segel oder für nachfolgende Reparaturen oder Untersuchungen an der Maschine bedingt ist.

Man kann sich überzeugen, ob der Kolben oder Schieber dicht ist, indem man dem Kolben in der Mitte des Hubes auf einer Seite Dampf giebt und den geöffneten Wasserablasshahn der anderen Cylinderseite beobachtet. Aus einem einzigen Versuch soll aber kein Schluss auf die Undichtigkeit des Kolbens gezogen werden, weil auch der undichte Schieber verursachen könnte, dass man selbst bei dichtem Kolben ein Dampfausströmen beobachtet. Ein undichter Schieber charakterisirt sich durch Erhitzen des Condensators, wenn durch einige Zeit mit offener Drosselklappe gestanden wird.

Die Dochte werden alle aus den Schmierrohren gehoben und in die Vasen gelegt. Das Hauptabsperrventil und die Injections-Schutzhähne, dann die Ausguss- und Soodausgussventile werden geschlossen, die Umsteuerungsmaschinen, sowie die Circulations-(Centrifugal-)Pumpen bei Oberflächen-Condensatoren werden abgestellt und deren Cylinder abgeblasen und geschmiert. Die Dampfhähne der Circulationspumpen, Umsteuerungsmaschinen und der Dampfmäntel, sowie die Schieber zum Anlassen des Kühlwassers und die Ausgussventile der Centrifugal-Pumpen werden geschlossen.

Durch den mehr oder weniger dichten Zustand der einzelnen Hähne und Ventile, sowie durch die wahrscheinliche Zeitdauer, für welche die Maschine stillstehen wird, hat man sich leiten zu lassen, inwieweit die einzelnen Theile der Maschine geschlossen werden, wobei man sich nach den über das „Stehen unter stillem Dampf" angeführten Regeln zu verhalten hat.

Sollen die Maschinen nachfolgend wieder klar gemacht werden, so hat man alle Hähne und Ventile, welche vorher geschlossen wurden, zu öffnen. Dies sind die Dampfhähne der Centrifugal-Pumpen, der Umsteuerungsmaschinen und der Dampfmäntel, sowie die Ausguss- und Soodausgussventile. Der Wassereinlass- und Ausgusshahn des Kühlwassers bei Oberflächen-Condensatoren sind zu öffnen und die Circulationspumpen anzusetzen. Man verfährt sodann, wie beim „Maschinevorwärmen" besprochen wurde, nachdem man das Hauptabsperrventil geöffnet hat. Werden die Maschinen nachfolgend nicht mehr benützt, so hat man alle Dochte aus den Schmiervasen heraus zu nehmen und zu untersuchen, das Oel von den Schmiervasen herauszuziehen, die Vasen zu reinigen und die Deckel darauf zu geben. Sind die Absperrventile der Kessel geschlossen, so werden die Injectionskingstonventile geschlossen, die Schnecke eingelöst, die Stopfbüchse des Propellers gleichmässig angezogen, der Hahn der Wasserleitung geschlossen und das in derselben stehende Wasser beim tiefsten Hahn abgelassen. Alle Wasserablasshähne des Hauptdampfrohres, der Schieberkasten, der Cylindermäntel und Arbeitscylinder werden geöffnet, um die Dampforgane trocken zu legen und das condensirte Wasser abzulassen. Alle Werkzeuge, Utensilien und Materialien werden sodann abgewischt, in die Magazine an ihren Platz gegeben und nun wird die Maschine oberflächlich gereiniget und abgewischt, damit sich kein Schmutz festsetze und das Unschlitt und Oel nicht erstarre. Lässt man die Maschine abkühlen, ohne dieselbe abgewischt zu haben, so wird die nachfolgende Reinigung um so mehr Zeit und Arbeitskraft in Anspruch nehmen. Nach einiger Zeit werden alle Seehähne und Ventile, welche mittlerweile ganz abgekühlt sind, untersucht und deren Stopfbüchsen nachgezogen. Die Kingstonventile der Injection und Kühlwassercirculation werden fest zugeschraubt und die Schutzhandgriffe fest angezogen. Die Ausguss- und Soodausgussventile werden auf ihren Sitzen gedreht, damit sie dicht aufliegen. Das Durchblasventil wird gehoben oder der Entleerungshahn des Condensators geöffnet, worauf das in demselben enthaltene Wasser sich in den Soodraum entleeren wird. Die Schutzbleche werden auf die Oeffnungen der Lagerschalen gegeben und Tressengarn um den Anlauf der Axe herumgewunden, um das Eindringen von Putzstein, Staub, Werg etc. in die Lagerschalen zu verhindern. Die Oeffnungen der Schmierrohre bekommen zum Schutze kleine Holzstoppel.

Arbeiten im Hafen.

Hat man die Ausgussventile wiederholt untersucht, ob sie dicht aufsitzen, so werden die Condensatoren vollkommen abgelassen und man sucht auch die Speiserohrleitung und die Cisterne zu entleeren. Das Wasser wird, wenn die Maschine schon geraume Zeit abgestellt ist, wahrscheinlich von selbst durch undichte Ventile in den Condensationsraum sinken und in den Soodraum ablaufen. Ist kein Wasserablasshahn angebracht, so werden die Durchblasventile von Hand gehoben. Arbeitscylinder und Cylindermantel, Schieberkasten und Hauptdampfrohr sind ebenfalls zu entleeren. Die Cylinder und Condensatoren, sowie alle beweglichen Theile werden sodann von Oel und Unschlitt oder Salz, welches sich aussen während der Fahrt angesetzt haben sollte, gereinigt, mit geöltem Werg abgewischt und Rostflecken mit Putzstein entfernt. Alle Arbeiten und Reparaturen, welche sich während der Fahrt als notwendig herausgestellt haben, sind in einer solchen Reihenfolge vorzunehmen, dass zuerst alle unerlässlichen Arbeiten vollendet werden, um die Maschine für den Fall des Bedarfes alsobald wieder verwenden zu können. Sodann werden jene Arbeiten in Angriff genommen, welche nicht absolut notwendig, doch aber für den regelmässigen Gang erforderlich sind. Zuletzt endlich werden Verbesserungen gemacht, welche nur bestimmt sind, den Dienst zu erleichtern oder die Maschinen und den Maschinenraum zu zieren.

Unter den Arbeiten der ersten Kategorie können angeführt werden :

1. Reparaturen oder Neuerzeugungen beschädigter Theile.

2. Oeffnen von Lagern, welche stark warm gelaufen sind, und Reguliren derselben.

3. Untersuchung der Cylinder und Dampfvertheilungsorgane, wenn sich dieselbe als notwendig herausgestellt hat.

4. Reparaturen am Kolben und Schiebern oder an den Condensatoren.

Zu den Arbeiten der zweiten Kategorie, welche sodann in Angriff genommen werden müssen, zählt man:

1. Verpacken und Nachlegen der Stopfbüchsen.

2. Verpacken oder Nachziehen der Luftpumpen, Untersuchen der Ventile des Condensators, (welche von Zeit zu Zeit umzukehren sind).

3. Reguliren und Stellen von Lagern und Excenterringen, welche zeitweise warm laufen oder stossen.

4. Oeffnen der Ventilgehäuse der Speise- und Soodpumpen.

Andere Arbeiten, welche nach jeder Fahrt vorgenommen werden müssen, sollen nach Thunlichkeit beendet werden, um zur Reinigung des Maschinenraumes schreiten zu können. Lampen und Laternen, welche bei der letzten Fahrt verwendet wurden, müssen gereinigt und in Stand gesetzt, alle Werkzeuge und Materialien hergerichtet und in den Magazinen gestaut, die Schmierdochte in reinem Oel ausgewaschen und unbrauchbare Dochte durch frische ersetzt werden. Schmiervasen, welche mit reinem Oel gefüllt erscheinen, werden in der Regel nicht entleert, wenn die Maschine nicht für längere Zeit ausser Betrieb gestellt wird oder grosse Reparaturen vorzunehmen sind. Das abgezogene Oel muss geläutert oder zur Maschinenreinigung verwendet werden.

Muss bei den Stopfbüchsen beigelegt werden, so hat man dieselben gleich nach der Ankunft im Hafen fest anzuziehen, so lange die Cylinder gut warm sind. Wenn es notwendig werden sollte, die Stopfbüchsen der Kolbenstangen frisch zu verpacken, so sind dieselben nach der Ankunft im Hafen zu öffnen und die alten Pressringe heraus zu ziehen, so lange sie noch warm und weich sind. Dann dürfte es meist möglich sein, noch einige der darin gewesenen Hanfzöpfe zu verwenden, welche sonst, wenn die Stopfbüchse sich abgekühlt, hart werden und beim Herausziehen zerbröckeln. Ueberhaupt werden die meisten Arbeiten, welche am Cylinder vorgenommen werden müssen, am vortheilhaftesten begonnen, so lange die Theile noch warm sind. Man hat also die vorzunehmenden Arbeiten der zugestandenen Zeitdauer entsprechend nach einer bestimmten Reihenfolge einzutheilen, so dass die wichtigsten Arbeiten zuerst vollendet werden und die Maschine ehemöglichst wieder klar gemacht werden könne.

Das Gestänge zum Manövriren mit der Maschine ist zu untersuchen, undichte Ventile oder Hähne sind frisch einzuschleifen, die Cylinderhähne zu visitiren und zu verfahren, wie bereits im Anfang bei „Maschinen-Untersuchen" besprochen wurde.

Sind alle Arbeiten, welche unmittelbar notwendig waren, beendet, so hat man sich von dem intacten Zustande einzelner Maschinentheile durch Demontiren und Aufmontiren zu überzeugen, wobei man durch Messungen von deren richtiger Lage und von der guten Beschaffenheit aller einzelnen Theile Ueberzeugung zu gewinnen oder dieselben zu verbessern hat. Um in einer bestimmten

Zeit alle Maschinentheile in Bezug auf ihre richtige Lage und ihren Zustand zu untersuchen, hat man eine Reihenfolge aufzustellen, nach welcher in solchen einzelnen Pausen derlei Arbeiten eingeleitet werden. Dazu ist jedesmal die Erlaubniss einzuholen. Das Programm soll in einer solchen Weise festgestellt werden, dass bei einer Betriebsperiode von 1¹/₂ Jahren die ganze Maschine in allen ihren Theilen einmal untersucht werde. Auf diese Weise ist man gegen Eventualitäten gesichert, welche durch den unvollkommenen Zustand einzelner Glieder der Maschine hervorgerufen werden können, übt und bildet gleichzeitig das Personale aus, indem dasselbe die einzelnen Theile und deren Zusammenhang kennen lernt. Durch das Vorstehende soll durchaus nicht der Ansicht Raum gegeben werden, dass es erforderlich sei, unablässig im Maschinenraum zu arbeiten. Es sollen, vorerst die notwendigen Arbeiten vorgenommen werden und es ist nicht räthlich, einzig und allein aus diesem Beweggrunde Maschinentheile, welche sich im vollkommenen guten Zustande befinden, auseinander zu nehmen. Man soll jedoch bedacht sein, in solchen Pausen des Betriebes, welche nicht zur Ausführung der notwendigen Arbeiten verwendet werden müssen, solche Maschinentheile, welche in Bezug auf ihren richtigen Zustand Anlass zu Bedenken gegeben haben, zu untersuchen, um stets Herr der Maschine zu bleiben und nicht ihr Diener zu werden. War man bei dem Betriebe von Maschinen nicht von diesem Streben geleitet, so wird man über kurz oder lang gezwungen sein, die Maschinen trotz des fehlerhaften Zustandes einzelner Theile in Thätigkeit erhalten zu müssen, was nur zu Schaden führen kann. Es ist nicht gefährlich, Mechanismen zu betreiben, deren Fehler man erkannt hat; wohl aber ist es gefährlich und schädlich, dieselben zu benützen, ohne von der richtigen Function aller Theile überzeugt zu sein.

Die Maschinen müssen im Hafen täglich um einen Theil des Hubes bewegt werden, um die relative Lage aller gleitenden Flächen zu ändern und das Festrosten des Kolbens oder das Ansetzen von Rostreifen an den Kolbenstangen innerhalb der Stopfbüchsen zu verhindern. Die Pressringe der Stopfbüchsen werden am besten nachgelassen und in die Schmierrohre Oel eingegossen, worauf die Hanfzöpfe das Oel leicht einsaugen und sich fetten werden, die Reibung wird sodann eine verminderte sein und die Packung sich besser erhalten. Kolbenstangen, welche beim Maschinendrehen sich in die Stopfbüchsen zurückziehen, müssen früher vom Roste gereinigt und mit einem Pinsel oder mit Werg geölt, Lagerschalen und besonders solche, welche bis an's Ende der Fahrt mit Wasser gelaufen sind, geschmiert werden. Die Cylinderhähne sind während des Maschinendrehens geöffnet zu halten, damit die eingeschlossene Luft der Kolbenbewegung kein Hinderniss biete. Vor dem Maschinendrehen muss gesehen werden, dass nirgends fremde Körper das Spiel der Maschinentheile hemmen, wobei hauptsächlich zu beachten ist, dass Kurbel und Kreuzkopf keinem Hindernisse begegnen und die Steuerungstheile sich frei bewegen können. Wurden einzelne Lager oder Maschinentheile zur Untersuchung, oder um Reparaturen vorzunehmen, demontirt, so muss man während des Maschinendrehens diese Theile stets im Auge behalten, damit kein Schaden verursacht werde. Schraubenmaschinen werden gewöhnlich durch ein Schneckenrad gedreht, indem direct am Ratschenhebel der Schnecke gewirkt wird. Bei oscillirenden Maschinen ist zu beachten, dass der schwingende Cylinder keinem Hindernisse begegne. Radmaschinen werden gedreht, indem ein Tau oder ein Flaschenzug an einer der höchsten Radschaufeln befestiget und mit dem Gangspill eingewunden wird. Die Radschaufeln sind in Bezug auf ihre Befestigung zu untersuchen und der Anstrich der Eisentheile zeitweise zu erneuern.

Die Maschinen müssen von Hand gedreht werden, um:

1. Reparaturen oder Untersuchungen vorzunehmen.

2. Zu verhindern, dass an den gleitenden Theilen sich Rost festsetze.

3. Um die Propelleraxe ein- oder loszukuppeln oder den Propeller zu hissen.

Die Maschinen werden gedreht, nachdem das Schleifstück der Coulisse und somit der Schieber nahezu in's Mittel gestellt wurde. In dieser Stellung wird der Schieber keine oder nur eine sehr geringe Bewegung vollführen. Sind Umsteuerungsmaschinen angebracht, so müssen dieselben täglich gedreht werden, wodurch auch der Vertheilungsschieber bewegt wird. Lassen sich diese Maschinen schwer drehen, so muss man trachten, die Schieberspiegel zu schmieren, indem man bei der Oelvase Fett eintropft oder bei den entsprechenden Oeffnungen warmes Oel einspritzt. Sind keine Ansetzmaschinen vorhanden, so müssen die Schieber durch Handhebel oder Rad bewegt werden. Expansionsvorrichtungen sollen im Hafen öfters ganz ein- und ausgewunden und geölt werden, um sie für alle Füllungsgrade leicht gangbar zu erhalten.

Alle Ansetzorgane: als Injectioushähne, Drosselklappe, Absperrventil, Cylinderhähne etc., sowie die Notinjections-, Ejectoren- und Feuerspritzenwechsel müssen zeitweise bewegt werden, um ein Festsetzen derselben hintanzuhalten.

Maschinen-Reinigung.

Alle blanken Maschinentheile sind gegen das Ansetzen von Rostflecken zu schützen, weshalb die ganze Maschine zeitweise in allen ihren Theilen gereiniget werden muss. An der Maschinenreinigung, mit welcher gleichzeitig eine Reinigung des Heizraumes verbunden wird, nimmt das ganze Personale unmittelbar theil, welches derart zu vertheilen ist, dass jedem einzelnen Mann, je nach der Grösse der Maschine und der disponiblen Bedienungsmannschaft eine bestimmte Parthie der Maschinen oder Maschinentheile zugewiesen wird, deren Reinigung ihm obliegt. Die Vertheilung soll derart getroffen werden, dass die Reinigung gleichmässig in allen Theilen fortschreitet. Das Personale ist zu unterweisen, Mechanismen nicht zu bewegen und die Gestänge nicht zu verbiegen. Handhebel sollen entweder fest gemacht oder abgenommen, separat gereinigt und nach vollendeter Reinigung wieder richtig aufgesteckt werden. Die Deckel der Schmiervasen, die Schutzbleche der Lagerschalen, sowie die Tressen um die Anläufe der Axen dürfen nicht abgenommen werden, damit nicht Putzsteinstaub oder andere Verunreinigungen zwischen die Lagerschalen treten könne. Die sogenannte Maschinengrube, das ist der Schiffsboden im Maschinenraum, musste vorher gereinigt werden. Derselbe ist nun abzuschrappen und nach vollendeter Reinigung mit Kalkmilch anzustreichen. Die Verkleidung der Dampfcylinder ist, insoweit dieselbe nicht angestrichen ist, zu reinigen, abzuschrappen und mit Leinöl einzureiben. Der Anstrich kann mit einem in Terpentin getauchten Lappen aufgefrischt werden. Die blanken Maschinentheile sind mit Putzstein zu reinigen, welcher früher fein zerrieben und mit Oel angemacht wird. Die Bedienungsmannschaft pflegt die Reinigung in solcher Weise vorzunehmen, dass ein Theil vollkommen blank geputzt und erst dann zum nächsten Theil übergegangen wird. Das Resultat ist eine mangelhafte Reinigung und nutzlose Materialverschwendung. Es müssen zuerst alle blanken Maschinentheile mit Oel und Putzstein angestrichen werden, (Putzstein ist bei Geradführungen und auf den Schlittenlagern zu vermeiden, wenn dieselben nicht Rostflecken zeigen), worauf alle Theile gleichzeitig

abzuschlichten sind. Stangen und cylinderische Stücke werden mit
einer losen Flechte aus Schiemansgarn umschlungen und dieselbe
an beiden Enden hin- und hergezogen. Für gehobelte Flächen
soll ein Holzstück mit zwei Handhaben vorgerichtet sein, mit
welchem der Putzstein verrieben und ein Strich erzielt werden
kann, worauf die blank bearbeiteten Maschinentheile vom Putzstein
und Oel mittelst Werg, welches früher zum Abwischen der
Maschinen verwendet wurde, gereinigt werden. (Dieses Werg wird
später noch zum „Feuerbereiten" verwendet.) Die Maschinenraums-
wände, sowie die Niedergangslucken und Scheulichter müssen nach
Bedarf mit steifen Bürsten und Seife gewaschen und die Fundament-
platten mit steifen Reiserbesen abgekehrt, mit einer sehr verdünnten
Säure gewaschen und mit Grafitstaub gebürstet werden. Die
Reinigung des Kaminrohrs von aussen und der Oberlichter, sowie
aller dem Maschinendetail zugewiesenen und ausserhalb des
Maschinenraumes befindlichen Auxiliarmaschinen und Apparate
muss im Einklang mit der allgemeinen Schiffsreinigung vorgenommen
werden, so dass alle Arbeiten, welche das Deck verunreinigen
würden, vor dem Deckwaschen und deren Instandsetzung mit der
allgemeinen Metallreinigung auf Deck gleichzeitig vollendet ist.
Nach vollendeter Reinigung muss durch eine Untersuchung die
richtige Stellung und Reinheit aller Theile constatirt werden, wobei
man gleichzeitig alle im Capitel „Untersuchung der Maschinen"
aufgestellten Gesichtspunkte zu berücksichtigen hat.

Der Anstrich des Kaminrohres ist zeitweise zu erneuern,
wobei die alte Farbe früher abzukratzen ist. Wenn der Anstrich
des Maschinenraumes und der Maschine zu erneuern ist, so müssen
alle Wände vorher abgewaschen, Blasen der alten Farbe abgekratzt
und die Wände vollkommen ausgetrocknet werden, damit die frische
Farbe gut hafte. Sobald die Umstände es gestatten, sind die
Magazine zu reinigen, womit zugleich eine Inventarsaufnahme
verbunden werden kann. Alle Verbrauchs-Materialien werden
herausgeschafft und die Magazinswände und Stellagen abgeschrappt
und mit Kalkmilch angestrichen. Die Werkzeuge und Schlüsseln
müssen blank geputzt, Reserveschläuche, Takel, Taue etc., sowie
alle Betriebsmaterialien, welche durch Feuchtigkeit dem Vermodern
ausgesetzt sind, wie z. B. Hanf- und Baumwollgespinnste, Segelleinwand u. s. w. getrocknet werden. Die Magazine sind sodann
durch ein Windsegel vollkommen auszutrocknen, der Anstrich der
Reservetheile zu erneuern und deren seefeste Versicherung zu
untersuchen.

Reguliren der Lager.

Die L a g e r s i n d b e s t i m m t, Axen oder Drehzapfen als
Unterstützung zu dienen und dieselben in ihrer relativen Lage festzuhalten. Jedes Lager besteht aus dem Lagerstuhl oder Lagerständer, der mit dem Deckel die Lagerschalen umfasst, welche
unmittelbar an der Axe aufliegen. Die Lagerständer sind mit dem
Schiffskörper durch Lagerbettungen oder Aufklotzungen oder mit
den Maschinentheilen durch Schrauben fest verbunden und es ist
als fehlerhafter Zustand zu bezeichnen, wenn eine Aufklotzung
nicht vollkommen fest ist. Der Lagerdeckel ist mit Befestigungsschrauben oder durch Zug- und Vorlegkeil festgehalten, wobei
noch eine Stellschraube angebracht sein muss, um die Muttern
oder den Zugkeil vor dem Loswerden zu sichern. Die Lagerschalen sind meist aus Bronce erzeugt, weil dieses Metall mit
grosser Sprödigkeit die nötige Zähigkeit verbindet, durch Rosten
nicht leidet und leicht bearbeitet wird.

Die A n f o r d e r u n g e n, welche an eine Lagerschale gestellt
werden, sind folgende :

Die Lagerschale muss dem Drucke des Zapfens gut widerstehen und sich nicht deformiren, sie muss ferner aus einem
compacten, das heisst nicht porösen Metalle erzeugt sein; darf den
Drehzapfen nicht abarbeiten und mit einer geringen Quantität Oel
wenig Reibungswiderstand bieten, damit keine merkliche Abnützung
erfolge. Es darf sich aber auch die Lagerschale nicht zu rasch
abnützen, weswegen eine genügend grosse Auflagefläche erforderlich
ist. Die Welle liegt gewöhnlich in einem eingedrehten Hals oder
ist durch Anläufe gegen seitliche Verschiebungen gesichert. Eine
Hauptbedingung der richtigen Function eines Lagers ist, dass der
Drehzapfen gut liegt, damit die Schale nicht „übers Eck" arbeitet
und der Zapfen genügend gebunden, das heisst festgestellt werden
kann. Es kann allgemein kein Verfahren angegeben werden, um
zu erkennen, dass die Drehzapfen gut liegen, doch wird die Natur
des Mechanismus immer einen Weg finden lassen, die Stellung des
Drehzapfens leicht zu controliren. Ein allgemeines Kennzeichen,
ob die Drehzapfen gut liegen, ist der ruhige gleichmässige Gang
derselben, so dass man während des Betriebes mit voller Kraft
keine merklichen Bewegungen der Lagerschalen oder Lagerständer
wahrnehmen kann.

Die Lagerschale wird auf den D r e h z a p f e n a u f g e p a s s t,
indem man dieselbe auf den genauen Durchmesser abdreht und

auf den Zapfen mit Minium abrichtet. Lagerschalen sollen auf der Welle nicht in der ganzen Rundung, sondern nur in einem Viertel der ganzen Peripherie aufliegen, weil die Reibung sodann ohne Nachtheil eine geringere sein wird.

Die Erfahrung hat gelehrt, die Lagerschalen mit einer schmiegsamen Metalllegirung dem sogenannten Lager-Metall auszugiessen, weil dieses Metall den Zapfen besser erhält, die Lagerschale sich demselben gut anpasst und leichter bearbeitet wird. Das Lagermetall ist ferner sehr leicht schmelzbar und es soll dasselbe, wenn das Lager sich erwärmt, früher ausfliessen, bevor der Drehzapfen angegriffen wurde. Nachdem jedoch der Spielraum zwischen Drehzapfen und Lagerschale nur ein sehr geringer, z. B. $^1/_4$ mm. sein darf, so ist unter allen Umständen sehr sorgfältig zu achten, dass sich das Lager nicht erhitze, indem das geschmolzene Metall sich in den Schmiernuten absetzt und die Schmierung verhindert, so dass binnen kurzer Zeit die gesammte Masse des Lagers in Fluss geräth und sodann die blanke Fläche des Drehzapfens angreift. Bronce als Materiale der Lagerschale wird, wenn es sich bedeutend erhitzt, den Zapfen abarbeiten und Riffe oder Nuten in dessen blanker Oberfläche erzeugen, — es wird sich der Zapfen verreiben. Derselbe Nachtheil tritt rascher, das ist bei geringerer Temperaturserhöhung, bei einem ausgegossenen Lager auch dann auf, wenn dasselbe durch Wasser abgekühlt wird, im Falle das Weissmetall schon geflossen sein sollte, weil das Lagermetall sodann wieder erhärtet, die kleinen Theilchen erstarren und der Zapfen durch diese verrieben wird. Ein Lager, welches eine solche Abnützung aufweist, muss, wie später besprochen wird, regulirt werden und es wäre schwierig einen solchen schadhaften Zapfen mit Bordmitteln diensttauglich herzustellen, so dass die Maschinen wieder zur vollen Nutzleistung herangezogen werden können. Mit ausgeflossenen Compositions-Hauptlagern und verriebenen Drehzapfen ist mit Rücksicht auf die Erhaltung der Maschine nur eine geringere Intensität des Betriebes gestattet, ein Umstand, welcher bei manchen Maschinenconstructionen berücksichtigt werden sollte. Bei massiven Broncelagern, welche mit Wasser geschmiert werden, können Maschinen mit Sicherheit bis an die Grenze der Leistungsfähigkeit ausgenützt werden.

Die beiden Lagerschalen sollen stets zusammenstossen und zwischen denselben keine Luft haben, damit man den Drehzapfen nicht durch die Befestigungsschrauben drücken könne. Um die Manipulation des Lagerstellens und Nachziehens zu erleichtern werden zwischen den Lagerschalen Beilagen aus einer festen Holzgattung oder aus Metall eingepasst. Vortheilhaft ist es, wenn die Beilage aus mehreren Stücken Messingblech von verschiedener Stärke besteht.

Die Lagerschale soll vollkommen rund sein und dem Zapfen anpassen, so dass letzterer bei entsprechender Schmierung beständig in einem feinen Ueberzug von Oel arbeitet, welcher bestimmt ist, den Reibungswiderstand zu vermindern und die gleitenden Flächen vor Abnützung zu bewahren. Damit sich das Schmiermateriale über die ganze Länge des Drehzapfens gleichmässig vertheilen könne, sind die Lagerschalen mit Schmiernuten oder Kanälen versehen, welche aber nicht bis an den Rand der Schale hinausreichen dürfen, weil sonst das Oel gleich abfliessen würde. Es sind ausserdem eine oder mehrere Schmiervasen für jeden Drehzapfen angebracht, in welchen ein Schafwolldocht das Oel durch ein Rohr in die Schmiernuten führt.

Um zu erkennen, wie viel ein Lager Luft hatte, wird dasselbe auseinander genommen, nachdem die Stellung der Schraubenmuttern des Lagerdeckels durch Körnerpunkte bezeichnet wurde Sodann fügt man in die Mitte beider Lagerschalen einen schmalen Streifen Wachs oder Bleidraht ein und zieht das Lager auf seine alten Marken an. Das Blei oder Wachs wird auseinander gedrückt und zeigt sodann, wie viel Luft das Lager hatte.

Lager, welche sich während der Fahrt erwärmt hatten oder einen merklichen Schlag oder Stoss ausüben, müssen im Hafen nachgesehen werden. Es wird die Stellung der Schraubenmuttern durch Körnerpunkte markirt und das Lager auseinander genommen. Zeigen sich die Schmiernuten verlegt, so müssen sie gereinigt werden; hat sich Weissmetall in dieselben verschmiert, so ist die Schmiernut mit einem anpassenden Nuten-Meissel aufzufrischen, wobei man trachten muss, das verriebene Metall herauszunehmen, weil es sich sonst während des Ganges abbröckeln würde. Die Kanten der Nuten dürfen auch nicht scharf belassen werden. Sind schiefrige Stellen des Lagermetalles zu ersehen, so müssen alle Schiefer, welche nicht fest haften und sich während der Arbeit osschälen könnten, abgenommen werden. Die Broncestege, zwischen welche das Weissmetall eingegossen ist, müssen tiefer liegen als die gleitende Fläche, damit dieselben nicht auf den Drehzapfen arbeiten; sind sie in Folge Abnützung des Lagermetalls blossgelegt, so hat man dieselben niederzufeilen. Rauhe Stellen werden mit dem Schaber vollkommen glatt abgearbeitet und alle

Späne und Metallschiefer sorgfältig entfernt, worauf beim nachfolgenden Zusammenstellen die gleichen Beilagen verwendet und das Lager auf die gleichen Marken angezogen wird, wenn die Schalen nur geputzt wurden und das Lager sich nicht vorher lose gezeigt hat. Lager, welche sich durch längeren Gebrauch abgenützt haben und schlagen, müssen nachgezogen werden, wobei man die Beilagen entsprechend nachfeilt.

Lager, bei welchen das Weissmetall in Folge Erwärmung ausgeflossen ist, sollen regulirt und, äusserste Notfälle ausgenommen, im unreparirten Zustande nicht benützt werden. Die einzelnen Theile sind vor dem Demontiren des Lagers gut zu zeichnen, um sie in der richtigen Weise wieder zusammen setzen zu können. Haben losgerissene, erhärtete Späne den Drehzapfen angegriffen, so hängt es von dessen Zustand und der zugestandenen Zeit ab, ob derselbe nun abgeschlichtet oder rundgefeilt wird.

Das Rundfeilen und nachfolgende Abschmirgeln eines Drehzapfens ist mit grösster Aufmerksamkeit zu vollführen und es erfordert diese scheinbar einfache Manipulation eine ausserordentliche Genauigkeit der Arbeit, Geschicklichkeit und aufmerksame Behandlung. Dazu dürfte es jedoch in den meisten Fällen notwendig sein, Hilfsarbeiter herbeizuziehen; es wäre daher eine solche Reparatur nicht zu den mit Bordmitteln auszuführenden Arbeiten zu rechnen. Ist der Drehzapfen rund gefeilt oder nicht bedeutend angegriffen, so muss man trachten, demselben eine möglichst glatte Oberfläche zu verleihen, indem man rauhe Stellen mit der Schlichtfeile abzieht und sodann mit einer anpassenden Schmirgelkluppe abschmirgelt. Sind Reservelagerschalen vorhanden, so können dieselben angewendet werden, um den Zapfen vollkommen rund und glatt herzustellen. Hierauf werden die Lagerschalen, welche mittlerweile oberflächlich gereiniget oder ausgegossen und gedreht wurden, auf den Kurbelzapfen aufgepasst, indem man dieselbe auf den mit Minium bestrichenen Zapfen auflegt, wodurch die erhabenen Stellen markirt erscheinen. Dieselben werden im Anfange mit der Feile und nach wiederholtem Auflegen, nachdem die Lagerschale schon auf mehreren Flächen gut zeichnet, mit dem Schaber abgenommen, bis zuletzt das Lager in der Mitte auf der halben Schale ganz aufliegt. Man nimmt nach der unteren Lagerschale die obere in Angriff und passt dieselbe auf die gleiche Weise auf. Aehnlich wie bei der vorher angeführten Probe sucht man auch nun zuerst die Ueberzeugung zu gewinnen, ob der Drehzapfen auf der unteren Lagerschale aufliegt, indem man Blei oder

Wachs dazwischen giebt und das Lager provisorisch auf die früheren Marken anzieht. Es muss, wenn erforderlich, ein solcher Blechstreifen unterlegt werden, dass die untere Lagerschale richtig auf den Drehzapfen trägt. Sind beide Lagerschalen aufgepasst, die Schmiernuten gut aufgerissen und sorgfältig ausgestemmt, die untere Lagerschale dahin unterlegt, dass sie auf dem Zapfen aufliegt, so wird das Lager ohne eingelegte Beilagen richtig zusammengestellt und so fest angezogen, dass man sicher sein kann, dass beide Lagerschalen aufsitzen. Dabei hat man zu beachten, dass vorher die Maschine oder einzelne Theile sich so bewegt haben müssen, dass dieser Zapfen an die untere Lagerschale gedrückt wird. Ferner sollen die Befestigungsschrauben des Lagerdeckels leicht gangbar gemacht werden, um den Druck fühlen zu können, welchen man mit der Schraube ausübt. Geht die Mutter nur strenge auf dem Schraubenbolzen, so mag es leicht vorkommen, dass dieselbe zu wenig fest angezogen wurde. Das Lager wird ganz fest gebunden, was man am metallischen Klang erkennt, wenn man auf den Mutterschlüssel mit einem Hammer schlägt. Diess dürfte beim Anziehen grosser Pressschrauben häufig notwendig werden, nachdem die Raumverhältnisse nicht gestatten, genügend lange Schlüssel anzuwenden oder Flaschenzüge anzubringen. Werden nun die Beilagen genau in die Spalte zwischen den Lagerschalen eingepasst, ein Weissblech für Differenzen hinzugefügt, das Lager zusammengestellt und die Pressschrauben auf die gleiche Weise angezogen, so ist das Lager fest gebunden. Der Drehzapfen muss jedoch für Unvollkommenheit der Montirung, Ausdehnung und Arbeiten der einzelnen Theile während des Ganges, sowie für die Schmierung Luft haben und das Lager darf nicht zu fest gespannt werden. Man hat daher den Beilagen noch ein dünnes Messingblech beizugeben, bei dessen Wahl der Zustand des Lagers und der darauf tragenden Maschinentheile massgebend ist, worauf das Lager wieder angezogen wird. Man hat genau die Stellung der Befestigungsmuttern zu verzeichnen, wenn der Zapfen fest gebunden ist, nach welcher Marke man sich sodann beim Anziehen des Lagers zu richten hat. Die Schmiervorrichtung ist endlich aufzumontiren und die Stellschrauben fest anzuziehen. Wenn die Maschine dann verwendet wird, so hat man dieses Lager durch längere Zeit genau zu beobachten, um zu erkennen, ob dasselbe verlangt, dass man es nachlässt oder anzieht.

Lagerschalen, deren Weissmetallfutter theilweise ausgeflossen sind, müssen ausgegossen, d. h. das Lagermetall ergänzt werden. Die beschädigten Stücke des Lagermetalls sind soweit herauszumeisseln, bis man an gesunde Stellen gelangt, welche fest an der Lagerschale haften. Man erkennt, ob das Weissmetall gut haftet, am metallischen Klang, wenn man dasselbe mit dem Hammer untersucht. Wurden derlei Stellen herausgemeisselt, so erwärmt man das Lager an jener Stelle so weit, bis das Zinn fliesst, indem man unter jene Stelle einen passenden Kohlenofen aus einem Stück Blech erzeugt oder auf dasselbe rothglühende Eisenstücke auflegt, bis es so weit erwärmt ist, dass das Zinn fasst. Man hat hiebei Acht zu geben, dass von den umgebenden Stücken nicht Weissmetall ablaufe oder schmelze. Hat das Lager die erforderliche Temperatur, so wird die Stelle mit Salzsäure gewaschen, damit sie metallisch rein werde und verzinnt. Man giesst sodann die Metallcomposition ein, welche man in einem Löffel im flüssigen Zustande bereit hält. Ist ein grosser Löthkolben zur Verfügung, so ist es vielleicht möglich, mittelst desselben die Lagerschale so weit zu erwärmen, dass das Zinn fasst. Hat man bei Gleitstücken und Gleitlagerschienen anpassende Scheiben des Weissmetalles in Reserve, so kann man ein Stück genau einpassen, verzinnen und einsetzen. Vortheilhaft ist es auch, wenn derlei Tafeln aus Lagermetall auf den Drehzapfen aufgepasst in Reserve gehalten werden. Dieselben sind den Feldern zwischen den Stegen anpassend vorbereitet und können leicht eingelöthet werden.

Ist eine Lagerschale vollständig ausgelaufen, so ist es notwendig, dieselbe neu auszugiessen und auszubohren. Nachdem diese letztere Manipulation am Bord nicht vorgenommen werden kann, so sind derlei Arbeiten durch Fabriken zu besorgen.

Untersuchungen der Betriebsmaterialien.

Kohlen.

Bevor Kohlen eingeschifft werden, müssen zeitweise die Kohlenmagazinswände in Bezug auf ihre Festigkeit und den Anstrich untersucht werden. Zeigen sich dieselben stellenweise vom Roste angegriffen, so werden sie abgekratzt und mit einem Miniumanstrich versehen. Selbstverständlich sucht man nach jeder Längeren Reise von der Richtigkeit der Kohlenrechnung Ueberzeugung zu gewinnen, indem man den in den Kohlenmagazinen befindlichen Rest gleichförmig ausbreitet und mittelst der Aichungsmarken oder durch Schätzung das wirklich vorhandene Kohlenquantum bestimmt. Bei Berechnung des Volumens ist festzuhalten, dass 1 Tonne (1814 Wr. Pf., neu 1000 Kilo = 1785$^1/_2$ Wr. Pf.) im Mittel 46 engl. Cubikfuss Raum einnimmt. Die alten Kohlen sollen gegen die Kohlenschläuche geschaufelt werden, damit nicht eine Menge Kohlenstaub sich ansammelt und durch lange Zeit in den Magazinen liegen bleibt. Die Thüren der Kohlenmagazine sind fest zu schliessen und alle Kohlensäcke, Schaufeln, Laternen herauszunehmen, damit sie nicht verschüttet werden.

Die Kohlenleute, welche in die Magazine geschickt wurden, um die Kohle zu stauen, sind vorher zu instruiren, wie sie die Kohle den Formen der Magazine entsprechend zu bewegen haben, damit alle Räume gleichförmig gefüllt werden und nicht Winkel ganz leer bleiben, welche später nicht mehr voll gestaut werden könnten. Sind die Magazine schon so weit gefüllt, dass die Kohlenleute heraus kommen müssen, so sind die Kohlen mit Feuerwerkzeugen von der Lucke gegen die leeren Räume zu stossen. Die Quantität der eingeschifften Kohle muss durch Zählen der eingeschifften Körbe oder Säcke controlirt werden; dazu ist durch directe Wägung jedes zehnten oder zwanzigsten Korbes ein mittleres Gewicht zu bestimmen.

Bei der W a h l d e r K o h l e n g a t t u n g ist in Berücksichtigung zu ziehen:

1. Dass schwefelhaltige Kohlen den Kesselblechen schädlich und daher zu vermeiden sind. Der Schwefelgehalt der Kohle zeigt sich häufig durch gelbe, glänzende Blättchen an, welche am frischen Bruch beobachtet werden. Der Schwefelgehalt kann auch Ursache von Selbstentzündungen werden.

2. Eine Kohle, welche leicht zerbröckelt, ist nicht so günstig, weil sie durch den Transport bis in die Kohlenmagazine leicht zerfällt und eine grosse Menge Kohlengries giebt, welcher nicht ökonomisch verbrannt werden kann.

3. Kohle, welche im Freien gelagert ist, hat durch Witterungseinflüsse gelitten und ist einer in Magazinen erliegenden Kohle an Güte nachzusetzen. Durch das langsame Auswittern ist ein Theil des Kohlenwasserstoffes entwichen. Dieser Verlust an Heizeffect wurde z. B. bei rheinischer Kohle bereits im ersten Jahre des Liegens mit 12 Perc. nachgewiesen.

4. Eine Kohle von glänzendem, pechschwarzem Ansehen, welche unter dem Hammer zerbröckelt und einen glänzenden Staub giebt, der nicht schwarz abfärbt, ist von guter Qualität. Je mehr die Kohle abfärbt, desto mehr wird sie russen, somit die Heizflächen und den Rauchfang beschmutzen; man wird bei Anwendung derselben häufiger die Rohre kehren müssen.

Kohle von braunem oder dunkelgrauem Ansehen, welche schieferartig bricht und einen erdigen Staub giebt, ist von minderer Qualität und von geringerem Heizwerth. Dieselbe wird weniger russen, jedoch mehr Schlacke und Asche geben und ein öfteres Putzen der Feuer notwendig machen.

5. Man soll vermeiden, bei Regen oder bei feuchtem, regnerischem Wetter Kohlen einzuschiffen, damit die Kohle stets trocken in die Magazine gelange. Kohlensäcke, Schaufeln und Hämmer, sowie Laternen sind nach dem Kohleneinschiffen wieder in Verwahrung zu nehmen.

Bei den Kohlenmagazinen muss darüber gewacht werden, dass die Kohlen sich nicht erhitzen. Wurde grubenfeuchte oder schwefelhältige Kohle nass oder bei feuchter Witterung eingeschifft, so ist die Bildung von explosiven Gasen zu befürchten, welche sich beim Contacte mit einer Flamme entzünden würden. Derlei Gasexplosionen sind Thatsachen und in Kohlenwerken unter dem Namen „schlagende Wetter" gefürchtet. Man hat daher die Ansammlung solcher explosiver Gase hintanzuhalten und für eine zeitweise Ventilirung der Kohlenmagazine Sorge zu tragen, indem man die Kohlenlucken-Deckel abhebt und die Gitterringe einsetzt. Beim Deckwaschen darf andererseits nicht vergessen werden, die Kohlenlucken durch Deckel zu schliessen. Die Temperatur der Kohlenmagazine kann man an den Wänden beobachten, um die Erwärmung der Kohle gewahr zu werden. Sollte, wenn eine solche Bildung von Gasen zu befürchten ist, es notwendig sein, in die Kohlenmagazine zu gehen, so hat man sich mit einer Davy'schen Sicherheitslaterne auszurüsten und jedes offene Licht ferne zu halten. Die Kohle kann sich ferner in den Magazinen durch Luftzufuhr entzünden, indem dieselben einer langsamen Verbrennung unterzogen werden.

Kohle in kleinen Stücken, welche ihren Wassergehalt durch Trocknen an der Sonne verloren hat, zeigt das Bestreben Sauerstoff zu absorbiren und sich zu erhitzen. In diesem Falle ist ein Ventiliren der Kohlenmagazine schädlich, weil dadurch nur eine grössere Menge Sauerstoff zugeführt wird. Wird andauernd ein

Steigen der Temperatur in den Kohlenmagazinen bemerkt, wenn sie ausgiebig ventilirt wurden, so hat man die Kohlenlucken zu verschliessen, um eine weitere Erhitzung hintanzuhalten.

Um entzündete Kohlen während der Fahrt bewältigen zu können, sind Rohrleitungen in die Magazine geführt, durch welche dieselben mit Dampf gelöscht werden können.

Liebig schlägt vor, die Kohle um derlei Eventualitäten vorzubeugen, schichtenweise mit Kohlentheer zu besprengen, wodurch deren Heizwert überdies vermehrt werden würde.

Der grösste Nachtheil, welcher Kohlenmagazinen droht und die aufgespeicherte Kohle und die Magazinswände zerstört, ist das Seewasser, welches durch undichte Decke, durch schlecht aufgesetzte Luckendeckel oder durch die Bordwand eindringt. Die Nässe von den Kohlenmagazinen fern zu halten, feuchten Kohlenstaub herauszuziehen und den Boden trocken zu legen, die Schoten und Magazinswände ganz und dicht zu halten, die Luckendeckel dicht aufzuschleifen und keinen Staub unter denselben zu dulden — dies und die Magazine zeitweise bei trockener Witterung zu ventiliren, soll die Hauptsorge sein, um die Kohlen gut zu erhalten und Magazinsbrände zu verhindern.

Oel und Talg.

Olivenöl, welches als Schmiermateriale verwendet werden soll, darf nicht durch erdige und eiweissartige Substanzen verunreiniget sein und keine freien Säuren enthalten, welche auf die gelagerten Zapfen und besonders auf Federn und die gleitenden Flächen der Dampforgane nachtheilig einwirken. (Man erkennt, dass ein Oel freie Säuren enthält, wenn Lakmuspapier von demselben geröthet wird). Jede Verunreinigung ist für Schmierzwecke nachtheilig, weil das Oel dickflüssiger wird und die Dochte verschmutzt; man muss daher trachten, das Oel so rein als möglich zu erhalten, indem man die Geschirre stets verschlossen hält und zeitweise reiniget. Eiweissartige Substanzen, welche verursachen, dass das Oel bald ranzig und klebrig und so zur Schmierung vollkommen unbrauchbar wird, zeigen sich am mehr oder weniger trüben Aussehen.

Schmieröl darf nicht zu dickflüssig sein, damit es leicht angesaugt werde und zwischen die Lagerschalen trete, es soll aber andererseits auch nicht zu dünnflüssig sein, damit es durch längere Zeit zwischen den Zapfen und den Lagerschalen verbleibe und eine gleichförmig dünne Schichte um den Drehzapfen bilde, welche den Reibungswiderstand vermindert und eine Abnützung hintanhält. Dünnflüssiges Oel, z. B. das Vulkanöl, läuft bei den gewöhnlichen Schmiervorrichtungen zu rasch ab und verursachet einen Mehrverbrauch an Schmiermateriale.

Die einfachste Consistenz-Probe mehrerer Oelsorten wird mittelst einer 4 bis 6 Fuss langen Eisenplatte vorgenommen, welche mit gleichen Nuten versehen, etwas geneigt aufgestellt wird. Von jeder Oelsorte werden einige Tropfen an den obern Rand gegeben und beobachtet, welche Sorte in wenigen Minuten den längsten Weg gemacht hat, was bei der dünnflüssigsten Sorte der Fall sein wird. Je schmäler der gebildete Streif ist, desto mehr Consistenz hat das Oel. Jene Sorte ist für Schmierzwecke die geeignetste, welche nach Verlauf von einigen Tagen den längsten Streif gebildet hat, vorausgesetzt, dass von jeder Sorte die gleiche Quantität aufgegeben wurde. Abgetropftes, sowie von Schmiervasen herausgenommenes Oel soll zur Schmierung von Zapfen und Lagern nicht mehr verwendet werden. Man lässt dasselbe in Gefässen abstehen, worauf es für die Geradführungen und zur Maschinenreinigung gebraucht werden kann.

Die häufigste und schädlichste V e r u n r e i n i g u n g, welche sich zumeist schon durch den Geruch und Geschmack kundgiebt, ist das aus den Samenkörnern der Baumwollpflanze erzeugte Oelsurrogat, welches viel dickflüssiger ist und die Qualität des Olivenöls als Schmiermateriale durch die enthaltenen schleimigen und eiweissartigen Substanzen vermindert — solches Oel wird bald stocken und ranzig, somit völlig unbrauchbar werden.

Die mit dem Dampf in unmittelbare Berührung tretenden Maschinentheile müssen mit T a l g o d e r U n s c h l i t t geschmiert werden, weil das Oel bei der Dampftemperatur rasch verflüchtigt. Flüssiges Unschlitt in die Cylinder und Schieberkasten zu schütten ist nicht ökonomisch, weil der grösste Theil hievon alsobald vom Dampf in den Condensator mechanisch mitgerissen wird. Dieselben werden am vortheilhaftesten mit dem sogenannten Lubricator geschmiert, welcher alle gleitenden Flächen stets mit einem Häutchen Fett bedeckt erhält, indem das Unschlitt tropfenweise in das Hauptdampfrohr fällt, durch den einströmenden Dampf in die Dampfkammer und die Cylinder mitgerissen und auf den gleitenden Flächen abgesetzt wird.

Die Stopfbüchsen der Cylinder und Schiebergehäuse müssen ausgiebig mit Unschlitt geschmiert werden und es wird der eigenen

14

Einsicht überlassen, Methoden der Schmierung anzuwenden, welche ein Aufgiessen von flüssigem Talg auf die Kolbenstangen überflüssig machen und Materialverschwendung hintanhalten. Durch eine fachgemässe Verwendung der Betriebsmaterialien, durch Unterweisung und passende Ueberwachuug des bedienenden Personales können ohne Nachtheil für die beweglichen Theile der Maschine bedeutende Ersparnisse erzielt werden. Die Anwendung von grossen Oelkannen bei kleinen Schmiervasen und ein Aufschütten auf die gleitenden Flächen, welches den Lagerdeckeln und der Axe mehr Oel zuwendet, als den gleitenden Zapfen, ein Vollgiessen der Oelvasen, wobei grossmüthig dem Soodraum ein Tribut gebracht wird, ist unstatthaft; es muss das Personale diesbezüglich strenge überwacht und unterrichtet werden. Für die Drehzapfen und Gelenke der Umsteuerung müssen Patentvasen angewendet werden, welche ein entsprechendes Schmieren der Theile gestatten.

Unschlitt soll möglichst rein und von allen fremden Bestandtheilen frei sein, welche sich im Aussehen charakterisiren. Sollte man gezwungen sein, verunreinigtes Unschlitt zu verwenden, so muss dasselbe, sowie der Bodensatz von Fässern, welcher häufig sehr viele Verunreinigungen zeigt, vor dem Gebrauche geläutert werden, indem man das Fett schmilzt, die obere Schaumschichte abschöpft, das reine Fett abgiesst und den Bodensatz zurücklässt. Das Unschlitt enthält mehr oder weniger häutige Fettzellen oder Bälge, welche man dem Aussehen nach nicht erkennen kann, welche aber doch die Qualität des Talges für Schmierzwecke bedeutend vermindern. Um eine Unschlittsorte diesbezüglich zu prüfen, wird ein Muster mit Wasser gut ausgekocht. Das Fett sammelt sich an der Oberfläche und man lässt dasselbe erstarren. War der Talg von Fettbälgen frei, so wird die untere Fläche ziemlich eben sein; im Gegenfalle haften die Fettzellen an derselben wie Wurzeln und man kann ersehen, ob die Unschlittsorte mehr oder weniger davon enthält. Das Wasser unter der Schichte soll nicht sauer reagiren, sonst ist das Fett ranzig.

Das für den Maschinengebrauch bestimmte Werg soll keine Verunreinigungen, Wurzeln, ungehechelte Stengel, Sand etc enthalten. Die Sorten sind je nach ihrer Provenienz sehr verschieden und erreichen verschiedene Preise. Die einzelnen Fäden müssen fest und stark sein, weil sie sonst vermodert wären und für den Gebrauch nicht gut taugen. Werg, welches sich struppig anfühlt und ungebrochene Fasern enthält, ist von minderer Qualität. Man wählt vortheilhaft Prima-Sorten mit langen, zarten und weichen Fäden von weisser Farbe. Die grössere Auslage wird durch einen ausgesprochenen Minderverbrauch gedeckt und selbst ein Ersparniss erzielt. Bei entsprechender Beaufsichtigung und sparsamer Verwendung, welche besonders dann anzuhoffen ist, wenn der Consument durch seinen eigenen Vortheil geleitet wird, Ersparnisse zu erzielen, werden Baumwollabfälle mit Nutzen angewendet.

Um einmal verwendete Baumwollabfälle oder Werg wieder brauchbar zu machen, d. h. zu reinigen, wird Wasserglas in drei Theilen Wasser verdünnt, die zu reinigende Putzwolle eingetaucht und mit einem Stabe umgerührt und gemischt. Nach einer halben Stunde wird die Lösung abgelassen und heisses Wasser aufgegossen, in welchem die Putzwolle gut abgeschwemmt werden muss. Will man sich sichern, dass die Fasern die alte Elasticität und Feinheit erhalten, so wird die Putzwolle wiederholt in lauem Wasser ausgeschwemmt und getrocknet, wonach dieselbe wieder dem früheren Zwecke ebenso vollständig wie vorher dient. Es muss hier aufmerksam gemacht werden, dass die Wasserglaslösung auf die menschliche Haut besonders nachtheilig wirkt, daher das Umrühren der Wolle mit der Hand unterlassen werden muss.

Werg, welches einmal nass wurde, ist nicht mehr so gut wirksam, weil die Fasern dann weniger Oel aufsaugen können. Ist das Wergmagazin an einer Stelle angebracht, wo der von den Cylindern beim Durchblasen abströmende Dampf eintreten kann, so muss man dasselbe zeitweise lüften, damit das Werg nicht vermodert oder zu gähren beginnt. Ist das Werg nicht rein, so soll es vor dem Gebrauche parthienweise ausgeklopft werden, damit die Verunreinigungen herausfallen. Geöltes Werg, welches zum Feueranzünden aufbewahrt wird, muss an einer passenden Stelle gehalten werden, um gegen Feuergefahr sicher zu sein. Es ist daher daher durchaus nicht zu gestatten, dass die Heizer das gebrauchte Werg in allen Ecken herumliegen lassen.

Instandhaltung des Soodraumes.

Der Soodraum, das ist der untere Schiffsraum, muss zeitweise gereiniget werden. Bei der Fahrt fällt Kohlenstaub und Asche durch die Fugen der Flurplatten und beim Oeffnen der Thüren zu den Kingstonventilen etc. in den unteren Schiffsraum oder wird durch abrinnendes Wasser hinabgeschwemmt. Um das Eindringen von Verunreinigungen in den Soodraum möglichst hintanzuhalten, müssen die Flurplatten und Hölzer gut zusammengepasst und die Thüren zu den Hähnen vor dem Oeffnen jeweilig abgekehrt werden. Von der Maschine tropft das Oel ab, welches zur Schmierung diente, der Dampf führt das Unschlitt der Cylinder beim Durchblasen gleichfalls in den Soodraum. Sind Cylinder derart mit Dampfmänteln versehen, dass sie vom Arbeitsdampfe unabhängig mit frischem Dampfe aus den Kesseln versorgt werden (was sich auch in Bezug auf deren Wirksamkeit als die günstigste Construction darstellt) so kann man dem letztbenannten Uebelstande theilweise vorbeugen, wenn man die Cylinder nicht durchbläst. Man erwärmt den Arbeitscylinder in diesem Falle genügend, indem man die Wasserablasshähne der Dampfmäntel öffnet und letztere durchbläst, worauf man bei genügendem Dampfdruck auch sofort ansetzen kann, ohne den Condensator durchzublasen. Man sucht also aus Rücksicht für die Reinlichkeit des Soodraumes Cylinder und Condensator nur nach Bedarf und nicht überflüssig durchzublasen.

Dem Uebelstande, welchen ein unreiner Soodraum verursacht, kann zum grossen Theil vorgebeugt werden, indem man für das abtropfende Oel Tropfschalen oder Geschirre anbringt, welche die zur Schmierung verwendeten, abtropfenden Fettstoffe auffangen. Um das Fett zu sammeln und dann wieder zu verwerthen, können Leitungen vorgesehen werden, welche das Oel von den einzelnen Tropfschalen in Gefässe zusammenführen. Dieses Abtropföl kann in Seifensiedereien, zur Erzeugung von Schmierfetten oder andern technischen Industrieartikeln nutzbringend verwendet werden. Wenn man bedenkt, dass bei einer grösseren Maschine möglicher Weise per Wache (4 Stunden) einen halben Centner, das ist per Tag 3 Centner Oel, und nebstbei 2 Centner Unschlitt verwendet wird, und dass das Schmiermateriale nach seiner Verwendung in den Soodraum abfliesst und denselben verunreiniget, so ist der Vortheil, welcher durch Tropfgeschirre erreicht werden kann, selbst einleuchtend. Die in 3 Tagen gesammelten Abfälle an Fettstoffen würden sicher den Werth der Tropfgeschirre decken. Materieller Gewinn, grosse Erleichterung der Soodreinigung, leichtere Erhaltung der Lebensmittel und bessere Existenz für alle am Bord befindlichen Personen wären das Resultat dieser scheinbar so nebensächlichen Massregel.

Alle Unreinigkeiten, welche sich im Soodraum ansammeln, müssen zeitweise ausgehoben werden, weil sich die organischen Verbindungen zersetzen und Dünste entwickeln, welche gesundheitsschädlich sind, die Lebensmittel verderben und alle blanken Maschinentheile anlaufen machen.

Die möglichste Reinhaltung des Soodraumes ist besonders bei der mangelhaften Ventilation der unteren Räume, in welchen sich Menschen beständig (und oft ein Theil der Bemannung dicht gedrängt die Nacht über) aufhalten müssen, von besonderer Wichtigkeit. Man wird daher, so oft die Arbeiten an Maschinen und Kesseln beendet sind oder nicht das gesammte Personale beschäftigen, die zugänglichsten Theile des Soodraumes, welche am ehesten verunreinigt werden, blosslegen und vom Schmutz befreien. Besonders ist das Fundament der Maschine und der anstossende Theil des Schiffsbodens nach jeder Fahrt zu reinigen; der an den Balken haftende schlammige Schmutz wird entfernt, die Holzbalken mit der Raskete abgekratzt und mit Kalkmilch angestrichen. Eiserne Platten und Balken werden mit steifen Reiserbesen abgekehrt oder nach Bedarf abgeschrappt und mit Minium angestrichen. Dazu ist es erforderlich vorher den Schiffsboden durch Soodpumpen ganz trocken zu legen. Im Kesselraum sind die Flurplatten und Hölzer in der Nähe der Hähne abzuheben und der Kohlenstaub und die Asche, welche beim Durchpressen oder bei andern Gelegenheiten hinabgefallen sein sollten, herauszuheben. Die Hähne und die Kingstonventile sind zu reinigen, deren Aufklotzungen abzuschrappen und mit Kalkmilch anzustreichen.

Um den Soodraum während der Fahrt thunlichst rein zu halten wurde angerathen, von vorne continuirlich so viel Seewasser einzulassen, als die Soodpumpen zu bewältigen im Stande sind, damit ein Strom kalten Wassers durch den ganzen Soodraum zieht. Man vermeide jedoch, den Soodraum zu voll anlaufen zu lassen, weil sodann die Fette, welche eine schlammige Haut an der Oberfläche bilden, gehoben werden und sich an Balken und schwierig zugänglichen Stellen zwischen den Spanten absetzen, von wo die Fette schwer zu entfernen sind und in Fäulniss übergehen. Die Maschinen-Soodpumpen müssen daher stets in gutem Zustande erhalten bleiben, damit der Soodraum nicht voll anlauft und eine nachfolgende Reinigung erschwert. Die oben angerathene, oberflächliche Soodreinigung hat unmittelbar n a c h j e d e r F a h rt vorgenommen zu werden, bevor man zur Reinigung der Maschinen schreitet.

Von Zeit zu Zeit und jedenfalls nach jeder grossen inneren Kesselreinigung muss eine gründliche Reinigung des Soodraumes vorgenommen werden. Sie ist den Räumlichkeiten entsprechend anzuordnen und es können hiefür keine allgemein giltigen Regeln gegeben werden, ausser dass für dieselbe das notwendige Personale und die erforderliche Zeit zugestanden werden muss. Eine schleuderische Reinigung ist eine halbe Massregel, welche das Personale zwecklos anstrengt.

Zur Reinigung des Soodraumes werden alle Flurplatten abgehoben, gezeichnet und auf einen Platz gebracht, wo sie die nachfolgenden Operationen nicht hemmen. Der Soodraum muss vor allem trocken gelegt werden. Ist dies soweit als thunlich geschehen, so muss der Wasserrest, welcher noch zurückgeblieben sein sollte, mit Eimern ausgeschöpft werden, wenn nicht eine besondere kleine Soodpumpe vorhanden ist, welche in die tiefsten Schiffsräume reicht. Diese bleibt während der ganzen Reinigung in Thätigkeit, weil immer Wasser zusammenläuft. Die Soodreinigung muss im vorderen Schiffsraume begonnen und nach achter hin fortgesetzt werden. Es wird aller Schmutz ausgehoben, alle Holzbalken abgeschrappt, Eisenbleche und Balken mit steifen Besen abgekehrt und die im Soodraume befindlichen Rohre abgekratzt.

Die Communicationsöffnungen zwischen den einzelnen Parthien des Soodraumes müssen durchgestossen und reingehalten werden. Bei der Visite nach vollendeter Reinigung müssen alle schwieriger zugänglichen Stellen unter den Kesseln und unter den Rohren etc., sowie auch nachgesehen werden, dass die Hähne durchwegs noch richtig gestellt sind. Die Flurhölzer müssen sodann abgeschrappt werden und der gesammte Soodraum erhält einen doppelten Anstrich von Kalkmilch. Die Rohre und Hähne werden mit Oelfarbe angestrichen, nachdem sie vor der Soodreinigung abgeschrappt und nach Erforniss eingeschliffen wurden. Auf die gleiche Weise wird sodann der Schiffsboden im Maschinenraum behandelt. Im Tunnel sind die Ballasteisen auszuheben, die Wände nach vollen-

deter Reinigung mit Kalkmilch anzustreichen und wieder einzulegen. Wenn die Zeit es gestattet, so kann vor dem Anstreichen
mit Kalkmilch der ganze Soodraum von vorne nach achter mit
frischem Wasser abgeschwemmt und mit Besen abgekehrt werden,
wobei gleichzeitig aus dem Soodraum gepumpt wird. Nach Vollendung
dieser Arbeiten bleibt der Soodraum, wenn die Umstände es gestatten
mit Vortheil einige Tage offen, während die Flurplatten unten mit
einem Miniumanstrich versehen werden. Gut wäre es, die Flurhölzer von der Deckmannschaft mit Sand und Stein waschen zu
lassen. Wenn erforderlich, ist eine solche Anzahl von Flurhölzern
zu legen, dass die freie Passage in der Maschine und Kesselraum
gut möglich ist.

Sollte der Soodraum in heissen Jahreszeiten nach vollendeter
Reinigung doch noch Dünste aufsteigen machen, so wird zur Desinfection desselben Seewasser eingelassen und je nach der Ausdehnung des Schiffsbodens verdünntes Chlorzink in den Soodraum
geschüttet. Nach 24 Stunden wird die Lösung dann ausgepumpt,
der Soodraum mit frischem Seewasser gefüllt und neuerdings Chlorzink hineingegeben.

In der preussischen Marine wird zur Desinfection der unteren
Schiffsräume Carbolsäure verwendet, welche den angestrebten
Zweck wohl am vollkommensten erreicht und nur bei übermässigem
Gebrauch gesundheitsschädlich wirkt.

Bei den nach dem Zellensystem erbauten, eisernen
Schiffskörpern wird eine Rohrleitung angebracht sein, um die
einzelnen Zellengruppen auspumpen zu können. Die zugehörigen
Wechsel und Ventile sind zeitweise zu untersuchen und in Stand
zu halten. Von Zeit zu Zeit wird es notwendig werden, die
Eisenconstruction der Zellengruppen zwischen beiden Eisenhäuten
zu reinigen und den Anstrich auszubessern, um das Materiale vor
Abnützung zu bewahren. Dann müssen die entsprechenden Mannlochdeckel, welche zu den Zellengruppen führen, abgenommen und
alle Wände der einzelnen Zellen abgeschrappt und angestrichen
oder mit Besen gereinigt werden, je nachdem es deren Zustand
verlangt. Um den Stand des Soodwassers messen zu können, muss
ein passender Platz gewählt und eine entsprechende mit einer
Theilung versehene Stange vorgesehen werden.

Zum Soodpumpen sind nur die hiezu bestimmten Pumpen
zu benützen. Die Dampfpumpe ist nur im Notfalle zum Soodpumpen
zu verwenden, weil das häufig mit einem Siebe versehene Kingstonrohr der Dampfpumpe sich leicht verlegen könnte.

Beim So'odpumpen ist zu bemerken, dass es eine gewisse Minimalumdrehungszahl giebt, bei welcher die Pumpe aus dem Soodraum nicht mehr zieht. Diese hängt von dem Zustand der Verpackungen ab und wird sich durchschnittlich bei Massey-Pumpen auf 24, bei Downtons - Pumpen auf 18 per Minute stellen. Je rascher die Pumpen betrieben werden, desto geringer ist der Effectsverlust durch Undichtheiten der Kolben und Kolbenstangen. Insbesondere bei Beginn des Pumpens, bis das Saugrohr sich mit Wasser gefüllt hat, muss man trachten, die Pumpe rascher zu bewegen. Es ist also zwecklos, eine Anzahl von Leuten bei einer Pumpe anzustellen, welche kaum im Stande sind, dieselbe zu bewegen. Wenn eine Pumpe nicht ansaugen wollte, so untersucht man sie mit Beobachtung der auf Seite 167 gegebenen Regeln, wonach man das Ventilgehäuse und das Saugrohr durch Eingiessen von Wasser füllt und die Pumpe rascher betreiben lässt. Die Leute dürfen nicht stossweise sich mit ihrem eignen Gewicht auf die Kurbeln werfen, weil dadurch bewegliche Theile zerbrochen werden könnten. Vor Bedienung der Pumpe müssen alle gleitenden Theile derselben mit einigen Tropfen Oel geschmiert, das Saugrohr von anhaftenden Unreinigkeiten gesäubert und die Hähne entsprechend gestellt werden. Die Lager der Handkurbeln dürfen weder zu fest gespannt noch lose sein, weil deren Deckelschrauben in beiden Fällen leicht abgerissen werden. Die Lager müssen auch von Zeit zu Zeit geöffnet und gereinigt werden.

Ist das Wasser aus dem Soodraum so ziemlich ausgepumpt, so beginnt der Säuger Luft zu ziehen und es wird sodann mit einem passenden Gefäss Wasser auf denselben geworfen. Ist der Soodraum thunlichst entleert, so sind die Pumpen abzustellen. Man schliesst den Seehahn des Ausgussrohres unmittelbar, nachdem man aufgehört hat zu pumpen. Soll nachfolgend mit derselben Pumpe wieder auf Deck gepumpt werden, so wird das Wasser zuerst Verunreinigungen und Fette mitführen, welche sich im Rohr und in den Ventilkästen abgelagert haben. Dasselbe kann deshalb zum Deck- und Wäschewaschen nicht verwendet werden und ist durch einen Schlauch abzuleiten.

Man trachtet daher zum Soodpumpen immer eine und dieselbe Pumpe zu verwenden und wählt vortheilhaft jene, welche am Achterschiff ist, weil mittelst dieser der Soodraum möglichst vollkommen ausgepumpt werden kann, da deren Säuger am tiefsten reicht. Beim Abstellen der Pumpe muss das Wasser aus den Rohren in den Soodraum abgelassen werden, weil es sonst bei undichten Verschraubungen abrinnen würde. Bei Feueralarm und Klarschiff

zum Gefecht werden die Pumpen nach der Feuerrolle auf Seepumpen gestellt, probirt, die Kübel gefüllt und die Schläuche ganz
nass gemacht, aufgerollt, angeschraubt und mit dem Mundstück
versehen.

Bedienung des Destillators.

Zum Destilliren im Hafen werden, um nicht die ganze
Dampfleitung mit Dampf füllen zu müssen, jene Kessel verwendet,
welche mit dem Destillator directe verbunden sind. Der Seehahn
für den Eintritt und jener für den Ausguss des Kühlwassers und
bei Destillatoren des alten Systems mit stehenden Kühlwasser-
rohren, das Luftrohr am Deckel des Kastens müssen geöffnet
werden. Die zum Destilliren günstigste Dampfspannung ist durch
Versuche zu ermitteln und wird sich zwischen 6 und 12 Pfund
herausstellen. Sollte, um die Circulation des Kühlwassers aufrecht
zu erhalten, es erforderlich sein, die Dampfpumpe zu verwenden,
so muss die hiezu bedingte Spannung gehalten werden.

Um den Destillator anzusetzen, wird der Dampfhahn
langsam geöffnet, damit der Dampf nicht mit grosser Geschwindigkeit
hineinstürze und die Dichtung der Kühlrohre gefährde. Sodann
wird der Wasserablasshahn und der entsprechende Hahn der Süss-
wasserleitung an einer leeren Wasserkiste geöffnet. Es darf nur
wenig Dampf zugelassen werden, um den Destillator nicht zu
erwärmen. Genügt die Erwärmung der Kühlrohre nicht, die
Circulation des Kühlwassers einzuleiten und zu erhalten, so muss
die Dampfpumpe hiezu verwendet werden. Ist das Schiff in Bewegung,
so kann der Dampfzufluss vermehrt werden.

Bei Destillatoren des alten Systems bleibt eine frisch gefüllte
Kiste durch mehrere Tage offen, um auszukühlen und den nötigen
Luftgehalt zu absorbiren. Dies kann unterstützt werden, indem
man das Wasser mischt. Die Kessel müssen während des
Destillirens nach Bedarf abgeschäumt werden, wobei man auf den
hiezu erforderlichen Druck zu sehen hat. Sind die Kühlrohre in
den Rohrplatten nicht gut dicht, so wird Seewasser in den Condensationsraum treten und das gewonnene destillirte Wasser einen
salzigen Beigeschmack erhalten.

Im Hafen hat man den Destillator vermittelst des Ablass-
hahnes vollkommen zu entleeren und die Seehähne gut geschlossen
zu halten. Süsswasser wird im Masse seines Luftgehaltes nach
längerem Stillstehen für den Gebrauch als Trinkwasser nicht
geeignet, indem die in demselben enthaltenen organischen Substanzen
bei freiem Luftzutritt in Fäulniss übergehen. Um Trinkwasser
durch längere Zeit geniessbar zu erhalten, hat man Eisenspäne
in dasselbe zu geben, welche dem Wasser durch das Verrosten
den Sauerstoff entziehen, wobei die Wasserkiste ganz mit Wasser
angefüllt und der Deckel luftdicht eingesetzt wird.

Kessel, welche aus Oberflächen - Condensatoren gespeist
werden, können unbedingt zum Destilliren nicht verwendet werden,
bevor man sie nicht einer gründlichen Reinigung unterzogen hat.
Das ohne vorhergehende Reinigung der Kessel destillirte Wasser
ist ungeniessbar und wegen seines eckelerregenden Geruches nach ausgekochtem Unschlitte weder zum Kochen, noch zum Waschen zu
verwenden.

Die Temperatur des durch den Destillationsprocess erhaltenen
Wassers hängt von der Temperatur des Kühlwassers ab und es
ist selbst einleuchtend, dass im Sommer nicht so kühl destillirt
werden kann, als im Winter. Es ist wohl möglich, das erhaltene
Wasser weniger warm zu erreichen, doch geschieht dies auf Kosten
des hiebei erhaltenen Volumens. Wasser, welches eben condensirt
wurde, ist für den Gebrauch als Trinkwasser meistens zu warm
und muss vor dem Genusse auskühlen. Ferner wird chemisch
reines Wasser sehr schal schmecken und selbst, wenn es eine
angemessene Temperatur haben sollte, nur dann erfrischend sein,
wenn es ein gewisses Volumen atmosphärischer Luft und Kohlensäure absorbirt hat.

Der Destillationsapparat von Perroy zeichnet sich
dadurch aus, dass er Süsswasser liefert, welches gleich geniessbar
und in den meisten Fällen wohlschmeckend und rein ist.

Die Circulation des Kühlwassers wird in diesem Apparate
selbstthätig durch die Erwärmung des Seewassers bewirkt, indem
das erwärmte Wasser als specifisch leichter aufsteigt und kälteres
eintreten macht. Das Kühlwasser gewinnt im Aufsteigen Wärme,
weil der frische Dampf, welcher von oben in die horizontalen
Kühlrohre zugeleitet wird, in den Rohren hin- und hergehend nach
unten streicht und während seines Laufes sich condensirt. Es wird
also der Apparat am Boden am kühlsten und beim Deckel am
wärmsten sein. Während der Fahrt wird die Bewegung des Kühl-

wassers durch den Umstand vermehrt, dass das Einströmungs-
rohr des Apparates gegen vorne gerichtet ist und das Eintreten
des Wassers durch die Bewegung des Schiffes befördert wird.
Der Dampf strömt durch eine Fangdüse in den Condensationsraum, in welchem beim Ueberspringen des Dampfstrahles Luft
angesaugt wird, wodurch das condensirte Wasser die für den
Genuss erforderliche Luftmenge enthält.

Perroy's Destillator ist ausserdem mit einem Filterkasten
versehen, in welchem das destillirte Wasser durch Knochen-Kohle
und über Kalksteine passirt und alle mechanischen Verunreinigungen absetzt. Dies ist besonders bei Anwendung von Kesseln,
welche mit Speisewasser aus Oberflächen-Condensatoren gespeist
werden, von Wichtigkeit, wobei aber nach jedem Destilliren das
Materiale des Filters gründlich mit Süsswasser ausgewaschen
werden muss, wenn gutes, schmackhaftes Wasser gewonnen
werden soll.

Um diesen Apparat in Gang zu setzen, öffnet man den Kühl-
wassereintritt und den Ausguss, sowie den Lufthahn am Deckel
des Destillators. Die beiden Luftwechsel am Luftsauger und der
Ueberfallshahn zum Filtrir-Apparat werden geöffnet, worauf Dampf
zugelassen wird. Die Function des Destillators bedingt eine höhere
Dampfspannung, doch wird er selbst bis zu 1 Atmosphäre Ueberdruck richtig arbeiten, wenn er nur bei höherer Dampfspannung
und intensivem Betriebe das nötige Luft-Volumen ansaugt. Der
Dampfzufluss ist so zu reguliren, dass das condensirte Wasser
nur lau wird. Sollte der Dampf mehr Luft angesaugt haben, als
das Wasser absorbiren kann, so wird diese Luft im Condensationsraume bleiben und die Wirkung des Apparates beeinträchtigen. Die Luft wird dann abgelassen, indem man den hiezu bestimmten, nahe am Boden des Destillators befindlichen Lufthahn
öffnet. Man kann den Luftzutritt durch theilweises Schliessen der
Hähne am Luftsauger (Areator) reguliren. Während des Destillirens muss man den Apparat zeitweise beobachten und den Dampfzufluss reguliren.

Vorsicht gegen Feuersgefahr.

Alle Schadenfeuer entstehen aus kleinen Ursachen. Missbräuche, Fahrlässigkeiten, Hintansetzung der augenscheinlichsten Vorsichtsmassregeln führen zu Unglücksfällen, bei welchen häufig in der überstürzten Eile des Löschens mehr Schaden an Materiale und Schiffskörper verursacht wird, als durch das wilde Element selbst.

Im Kapitel „Untersuchen der Kessel" wurde aufmerksam gemacht, dass die Kesselverkleidung nicht bis an die aus dem Kesselkörper aufsteigenden Feuerkanäle reichen dürfe. Es sollen letztere mit feuerfesten Ziegeln umgeben sein. Stehbolzen, welche die Wärme von Rauchkanälen leiten, kühlen sich im Dampfraum nicht ab und können zu Entzündungen der Kesselverkleidung führen, deren Muttern oder Nietköpfe auf dem Kesselmantel müssen daher von feuerfestem Thon umgeben sein. Die Balken des Scheerstockes der Kaminlucke dürfen nicht morsch sein und Sprünge sollen ausgekittet werden. Sind Holzbalken dem Kaminmantel zu nahe, so schützt sie ein Blechkragen mit Stehbolzen vor dem Verkohlen. Im Allgemeinen müssen alle entzündbaren Gegenstände wenigstens 18 Zoll von jedem erhitzten Metalle entfernt sein, wenn nicht eine Wasser- oder Luftschichte dazwischen ist, welche ein Entzünden verhindert. Holzwände, welche innerhalb einer Entfernung von 18 Zoll von solchen erhitzten Blechen angebracht sind, müssen eine Verschalung von Eisenblech haben. Ueber den Kesseln oder in dem, den Rauchfang oder Kamin umgebenden Raum dürfen unter Deck keine brennbaren Gegenstände aufbewahrt werden Aus diesem Grunde soll man auch nicht gestatten, Wäsche zum Trocknen in diesen Räumen aufzuhängen, weil dieselbe im Falle Feuersgefahr das Eindringen erschwert und überhaupt den Keim zu Schadenfeuern bilden kann. Die Rauchzüge und der Rauchschlott müssen von Russ gereinigt werden, damit letzterer nicht, in glühenden Funken ausgeworfen, zu Schaden führe. Auch der Raum zwischen Kamin und Kaminmantel darf nicht unbeachtet bleiben. Ist derselbe mit Russ, Hobelspänen oder Holzstücken gefüllt, so kann dies zu unangenehmen Vorfällen führen. Es muss vorausgesetzt werden, dass Pumpen, welche mit einer Schlauchleitung von ²/₃ der Schiffslänge versehen und als Feuerspritzen mit Hand- oder Dampfbetrieb verwendet werden können, Wasserkübel, geschlossene Laternen, Eimer und Spritzrohre zur Löschung eines Schadenfeuers, ferner Aexte und Haken vorhanden sind, um hölzerne Schoten niederreissen zu können. Die Legislatur mehrerer Staaten bestimmt, je nach dem Tonnengehalte und der Dienstesbestimmung der Schiffe die Anzahl und die Dimensionen der Pumpen, wie auch der sonstigen Löschrequisiten.

In Dampfschiffen sollen in Räume, welche vollkommen abgeschlossen werden können, Zweigdampfrohre geführt werden, mittelst welcher ein Schadenfeuer durch Dampf erstickt werden kann.

Als vorzüglichster Apparat zur Erstickung localer Feuer haben sich die Extincteure bewährt und es sollten derlei Apparate an Bord grösserer Schiffe nicht fehlen. Die Pumpen und Feuerspritzen müssen stets im diensttauglichen Zustande erhalten bleiben. Zeigen sich Fehler an denselben, sind die Verpackungen und Verschraubungen undicht, so kann es nur als Fahrlässigkeit bezeichnet werden, dieselben nicht schleunigst in Reparatur zu nehmen. Die Hanfschläuche für jede einzelne Pumpe sammt den zur Bedienung erforderlichen Schlüsseln und Werkzeugen müssen in einem verschliessbaren Kasten in deren Nähe verwahrt, nach jedesmaligem Gebrauche an der Sonne getrocknet und zeitweise gelüftet werden.

Mundstücke und Ausgussrohre, Mutterschlüsseln zur Verschraubung der Schläuche, Leder- oder Kautschukringe müssen in der Nähe aufbewahrt sein und in Ordnung gehalten werden, um die Pumpen stets vollkommen in Bereitschaft zu halten, als wenn jeden Augenblick der Ausbruch eines Schadenfeuers zu befürchten wäre. Vorzügliche Löschmittel sollen nie in eine falsche Sicherheit wiegen, sondern eifrig in gutem Zustande erhalten und zeitweise versucht werden.

Bei Rohrleitungen der Dampffeuerspritze, welche durch den ganzen Schiffsraum geführt und an geeigneten Stellen mit Ausgusshähnen versehen sind, muss zeitweilig nachgesehen und die Umkehr- sowie Ausgusshähne gangbar erhalten werden.

Um jede Veranlassung zu Schadenfeuern zu vermeiden, muss das untergebene Personale unterwiesen werden, die erforderlichen Sicherheitsmassregeln nicht ausser Acht zu lassen. Die zu hissende Asche muss im Feuerraum gut abgelöscht und beim Feuerauslöschen die gleiche Vorsicht beobachtet werden. Die herausgezogene Schlacke und brennende Kohle muss ganz abgelöscht werden, wenn sie auch noch durch längere Zeit im Feuerraum bleiben sollte. Während der Fahrt sind alle hölzernen Schoten, Kohlenmagazins- und Schiffswände, sowie die Kesselverkleidung zeitweise zu beobachten, um einer übermässigen Erhitzung derselben frühzeitig gewahr zu werden.

Leinöl und besonders Terpentinöl dürfen nur in geschlossenen Metallgefässen aufbewahrt werden. Wenn es notwendig werden sollte, Leinöl zu kochen, so darf diese Manipulation unbedingt nicht an Bord vorgenommen werden, weil bei Vernachlässigung der hiebei erforderlichen Vorsichten leicht ein schwer zu dämpfendes Schadenfeuer ausbrechen könnte. Es wurde bereits früher erwähnt, dass auf die Möglichkeit der Selbstentzündung geölten Werges Rücksicht genommen und dieses bis zum Anlegen der Feuer an einem passenden Orte aufbewahrt werden müsse. Die mit Bezug auf die Kohlenmagazine nötigen Vorsichten wurden Seite 207 angeführt. Zur Bedienung aller Apparate, welche nicht unmittelbar im Kessel- oder Maschinenraum liegen, dürfen nur geschlossene Laternen verwendet werden. Offene Lichter und Handlampen können einzig und allein nur bei der Maschine und zwischen den Kesseln gebraucht werden. Das Personale ist zu verhalten, im Tunnel und in den Magazinen, sowie in den Gängen an der Bordwand nur geschlossene Lichter zu verwenden.

Beim Feuerallarm sind sogleich alle in den Magazinen befindlichen Schläuche, Mundstücke und alle Werkzeuge und Materialien, welche für die Pumpen gebraucht werden könnten, bereit zu legen und einige Laternen klar zu halten. Die Soodpumpen sind sodann zu untersuchen und das Wassereinlassen in den Soodraum zu unterbrechen. Es werden alle Seehähne der Aussenbordstutzen, welche zur Bedienung der Pumpen notwendig sind, geöffnet und die Kingstonventile der Pulverkammern, wo dieselben zum Maschinendetail gehören, beleuchtet und klar gelegt, indem man die Flurhölzer abhebt. Haben die Rohre zum Unterwassersetzen der Pulverkammer keine eigenen Kingstonrohre, so muss die Wasserleitung, mit welcher diese Rohre in Verbindung stehen, mit Wasser versorgt werden. Sind die Feuer nicht angezündet, so hat man, ohne vorher einen Befehl einzuholen, ehethunlichst ein oder zwei Kessel zu heizen, um die Dampffeuerspritze oder die Dampfpumpe verwenden zu können. Diese Auxilarmaschinen sind für diese Function zu stellen, alle Hähne der Rohrleitung zu controliren und die passenden Schläuche zu setzen. Es muss die Dampfentwickelung so rasch als möglich durch Forciren der Feuer eingeleitet werden, wobei man das Werg der Maschinenreinigung oder selbst frisches Werg mit dem Oel der Schmiervasen, reinem Oel oder Terpentin tränkt und feuert, um den Zug thunlichst zu verstärken und bald Dampf zu entwickeln. Die Kaminkappe darf nicht vergessen und der Kamin muss selbstverständlich früher so rasch als möglich gehisst werden.

Die Feuer können jedoch augenblicklich angezündet werden, sobald Wasser im Glas erscheint, wenn auch der Kamin noch nicht ganz gehisst werden konnte. Sind Maschinentheile demontirt oder aufgemacht, so müssen sie in einer solchen Weise rasch zusammen gesetzt werden, dass die Maschine im Falle des dringenden Bedarfes verwendet werden kann.

An Bord ausgerüsteter Kriegsschiffe kann das Feuer nur unter besonders ungünstigen Verhältnissen so weit um sich greifen, dass es den localen Charakter verliert, bevor man dasselbe gewahr wird. Zum Löschen von localen Feuern ist der Carlier'sche Extincteur oder Feuerlöschapparat von grosser Wirkung. Er besteht aus einem cylindrischen Gefässe aus verzinntem Stahlblech, welches mit Wasser gefüllt ist und in welches bei dem Rohre Weinsteinsäure und doppelt kohlensaures Natron eingeführt wird, wobei zwischen beiden Substanzen ein Stoppel aus Zucker einzuschieben kommt, welcher die Gasentwickelung so lange zurückhält, bis die Oeffnung des Füllrohres verschraubt ist, was alsogleich nach dem Füllen geschieht. Die beiden Chemikalien werden, wie beim Auflösen eines Seidlitz-Pulvers, Kohlensäure entwickeln, welche auf das Wasser einen grossen Druck ausübt und von demselben absorbirt wird. Das Füllen soll bei möglichst niederer Temperatur vorgenommen werden, weil das Wasser dann grössere Fähigkeit hat, die Kohlensäure zu binden. Beim Füllen des Apparates ist das Manometer anzuschrauben, um die Spannung der Gase zu erkennen. Dieselbe steigt auf 4—8 Atmosphären und der Extincteur ist sodann durch lange Zeit bereit, unmittelbar zum Löschen des Feuers verwendet zu werden. Wird die Operation des Füllens bei zu hoher Temperatur vorgenommen, so steigt die Spannung auf 12—15 Atmosphären. Der Apparat kann mit zwei Tragriemen an den Ort des Brandes transportirt und dort entleert werden. Der Ausgussschlauch liefert einen kräftigen Strahl kohlensäurehältigen Wassers, welches zum Ablöschen des Brandes besonders wirksam ist. Der Apparat muss zeitweise untersucht werden, ob der Druck in demselben noch genügend ist, indem man das Probemanometer daran schraubt. Derselbe soll mindestens zwei Atmosphären betragen; bei kalter Witterung kann auch eine Atmosphäre noch genügenden Kohlensäuregehalt sichern. Je niedriger die Temperatur, desto weniger Spannung wird angezeigt, wovon man sich leicht überzeugen kann, wenn man das Gefäss bei verschraubtem Manometer erwärmt, worauf gleich ein Anwachsen der Spannung bemerkt werden wird. Ist der Druck im Apparat ein zu geringer, so muss neu gefüllt werden.

Beim Feueralarm ist die strengste Subordination und die pünktlichste Befolgung der Feuerrollen und der erhaltenen und ertheilten Befehle von grösster Notwendigkeit. Alles, was Verwirrung hervorrufen könnte, ist zu vermeiden, unbeschäftigtes Personale im Maschinenraume in Reih und Glied zu halten.

Sachregister.

A

Seite

Abnützung der Bleche   105, 108, 128
  —   — Kessel 103
Abschäumen 38, 94
  —   versagt 52
  —   verstopft 53
Abschneiden des Dampfes   172, 178
Absperrventil 8, 23, 24
Abtropfschalen 212
Anbohren der Kessel . . . 4, 115
Anheizen der Kessel 20
Anti-Inkrustationsmittel . . . 94
Arbeiten im Hafen 194
  — nach der Fahrt . . . 78
Aschen-Ejectoren 24, 64
  — -Hissen . . . , . . 46
Atmosphärendruck 118
Anfüllen mit Seewasser . . . 97

B

Behandlung der Kessel . . . 1
  —   — Maschinen . . 131
Belastung der Sicherheitsventile 114
Beleuchtung 46, 168
Betriebsänderungen 62, 182
  — störungen 47, 175
Blasen der Feuerdecke . . 3, 61
Blechstärke 4. 115
Brummen der Kessel 21
Burstyn's Kesseltrockenhaltung . 92

C

Chlorcalcium 92
Chlornatrium 35

Compoundsystem . . . 160, 161
Condensator bläst ab 154
  —   warm 164
  —   zieht Luft . . . 175
Conservirung der Kessel . . . 96
Cylinderdeckel dichten . . . 135
  — hahn, lose 153
  — schmieren 164
  — Sicherheitsventil heraus-
    geschleudert . . . 153
  — voll Wasser 152
  — vorwärmen 141

D

Dampfbereit liegen 154
  — cylinder, siehe Cylinder.
  — fällt 30, 69
  — Kessel, siehe Kessel.
  — leitung 10, 80
  — maschine, siehe Maschine.
  — pumpen untersuchen . 11
  —   — unwirksam . 59
  — spannung, normal . . 29
  —   — steigt . 24, 30
  — überhitzung 31
Desinfection des Soodraumes . 215
Destilliren 217
Dichten der Cylinderdeckel . . 135
  —   Lecke . . 55, 60, 176
  —   Mannlochdeckel . 6
  —   Schlammlochdeckel 6
  —   Siederohre . . . 3
  —   Stopfbüchsen 136, 195
Drehzapfen liegt schlecht . 170, 202
  —   rund feilen . . . 203
  —   verrieben . . 168, 203

Seite

Drosselklappe undicht . . . 154
— steckt fest . . 152
Drosseln vermeiden 156
Dudgeon's Rohrdichter . . . 3
Durchblasen 142, 174
Durchblasventil herausgeschleudert 152
— nicht belasten . 155
Durchpressen 40, 53

E

Eincylindg. Maschinen ansetzen 147, 149
Einspritzung 146, 163
— versagt 115
Eisenblechfabrikation 104
— qualitäten 105
Ejector 24, 33
Entlastungsrahmen überspannt 136, 191
Expandiren mit der Coulisse . . 158
Expansionsvorrichtung . . 134, 139
— zweck 159
Explosion, siehe Kessel-Explosion.
Explosionswirkung 117
— kraft des Pulvers . . 119
— kraft des Wassers . 119
Extincteur 223

F

Fahren mit Vacuum 157
Fette und Fettsäuren . . . 41, 42
Feuchter Dampf 178
Feuerallarm 70, 189, 221
— anzünden 20
— aufbänken 65
— auf Commando 28
— auf gedrückten Rosten . 90
— ausbreiten 67
— auslöschen 73
— bereiten 12
— beschicken . . . 23, 25
— brennen schlecht . . . 69
— forciren 28
— gefahr . . 1, 70, 189, 221
— herausreissen . . 54, 62, 68
— körbe 89
— putzen 43
— vorholen 65
— zurückschieben 65

Seite

Flurplatten 5, 73, 212
Formveränderungen 108

G

Geräusche, normale bei Maschinen 172
Gyps 35

H

Hähne einschleifen 8
— feststeckend 15
Heizpersonale 29
— Flächen reinigen . . . 3, 79
Hindernisse beim Ansetzen 145, 150
— — Kesselfüllen . 19
— — Propell.-Manöv. 184
— der Kolbenbewegung 147
Humphrey's Gitterschieber . . 160
Hydrostatische Druckprobe . . 116

J

Injection besorgen . . . 146, 163
Injectionsrohr durchblasen . . 151
Injection versagt 151
— zugefallen 175
Injector 32
Inkrustationsbildung . . . 35, 37

K

Kali- und Magnesiumverbindungen 35
Kamin hissen 13
— kappe losnehmen . 14, 21
— kehren oder reinigen . 78
— streichen 79
Kammexpansion 159
Kautschukventile 138
Kessel-Abnützung . . . 103, 111
— abstellen 63, 71
— ansetzen 23, 63
— anzünden langsam . . . 22
— auspumpen 20, 80
— austrocknen 89
— auswechseln 69
— boden 2, 60
— brummen 31

Seite

Kesselconservirung 96
— decke 2, 80
— druckprope 112
— durchpressen 36, 40, 53, 72, 75
 77
— erhaltung . . 77, 96, 84, 102
— erfrischen 64, 73
— explosionen 117
— — Erscheinungen 120
— — in England . 123
— — Ursachen . . 122
— — Theorien . . 124
— — Verhütung . 126
— füllen 15-20
— kraft vermehren . . 62, 179
— — vermindern . . . 63
— offen auflegen 98
— raum 5
— reinigung 81, 85
— schliessen 101
— speisen 32
— steinkrusten 36, 37, 81, 93
— trockenlegung 88
— überfüllen 18, 72
— überkochen . . . 47, 164
— untersuchen . . . 1, 86
— verkleidung 1
— vor Nässe schützen 88, 98, 100
— wände untersuchen . 4, 115
— dienst 25, 68
Kingstonventil feststeckend 15, 53
— verstopft . . . 19
Klarschiff zum Gefecht 70, 189
Knallgastheorie 125
Kohlen einschiffen 205
— untersuchen . . . 206
— magazine 207
Kolbenbruch zu befürchten . 180
— lauft trocken 179
— ring hat Luft . . . 181
— steckt fest 147
— untersuchen . . . 135, 192

L

Lager abkühlen 171
— binden 204
— liegt schlecht 170

Seite

Lager lauft trocken 169
— lose 170, 181
— metall 201
— nachziehen 203
— reguliren 200
— reinigen 169
— schalen ausgiessen . . 205
— schalen verrieben oder
 verschmiert . . 168
— schmieren 168
— stellen 204
— stossen 181
— untersuchen 134, 139, 201
— zu fest angezogen . . 169
Lecken der Kessel 60
— — Mann- u. Schlamm-
 lochdeckel . . . 60
— der Siederohre . . . 3, 51
— des Condensators . . 175
Leidenfrost's Phänomen . . . 124
Luft ausblasen 23, 63
— pumpe schlägt 179
— zutritt verhindern 96, 98, 100

M

Mannlochdeckel dichten . . . 6
— rinnen . . . 60
Manövriren 144, 156
Martin's Mittel 94
Maschinen abstellen . . 187, 191
— ansetzen . . . 145
— behandeln 156
— bereiten . . 138, 193
— dienst 156
— drehen 197
— gehen langsam . . 188
— klar 143
— — machen . 138, 193
— nach rückwärts an-
 setzen . . . 190
— plötzlich halten 187, 190
— reinigung . . . 198
— theile behandeln . 162
— untersuchen . 133, 196
— umsteuern . . . 190
— vorwärmen . . . 141
Meyer's Expansionsschieber . 160

Seite

N

Nasse Methode 96
Nasser Dampf 178
Normale Geräusche 172
Notinjection 151

O

Oberflächen-Condensator 41, 54, 83,
141, 143, 146, 163, 164,
176, 177
Oelprobe 209
Olivenöl 208
Oscillirende Maschinen ansetzen 145

P

Pence's Cement 1
Perroy's Destillator 218
Pflichten der Wache . . . 68, 186
Plattengummi 7
Propeller auskuppeln . . . 184
— einkuppeln 185
— hissen 182
— streichen 183
Pumpe untersuchen 167
— saugt nicht . . . 54, 166

R

Regulatoren 158
Reinigung der Kessel von aussen 79
— — innen 81
— der Maschine . . 198
— des Maschinenraumes 199
Reinlichkeit 168
Rohre dichten 3
— kehren 45, 79
— verbinden 55
— verschlagen 51
— thüren aufmachen . . 30
Rollen des Schiffskörpers 59, 70, 188
Roste reguliren . . , 5, 12, 79
Rosten des Eisenblechs . . 99, 105
Rotationszahl einhalten . . . 156

Seite

S

Salinometer 38
Salzgehalt des Kesselwassers 37, 69
— häutchen bilden 42
— klopfen 81
— messen 39
— stein losbrechen . . . 74, 83
Schieber schwer zu bewegen . 152
— schmieren 164
Schlag in den Pumpenrohren . 173
— der Kupplung . . 173
Schlammlochdeckel dichten . . 6
Schmierdochte 139, 169
Schmieren der Cylinder . . 164
— — Drehzapfen . . 165
— — Lager . . . 165
— — Schieber . . 164
Schmiervasen 169
Schwefelhältige Kohle . . . 110
— saurer Kalk 35
Schweissen der Kessel . . . 60
Schwerer Seegang : . 59, 70, 188
Schwitzen der Bleche . . . 98
Seewasser und Seesalz . . . 35
Sicherheitsventil . . 7, 113, 127
Sicherheitsventil-Belastung . . 114
„ „ bläsen häufig . 58
„ „ feststeckend . 58
Siederohre dichten 3
— geplatzt 51
— kehren 45, 79
— rinnen 52
— verschlagen . . . 51
Siedeverzug 125
Silver's Regulator 158
Singen des Dampfes 174
Soda 42, 95, 96
Sood-Desinfection 215
— Pumpen 163, 216
— Raum-Zustand . . . 102, 166
— Reinigung . . . . . , 213
— Wasserejector . . . 33, 166
Spannung zum Abschäumen 41, 75
— — Durchpressen 41, 75, 77
Speiseköpfe und Ventile . . 9, 72
— rohr geplatzt 55
— wasser-Temperatur . . . 163

Seite

Speisung der Kessel 32
— mangelhaft 54
Stahlblech 107
Stopfbüchsen beilegen 136
— nachziehen . 141, 195
— verpacken . . . 137
Stösse im Cylinder 180
— in der Maschine . . . 179
— des Propellers 182
— im Radkasten 181

T

Talg 208
Telescopkamin hissen 13
— streichen . . . 79
Temperatur des Speisewassers . 163
Trockene Methode 101
Trockenöfen 89
Trocknen der Kessel 88

U

Ueberdruckventil 9, 54
Uebergrosser Druck 127
Ueberhitzen der Kesselbleche 61, 129
— des Dampfes . . 31
— des Wassers . . . 125
Ueberkochen der Kessel 47, 164, 174
178,
Uebernahme der Wache . . . 186
Umsteuerung festklemmen . . 162
Unschlitt 208
Untersuchung der Kessel 1, 86, 109, 115
— — Kesselbleche . 106
— — Maschine . . 133

Seite

Untersuchung der Pumpen 166, 216, 221
— nach der Kessel-
reinigung . . . 86
Unvollkommene Condensation . 174

V

Ventile einschleifen 8
— untersuchen 8, 138
Verankerungen 5
Verstemmen der Kessel . . . 60
Vorbereitung zur Fahrt . . 12, 138

W

Wachendienst, Regeln . . . 68, 186
— Pflichten . . 68, 186
Wahl der Betriebsintensität . . 157
Warmlaufen der Lager . . . 170
Wasserraum-Reinigung 81
— niveau 17, 51, 129
— standsgläser 11
— standsglas bricht . . . 57
— stand, normal . . . 9, 17
— — sinkt . . 51, 57, 129
Wasser-Verunreinigung . . . 34
Watt's Claviatur 150
Werg 210
Wechsel im Soodraum 9
Woolf's Maschine 161

Z

Zellensystem 215
Zunderkruste 107

Fragen-Programm.

Erster Abschnitt:

Behandlung der Dampfkessel.

1. Was ist zu untersuchen, bevor ein Kesselsatz verwendet werden darf (1—12, 86—88).
2. Wie constatirt man die Blechstärke der Kesselwände (4, 115).
3. Auf welche Weise werden Nieten und Nietenstösse verstemmt (60), Blasen und Sprünge der Kesselbleche behandelt (5, 61).
4. Wie hoch ist der normale Wasserstand zu verzeichnen (9).
5. Worauf ist bei Untersuchung der Armaturstheile zu sehen (7—12, 86).
6. Wie erkennt man: ob ein Wechsel oder Ventil dicht aufsitzt (8), ob die Siederohre gut gedichtet sind (3).
7. Wie sind gedichtet: Mann- und Schlammlochdeckel (6), Siederohre (3), Flanschen der Dampfleitung (10).
8. Was ist beim Reguliren der Roste zu beachten (5, 12, 79).
9. Wie werden die Feuer bereitet (12), Kessel gefüllt (15—20).
10. Wie wird ein Telescopkamin gehisst (13), gestrichen (79).
11. Wie hoch soll ein Kessel aufgefüllt werden (17).
12. Welche Massregeln sind zu ergreifen; wenn Kingstonventil oder Durchpresshahn sich nicht öffnen (15, 75), oder schliessen lässt (76), oder stark rinnt (17, 18); wenn ein Kessel sich nicht füllt (19), oder überfüllt wurde (18, 20), die Oeffnung des Kingstonrohres verstopft ist (19); wenn ein Absperr- oder Sicherheitsventil feststeckt (24, 58).
13. Welche Arbeiten sind vor dem Feueranzünden vorzunehmen, wie werden die Feuer angezündet (20—25).
14. Wann darf ein Sicherheitsventil eines angeheizten Kessels geschlossen, wann das Absperrventil geöffnet werden (23, 63).
15. Wie werden die Feuer beschickt (26—30).
16. Warum und wie werden Feuer forcirt (28), durchgestossen und gemischt (43), Feuer geputzt (43), Rohre gekehrt (45).
17. Wie hat man sich zu verhalten, wenn die Dampfspannung steigt (30), oder fällt (30), wenn Kessel überkochen (49).
18. Warum werden Rohrthüren geöffnet (31), der Dampf überhitzt (31).
19. Warum und wie werden Kessel gespeist (32, 54), abgeschäumt (37, 38), theilweise durchgepresst (40, 53).
20. Wie werden bedient der Kesselinjector (32), der Soodejector (33), der Aschenejector (24).
21 Welche fremde Bestandtheile enthält das Seewasser (34), wie verhalten sich dieselben bei der Bildung von Kesselsteinkrusten (36).
22. Wie wird der Salzgehalt des Kesselwassers bestimmt (37, 38).
23. Welche Dampfspannung ist zum Durchpressen (41, 77), welche zum Abschäumen erforderlich (41, 77).
24. Wie erkennt man, ob ein Kessel speist (54), oder abschäumt (52).
25. Was ist zu thun, wenn ein Kessel nicht speist (54), oder nicht abschäumt (52).
26. Wie schützt man die Kesselwände vor dem Einfluss des Speisewassers aus Oberflächen-Condensatoren (42, 95).
27. Warum überkochen Kessel (47), welcher Nachtheil wird hiedurch hervorgerufen (50).

28 Welche Massregeln sind zu ergreifen, wenn ein Siederohr aufgesprungen ist (51), wenn die Siederohre erheblich lecken (52), wenn das Speiserohr geplatzt ist (55), wenn das Abschäumrohr verstopft ist (53), wenn der Wasserstand sinkt (57), wenn ein Wasserstandsglas bricht (57), wenn ein Sicherheitsventil feststeckt (58), wenn Sicherheitsventile häufig Dampf blasen (58, 128), wenn die Dampfpumpe unwirksam ist (59), wenn Mann- und Schlammlochdeckel rinnen (60), wenn Blasen in der Feuerbüchse (61), oder überhitzte Bleche beachtet wurden (61).

29. Was ist zu beachten, wenn ein Kessel dazu angesetzt (62), oder ausgelöscht (63) werden soll.

30. Warum und wie werden Feuer vorgeholt (65), wie ausgebreitet (67).

31. Was ist bei Uebernahme der Kesselwache zu beachten, wozu verpflichtet die übernommene Wache (68—71).

32 In welchem Falle müssen die Feuer eines Kessels gelöscht werden (68) wann soll man trachten einen Kessel zu wechseln (69).

33. Warum wird ein Kessel wenig Dampf erzeugen (69), die Feuer schlecht brennen (69), der Salzgehalt steigen (69).

34. Wie werden Kessel abgestellt (71), Feuer abgelöscht (73), Kessel durchgepresst (36, 75).

35. Wie wird die Reinigung der Kessel nach dem Feuerablöschen vorgenommen (78), wie werden Rohre gekehrt (79).

36. Wie werden Kessel ausgepumpt (80), trocken gelegt (89), vom Salzstein befreit (74).

37. Worauf muss das Augenmerk bei Vornahme einer Kesselreinigung gerichtet sein (81), welche Instructionen sind dem Personale zu geben (82), was ist bei der Untersuchung nach vollendeter Kesselreinigung zu beachten (86).

38. Wie werden Kessel ausgetrocknet mit Feuerkörben (89), mit Feuer auf den gedrückten Rosten (90), mit Chlorcalcium (92).

39. Wie werden Kessel vor Abnützung (Verrosten) bewahrt, durch den Anstrich (96), die nasse Methode (96), Rein- und Trockenhaltung (98).

40. Wodurch wird die Abnützung (das Verrosten) der Kessel gefördert (103).

41. Wie wird die Kesseldruckprobe vorgenommen (112), wie berechnet sich der Probedruck (112), wie die Belastung eines Sicherheitsventiles (114).

42. Wodurch können Kessel-Explosionen verursacht werden (126), welche Massregeln müssen zur Sicherheit ergriffen werden (127—130).

Zweiter Abschnitt:

Behandlung der Maschinen.

43. Was ist zu untersuchen, bevor eine Maschine unter Dampf verwendet werden kann (133—138).

44. Wie erkennt man, ob ein Kolben dicht ist (135), ob der Schieber gut aufliegt (155, 192), ob ein Wechsel oder Ventil dicht ist (8).

45. Wie sind gedichtet, Cylinder- und Schieberkastendeckel (135), Stopfbüchsen (136, 195), Kühlrohre (137), Lecke am Condensator (175).

46. Wie werden Maschinen für eine Fahrt vorbereitet (138), wie vorgewärmt (141), angesetzt (144), umgesteuert (190), abgestellt (191), gereinigt (198).

47. Warum und wie wird der Condensator durchgeblasen (142).

48. Was ist mit Bezug auf Schmiervorrichtungen zu bemerken (139, 145, 165, 171, 212).

49. Welche Behandlung erfordern Oberflächen-Condensatoren (141, 143, 146, 163, 164, 176, 177).

50. Wie werden angesetzt, eincylindrige Maschinen (147), oscillirende Maschinen mit einem losen Excenter (145), Maschinen mit Umsteuerung (148, 144).

51. Welche Hindernisse können die Bewegung des Kolbens hemmen (147—150).

52. Welche Massregeln sind zu ergreifen, wenn ein Kolben sich nicht bewegen lässt (148), wenn die Einspritzung versagt (151), wenn die Cylinder voll Wasser (152), wenn Drosselklappe und Schieber schwer zu bewegen (152), wenn ein Lager sich erwärmt (170), wenn Sicherheits- oder Durchblasventil herausgeschleudert wurden (153), wenn der Condensator voll Wasser (154).

53. Wie hat man sich bei Manövern mit den Maschinen zu verhalten (144, 156, 190, 191).

54. Wie muss der Dampfzufluss während der Fahrt durch Drosselklappe und Expansionsvorrichtung regulirt werden (156—162).

55. Welche Rücksichten müssen bei Wahl der Betriebsintensität im Auge behalten werden (157).

56. Wie wird die Menge Einspritz- oder Kühlwasser regulirt (163, 176).

57. Welche Theile der Maschinen und wie werden dieselben geschmiert (41, 164, 165, 169).

58. Wie werden Pumpen aus- und eingehängt und untersucht (163, 166), warum saugt eine Pumpe nicht (167).

59. Welche Geräusche verursachen die Maschinen im normalen Gange (172).

60. Warum wird ein Lager sich erwärmen (168), wie ist ein erwärmtes Lager abzukühlen (171).

61. Welche Umstände verhindern die vollkommene Condensation des Dampfes und die Bildung eines guten Vacuums (174—179).

62. Welche Massregeln sind zu ergreifen, wenn die Kessel überkochen und die Maschine mit nassem Dampf arbeitet (178), wenn der Kolben trocken läuft (179), wenn die Luftpumpe schlägt (179), wenn Stösse im Cylinder stattfinden (180), wenn die Maschine stosst oder ungleich arbeitet (180, 160, 188), wenn ein Lager stosst (181), wenn Stösse im Radkasten (181) oder des Propellers (182) stattfinden.

63. Warum und wie wird der Schraubenpropeller gehisst (182), gestrichen (183), ausgekuppelt (184) oder eingelöst (185).

64. Was ist bei Uebernahme der Maschinenwache zu beachten (186), wozu verpflichtet die übernommene Wache (187).

65. In welchem Falle muss die Maschine momentan abgestellt werden (187), welche Umstände erheischen ein Stillehalten mit den Maschinen (187), warum wird der Gang der Maschinen abnehmen (188).

66. Wie werden Maschinen nach der Fahrt behandelt (194).

67. Warum und wie werden Maschinen gedreht (196).

68. Welchem Zwecke dienen Lager, welche Anforderungen müssen sie erfüllen (200), warum wird Lagermetall angewendet (201).

69. Wie erkennt man, wie viel Luft ein Lager hat (202), wie werden Lagerschalen regulirt (202), Lager gestellt (204).

70. Was ist bei Wahl der Kohlengattung zu berücksichtigen (206), welche Sorge muss Kohlenmagazinen zugewendet werden (207).

71. Was ist bei der Untersuchung von Oel, Talg und Werg im Auge zu behalten (208, 210).

72. Welche Rücksichten müssen für die Reinhaltung des Seodraumes im Auge behalten werden (102, 166, 212), wie wird eine Soodreinigung vorgenommen (214—217).

73. Wie wird der Destillationsapparat bedient (217).

74. Welche Vorsichtsmassregeln müssen ergriffen werden, um der Feuersgefahr zu begegnen (220).

www.ingramcontent.com/pod-product-compliance
Lightning Source LLC
Chambersburg PA
CBHW020833210326
41598CB00019B/1884